普通高等教育教学改革项目规划教材

新型催化材料

许俊强 郭 芳 王耀琼 主编

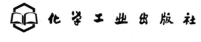

化学工业出版社

·北京·

内 容 简 介

《新型催化材料》是以新型催化材料的学术研究、理论探索和应用推广为背景，重点讨论了酸碱催化材料、分子筛催化材料、金属氧化物催化材料、光催化材料、仿酶催化材料等的制备方法及结构和构效关系，新型催化材料的特殊合成方法、表征技术等，举例分析了近年来催化材料的应用，展望了新型催化材料的发展方向。

本书特色在于：催化理论与催化应用实践并重，体系新颖独特；既有相当的知识广度，又有适中的学术深度；特别注重实际催化剂工程案例的分析评述，以期有助于读者提高分析解决催化剂工程问题的能力。

本书可作为化工高年级本科生和研究生的学位课程教材，可作为高等院校材料、化学、环境、能源等相关专业学生的教学参考书，同时可供从事纳米材料、化工新材料、环境材料、能源材料研究的科技工作者参考。

图书在版编目（CIP）数据

新型催化材料/许俊强，郭芳，王耀琼主编. —北京：化学工业出版社，2022.1
ISBN 978-7-122-40204-2

Ⅰ.①新⋯　Ⅱ.①许⋯　②郭⋯　③王⋯　Ⅲ.①催化剂-化工材料　Ⅳ.①TQ426

中国版本图书馆 CIP 数据核字（2021）第 221127 号

责任编辑：韩庆利　　　　　　　　　　　　文字编辑：孙亚彤　陈小滔
责任校对：王鹏飞　　　　　　　　　　　　装帧设计：史利平

出版发行：化学工业出版社（北京市东城区青年湖南街 13 号　邮政编码 100011）
印　　装：三河市双峰印刷装订有限公司
787mm×1092mm　1/16　印张 12½　字数 308 千字　2022 年 7 月北京第 1 版第 1 次印刷

购书咨询：010-64518888　　　　　　　　售后服务：010-64518899
网　　址：http://www.cip.com.cn
凡购买本书，如有缺损质量问题，本社销售中心负责调换。

定　　价：39.80 元

前 言

在过去的几十年，我国催化材料的设计、合成与应用取得了显著进步。新型催化材料具有特殊结构，是实现催化反应的中间媒介。催化反应过程中，其核心是催化材料的合成及应用。催化反应过程可以说是现代工业建立以及高科技开发的科学基础。据报道，目前，85%以上的化工原料和化工产品都源于催化反应过程而获得。因此，新型催化材料的研究成为人们关注的焦点之一，并成了催化研究中非常活跃的领域。

我国催化材料的研究发展始于 20 世纪初。20 世纪 50 年代，A 型、X 型等分子筛开始在工业领域广泛应用，受到了学术界和产业界的高度重视。20 世纪 80 年代，催化材料的研究快速发展，科研院所、高等学校和企业通过产学研合作共同推进了新型催化材料的发展，催化反应动力学作为主要的评价方法和手段。在基础研究中，人们发现新型催化材料的研制是新催化反应的主要研究方向之一。随着表面科学技术和纳米科学技术的发展，新型催化材料的研制不断创新，催化材料的构效关系和催化作用机理被广泛研究，这对煤、石油、天然气的综合利用产生了重要影响。

20 世纪 90 年代，随着微孔、介孔等多孔催化材料的合成及广泛应用，一系列具有新结构、新性能的多孔催化材料研究取得重大突破，如应用于重油催化裂化制汽油的稀土-Y 型分子筛催化材料等。这些多孔催化材料在化学工业、石油工业、环保产业、精细化学品和高新技术等领域，尤其是大分子择形催化反应方面，有着巨大的应用潜力，成了无机催化材料研究的一大热门。

随着学科交叉融合的发展，现代物理技术，如等离子体、微波和超声波技术，被广泛应用于新型催化材料的合成。低温等离子体技术能有效调控多相负载催化剂表面结构和表面电子性质而无需改变催化剂组成，使在分子水平上对催化剂进行设计变为现实，符合绿色化学理念。微波技术改性催化剂表面，可使催化剂表面的弱键或缺陷位与微波场发生局部共振耦合，从而导致活性组分在载体表面高度分散，同时还避免了载体骨架结构在高温下坍塌。超声波技术可显著改善催化剂的表面形态和表面组成，提高活性组分在载体上的分散性，从而明显改善催化剂的催化性能。

近年来，利用现代分析手段来研究催化剂的结构，进而阐释催化剂的构效关系，揭示催化反应机理，成了新型催化材料研究的重要手段。科研工作者通过这些现代表征技术分析催化材料的结构、织构、形貌和表面状态等，了解改性前后催化材料的理化性质、结构性质等差异，进而阐释催化材料的结构性质与催化性能之间的关系，并揭示催化反应的作用机理。

本书以不同种类的新型催化材料为主题，将催化材料的新型合成方法、前沿和工业应用及表征技术相结合，进行系统介绍。本书共分为八章，涵盖了新型催化材料概论及新型催化材料的分类、结构设计、合成、表面改性、表征和应用等方面的内容。总体来说，本书构建了三层次的教学体系。一是介绍了不同新型催化材料的结构设计、结构分析表征、合成方法和表面修饰改性等有关基础理论和方法等方面的发展过程和基本原理；二是紧跟学术前沿，引入最新参考文献，介绍有关催化材料研究的最新成果及动态，突出催化材料的新型制备方法，重点介绍了新型催化材料的构效关系；三是紧密结合催化工业应用，引入典型的实际应用案例，重点突出了新型催化材料的性能和应用。

各章编写情况为：概论由许俊强、秦娅华编写，酸碱催化材料由黄国文编写，分子筛催化材料由许俊强、王虹霖编写，金属氧化物催化材料由郭芳、田欢、邱帮倩编写，光催化材料由徐云兰编写，仿酶催化材料由谢家庆、余海杰、刘娅林编写，新型催化材料的特殊合成方法由许俊强、郭芳、夏攀、唐田编写，新型催化材料的表征技术由许俊强、王耀琼、陈国荣、夏勇编写。

本书得以顺利出版，感谢重庆市高等教育教学改革研究重大项目(181006)、重庆市研究生教育教学改革研究重大项目(yjg181014)、重庆理工大学重大教学改革培育立项项目(2017ZDJG04)和重庆理工大学教材出版基金的资助。各章编者有较长时间相关题目的研究经历，因此，在内容上反映了各自的特色和体会。由于时间仓促和水平有限，书中难免存在不足和疏漏之处，敬请读者批评指正。

编　者

目 录

第1章 ▸▸
概论

1.1 ▸ 引言

　　所谓催化，是指在化学反应中添加一种不变的物质使得化学反应加速或延缓的过程，也是一种物理与化学过程纵横交错的现象[1]。最早关于"催化现象"的记载资料可追溯到1597年德国 Libavius 所著的《炼金术》（*Alchymia*），当时并没有出现"催化作用"这一化学概念。1835年，瑞典化学家 Berzelius 在其著名的"二元学说"的基础上提出了"催化力（catalytic force）"和"催化作用（catalysis）"这两个概念，并总结了此前30多年间发现的催化作用。之后，催化研究广泛地开展起来，其进展推动着几乎整个化学工业，特别是使石油化工、精细化工等产生了重大变革。1894年，德国化学家 Ostwald 认为，催化反应中的催化剂是一种可以改变化学反应速率，而自己又不存在于产物之中的物质，并于1909年获诺贝尔化学奖。20世纪50年代以后，随着固体物理的发展，催化的电子理论应运而生。在这一层面上，科学家们得到了丰富的实验成果，他们将金属催化性质与基电子行为和电子能级联系起来。20世纪70年代，根据催化剂表面的原子结构、配合物中金属原子簇的结构和性质，科学家们利用量子化学理论，对多相催化高分散金属活性基团产生催化活性的根源进行了深入探究。

　　现在，催化的研究是整个化学工业蓬勃发展的强大推动力，催化科学技术在现代化学工业、石化工业、炼油工业和环境保护中是不可或缺的，已被公认为对社会经济发展和环境保护有巨大作用的关键技术，因此催化反应过程可以说是现代工业建立以及高科技开发的科学基础。而在催化反应过程中，其核心是催化材料的合成及应用。近代以来的实践证明，新型催化材料的出现必然会使得化工工艺发生新的变革或者生产出新的化工产品[2]，如表1-1所示。

表 1-1　催化基础上的重大化学工业大事记

时间	名称和主要化学反应	所用催化剂
20 世纪初[1]	油脂加氢制取奶油代替品 由合成气制甲烷 甲醇氧化制甲醛 $CH_3OH + \frac{1}{2}O_2 \longrightarrow HCHO + H_2O$	Ni Ni Ag-浮岩
20 世纪 10 年代[1]	合成乙醛 $CH \equiv CH + H_2O \longrightarrow CH_3CHO$ 合成氨 $N_2 + 3H_2 \longrightarrow 2NH_3$ 接触法合成硫酸 $SO_2 + \frac{1}{2}O_2 \longrightarrow SO_3$ 高压加氢，由煤合成石油 接触法氨氧化合成硝酸	$HgSO_4$ Fe 等 V_2O_5 Fe、Mo、S 等的硫化物 Pt/Rh
20 世纪 20 年代[1]	合成甲醇 $CO + H_2 \longrightarrow CH_3OH$ 由水煤气合成石油 由乙炔合成各种有机化合物	ZnO/Cr_2O_3 Fe、Co、Ni 羰基化合物及其他配合物

时间	名称和主要化学反应	所用催化剂
20 世纪 30 年代[1]	由乙炔合成氯丁烯、丁二烯等，合成橡胶 由酒精合成丁二烯，合成橡胶 固定床催化裂化 环氧乙烷的生产 $C_2H_4 + \frac{1}{2}O_2 \longrightarrow C_2H_4O$ 乙烯聚合制聚氯乙烯、低密度聚乙烯 石油催化裂化制汽油等 氧化合成（OXO 合成） 合成纤维：聚己二酰己二胺	$CuCl_2 + NH_3Cl$ $MgO/ZnO/Al_2O_3$ 铝硅酸 Ag CrO_2、过氧化物 SiO_2/Al_2O_3 $Co(CO)_4$ 均相 Co 催化剂
20 世纪 40 年代[1]	烯烃烷基化制汽油 石脑油重整制取高辛烷值汽油、由石油制取芳烃 由苯加氢合成环己烷 合成丁苯橡胶、丁腈橡胶、丁基橡胶	HF、$AlCl_3$、H_3PO_4、H_2SO_4 Pt/Al_2O_3、Cr_2O_3、MoS_2 Ni、Pt Li、过氧化物、Al
20 世纪 50 年代[1]	高密度聚乙烯 聚丙烯 聚丁二烯橡胶 乙烯氧化制乙醛 $CH_2=CH_2 + \frac{1}{2}O_2 \longrightarrow CH_3CHO$ 对二甲苯制对苯二甲酸 由乙烯低聚合成 α-烯烃 石油加氢裂解	$TiCl_4/Al(C_2H_5)_3$ $TiCl_3/Al(C_2H_5)_3$ Ti、Co、Ni 均相 Pd/Cu 均相 Co/Mn 均相 $Al(C_2H_5)_3$ Pt
20 世纪 60 年代[1]	催化加氢脱硫 丁烯氧化制顺丁烯二酸酐 $C_4H_8 + 2O_2 \longrightarrow HOOC—C=C—COOH$ 丙烯氧化合成丙烯腈、丙烯酸、丙烯醛 二甲苯加氢异构 丙烯歧化合成乙烯和丁烯 $2CH_2=CHCH_3 \longrightarrow CH_2=CH_2 + (CH_3CH)_2$ 丁烯氧化脱氢制丁二烯 丁二烯直接氢氰化合成己二腈 双金属重整催化剂 新型裂解催化剂 甲醇羰基合成乙酸 乙烯氯化氧化合成氯乙烯 乙烯氧化合成乙醛 邻二甲苯氧化制苯酐 丙烯环氧化合成环氧丙烷	$CoO/MoO_3/Al_2O_3$ V、P/氧化物、$Bi/Mo-O$、Fe/SbO Pt、Al_2O_3/SiO_2 W、Mo Al_2FeO_4、尖晶石、均相 Ni $Pt/Re/Al_2O_3$ 分子筛 均相 Co $CuCl_2/Al_2O_3$ Pd/Cu V、TiO_2 均相 Mo $V-Ti$ Ag、钛硅沸石
20 世纪 70 年代[1]	低压合成甲醇 NO_x 的加氢还原 甲醇羰基合成乙酸 低压羰基合成 α-氨基丙烯酸加氢合成手性氨基酸 甲醇制汽油	$Cu-ZnO/Al_2O_3$（Cr_2O_3） 贵金属 均相 Rh 均相 Rh 均相 Rh ZSM-5 分子筛
20 世纪 80 年代[1]	甲醇芳构化 特种立构合成 氮氧化物加氨还原	ZSM-5 分子筛 结晶硫酸铝分子筛 V_2O_5/TiO_2
20 世纪 90 年代[1]	催化燃烧 茂金属催化聚合	Pd、Pt、Rh/SiO_2 茂 $ZrCl_2$-甲基铝氧烷
2003 年[3]	吡咯烷亚硝胺的降解	Fe_2O_3 改性 NaY 沸石
2005 年[4]	环己烯水合相界面反应	新型两亲性 HZSM-5 沸石催化剂
2009 年[5]	草酸二甲酯催化加氢合成乙二醇反应	Cu/HMS 催化剂

续表

时间	名称和主要化学反应	所用催化剂
2010 年[6]	水合制备乙二醇	环氧乙烷
2012 年[7]	葡萄糖合成乙酰丙酸	磷钨酸盐
2014 年[8]	醇胺一步合成亚胺反应	镁铝复合金属氧化物负载纳米 Pd 催化剂
2016 年[9,10]	染料敏化太阳能电池的能量转换 电催化水氧化	石墨烯限域金属 CoN_4 镍铁水滑石/还原氧化石墨烯
2018 年[11]	氮 α-位碳自由基偶联反应	二茂钛

从我国资源特点的角度出发，催化反应过程的核心就是使用催化新材料，开发新型高效催化剂[12] 至关重要。新型催化剂是在旧催化剂的基础上进行改性或在性能上取得突破的结果，其转化率、选择性的提高会使设备生产能力和产品质量大幅度提升，进而带来巨大的经济效应。20 世纪 80 年代以来，大量新型催化材料，如酸碱催化材料、分子筛催化材料、金属氧化物催化材料、光催化材料以及仿酶催化材料等的出现，极大地推动着催化材料科学的发展。随着国际性催化学会的诞生和发展，第一届国际催化大会于 1956 年在美国费城召开，并逐届扩大，第一种专业性国际催化学术刊物在 1962 年创刊。近些年来，新型催化材料的开发已成为催化研究领域的热点，一系列相关学术会议也随即召开，例如，2010 年底第十五届全国催化学术会议在广州召开，2011 年 8 月第七届全国环境催化与环境材料学术会议在北京举行，2016 年第十六届国际催化大会在北京举行，同年第十六届全国青年催化学术会议围绕"助力经济结构快速转型的催化科技"这一主题在湖南长沙举行。

新型催化材料的合成及应用是催化材料研究的一个重要方面。催化材料一般由活性组分、助剂和载体组成，其中活性组分是起催化作用的根本性物质，例如在合成氨催化剂中，金属铁是催化剂的活性组分，没有铁的催化剂几乎没有催化活性。助剂是催化剂中协助提高活性组分活性、选择性，从而改善催化剂催化性能的组分，助剂本身是没有活性的，但少量的助剂却能使催化剂的催化性能有明显改善。载体主要作为沉积催化剂的骨架，通常采用具有足够机械强度的多孔性物质，一般情况下载体的作用在于改变活性组分的形态结构，对活性组分起分散作用和支撑作用，从而增加催化剂的有效表面积，提高机械强度等[13]。

与此同时，采用不同的方法制备化学组成相同的催化剂，其表现出的催化性能可能会有很大的差异。尽管采用同一种制备方法，若加料的顺序不同，制备的催化剂性能也各有所异。

新型催化材料的制备方法主要有浸渍法[1]、沉淀法[1]、溶胶凝胶法[14]、水热合成法[15]、离子交换法[1]、微乳化法[16]、熔融法[1]、混合法[1] 等。一些新兴的非常规技术也被引入催化剂的制备过程中，如等离子体[1]、微波[1]、超声波[17] 等技术。

浸渍法是指将载体浸泡在含有活性组分的化合物溶液中，经过一段时间后除去剩余的液体，再经干燥、焙烧和活化后得到催化剂。刘炜等[18] 采用浸渍法制备的 $Ce-Mn/TiO_2$ 催化剂，在水和二氧化硫存在的环境中，120℃时 NO 的转化率保持在 95% 以上。

沉淀法是指在含有金属盐类的溶液中加入沉淀剂，通过复分解反应，生成难溶的盐或金属水合氧化物或凝胶，使其从溶液中沉淀出来，再经过滤、洗涤、干燥、焙烧等处理得到催化剂。闫志勇等[19] 采用共沉淀法制备的 $V_2O_5-WO_3-MoO_3/TiO_2$，在 V、W、Mo 与 Ti 的质量比分别为 0.03、0.15、0.30 时催化效率最高。

溶胶凝胶法是指将前驱体溶解在水或有机溶剂中形成均匀的溶液，溶质与溶剂产生水解或醇解反应，反应生成物聚集成 1nm 左右的粒子形成溶胶，经蒸发干燥转变为凝胶，经干燥、焙烧等处理后得到催化剂。Shen 等[20] 研究表明，在溶胶凝胶法制备的 NiO-TiO$_2$ 催化剂中，Ni 颗粒分散均匀且具有合适的金属与载体相互作用，表现出良好的甲烷催化裂解反应活性。

水热合成法是指在特制的密闭反应容器中，以水溶液或蒸汽等流体为介质，通过加热创造一个高温高压的反应环境，使通常难溶或不溶的物质溶解并且重结晶。赵新红等[21] 采用水热合成法制备了 Cr/Si-2 催化剂，并考察了其在 CO$_2$ 气氛下的乙烷脱氢制乙烯反应中的催化性能及稳定性，结果表明该催化剂能表现出优良的催化性能。

离子交换法是指利用载体表面上存在的可交换离子，将活性组分通过离子交换负载到载体上，然后经洗涤、干燥、焙烧等处理制得催化剂。

微乳化法是指将制备催化剂的反应物溶解在微乳液的水核中，在剧烈搅拌下使另一反应物进入水核进行反应，产生催化剂的前驱体或催化剂的粒子，待水核内的粒子长到一定尺寸，表面活性剂就会吸附在粒子的表面，使粒子稳定下来并阻止其进一步长大。反应完全后加入水或有机溶剂除去附在粒子表面的油相和表面活性剂，然后在一定温度下进行干燥和焙烧，制得纳米催化剂。

熔融法是指在高温条件下将催化剂的各组分熔合成为均匀的混合体、合金固溶体或氧化物固溶体，以制备高活性、高稳定性和高机械强度的催化剂。

混合法是指将几种催化剂组分机械混合在一起制备多组分催化剂，混合的目的是促进物料间的均匀分布，提高分散度。

为了提高催化剂的催化活性和稳定性，提高活性组分的分散度、强化活性组分-助剂-载体之间相互作用等显得尤为重要。催化剂的物理化学性质会随制备方法的不同而有所不同，催化活性差异显著。上述的浸渍法、沉淀法、离子交换法等方法是将金属前驱体引入到载体表面，经干燥、焙烧后得到催化剂样品。这些催化剂制备方法仍在不停地被改进，尤其是在提高催化剂的催化活性和稳定性以及降低制备成本等方面。新型高效的催化剂制备方法就具有非常重要的理论意义和现实意义。近年来，等离子体、微波和超声波等物理技术作为催化剂制备的新兴技术，越来越被广大科研者采用，这些技术简单易行，对催化剂的改性制备影响显著。

冷等离子体作为一种制备金属催化剂的绿色新方法，其中涉及复杂的物理和化学反应。冷等离子体具备的高活性可以缩短反应时间、提高效率，同时对催化剂的结构进行调控，可获得区别于传统方法制备的催化剂[22]。Zhou 等[23] 采用低气压直流辉光放电冷等离子体，以氩气为工作气体，开展了 Pt/CNT（碳纳米管）催化剂制备的研究，获得了粒径较小、分散性较好的 Pt 纳米粒子。

微波是一种频率在 300MHz～300GHz 的电磁波，在一般条件下可方便地穿透如玻璃、陶瓷等材料，可在被加热物体的不同深度同时产生热，因而可缩短处理材料所需的时间，节省能源。陈淑海等[24] 通过微波辅助水热法制备了二氧化钛纳米管，然后通过浸渍法在其表面负载了银纳米颗粒，结果表明微波加热处理可以大大缩短反应时间，且制备得到的催化剂光催化性能较优。

超声波是一种能量体系，其独特的"超声空化"会产生强烈的冲击波和速度高达 100m/s 的微射流，可不断清洗剥除载体吸附的杂质，影响或改变体系的结构、状态、功能等。郭坤等[25] 分别采用超声波浸渍法、传统浸渍法制备了 V$_2$O$_5$-WO$_3$/TiO$_2$ 催化剂，并对催化剂的反应活性进行考察，结果表明，采用超声波处理过的催化剂表现出来的脱硝效率更优。

1.2 ⊃ 催化作用

催化剂加速或减缓化学反应速率的现象称为催化作用。在催化反应中,催化剂主要是利用自身的活性中心激发并活化反应物分子来改变反应物分子的反应性能,从而改变化学反应速率。根据其反应系统物相是否均一,催化作用可分为均相催化和多相催化[26]。

1.2.1 均相催化

均相催化是指反应物和催化剂在同一相态中的催化反应[27]。均相催化中的催化剂主要包括路易斯酸、路易斯碱在内的酸碱催化剂,可溶性过渡金属化合物催化剂,少数非金属分子(如 I_2、NO)催化剂。均相催化体系不存在相界面,其对应的均相催化剂均是以分子或离子形式独立起作用。均相催化分为两种:气相均相催化和液相均相催化[28]。

1.2.1.1 气相均相催化

催化剂和反应物均为气相的催化反应称为气相均相催化[12]。例如,在 NO 的催化作用下 SO_2 氧化成 SO_3 的催化反应即气相均相催化。

气相均相催化的研究通常是从生成中间化合物的理论角度着手。中间化合物理论认为:催化剂之所以能够改变化学反应的速率,是因为在催化反应中催化剂与反应物生成不稳定的中间化合物,而后变成产物,催化剂的催化作用就是中间化合物的生成和转变[28]。我们以下列反应为例:

$$AB \xrightarrow{k_1} A + B \tag{1-1}$$

式中　AB——反应物;

A,B——反应后的生成物;

k_1——反应速率常数,$mol^{1-n} \cdot L^{n-1} \cdot s^{-1}$。

当无催化剂存在时,反应速率为:

$$v_1 = k_1 [AB] \tag{1-2}$$

当在反应体系中加入催化剂 x 时,则反应可能按下列两个连续的步骤进行:

$$AB + x \xrightarrow{k_2} Ax + B \tag{1-3}$$

$$Ax \xrightarrow{k_3} A + x \tag{1-4}$$

上述反应速率分别为:

$$v_2 = k_2 [AB][x] \tag{1-5}$$

$$v_3 = k_3 [Ax] \tag{1-6}$$

式(1-1)为普通的非催化反应,式(1-3)和式(1-4)是加入催化剂后连续进行的两个反应。式(1-3)形成的 Ax 中间化合物,按式(1-4)分解为催化剂和反应产物。

1.2.1.2 液相均相催化

催化剂和反应物均为液相的催化反应称为液相均相催化[29]。例如,在硫酸水溶液的催化作用下,乙酸和乙醇反应生成乙酸乙酯的催化反应即液相均相催化。

在液相均相催化中,最重要的是酸碱催化。酸碱催化可推广为广义的酸催化和碱催化。在某些反应中,不仅氢离子、氢氧根离子或未解离的酸及碱有催化作用,弱盐中的阳离子(如 NH_4^+)、弱酸的阴离子(如 AO^-)也有催化作用。

1781 年，Parmentier 发现淀粉在无机酸的作用下发生了水解糖化反应。1792 年 Scheele 发现无机酸可以促进酯化反应，无机碱可以促进皂化反应，而后又发现在硫酸的作用下乙醇会脱水生成乙醚。然而酸碱催化研究的开端是 1924 年丹麦的 Brönsted 在德国《物理化学》杂志上发表了详细的讨论文章，提出了如今所谓的 Brönsted 规则。

就目前而言，尽管酸碱催化已比较清楚，但其酸碱催化理论仍不断有新的发现，因而对酸碱催化的研究还需进一步深入。

1.2.1.3 络合催化

络合催化是指催化剂与反应物之间由于配位作用发生的催化反应。即反应物分子与催化剂间的配位作用使得前者活化[30]，例如烯烃、一氧化碳分子与催化剂 Pd 或 Ni 配位时形成 σ—π 键合，即在配位时配位键中处于 π 轨道的电子向金属的空 d 轨道转移，而金属又将满 d 轨道中的电子反馈至配位键的 π^* 轨道，总的结果相当于分子中居于成键轨道的电子部分转移至反键轨道，从而削弱了分子中原有的键合，进而使其处于活化状态。

近几十年以来，随着络合化学、有机金属化学、分离技术和生物科学等学科取得重大进展，均相络合催化的研究也得到了迅速发展，并成为当代化学科学中最活跃的领域之一。关于络合催化的研究与应用，可追溯到 20 世纪 30 年代 Reppe 等对乙炔水合催化制乙醛的研究。到 20 世纪 40 年代，Roelen 等利用 CO 和烯烃进行催化羰基化制得醛和醇。而后 50 年代化学键理论和金属有机化学的发展，为络合催化理论的建立和发展提供了必要的理论基础。

络合催化理论是在 20 世纪 60 年代以后提出的，发展很迅速，对该理论的研究是近几十年催化领域发展最显著的。到目前为止，在化学工业中已有 20 多个生产过程采用均相络合催化方法，约占总催化过程生产量的 15%。

1.2.2 多相催化

多相催化是指有明显相界面的催化反应体系，包括气-固相催化、气-液相催化、液-固相催化、液-液相催化和气-液-固相催化等反应体系。固体催化剂和气体反应物所组成的气-固相催化反应体系是目前较为常见的催化反应体系，下面对气-固相催化及其相关理论进行介绍。

1.2.2.1 气-固相催化

气-固相催化是指气体反应物和固体催化剂在气-固相界面上进行的反应[31]，例如负载型钯催化的乙炔选择性加氢反应。这类反应在化学工业中占据特别重要的地位。

气-固相催化反应过程包括以下五个连续的步骤[32]。

① 反应物分子从气流中向催化剂表面和孔内扩散。

② 反应物分子在催化剂表面上吸附。

③ 被吸附的反应物分子在催化剂表面上相互作用或与气相分子作用进行化学反应。

④ 反应产物自催化剂表面脱附。

⑤ 反应产物离开催化剂表面向催化剂周围的介质扩散。

上述步骤中的①和⑤为反应物、产物的扩散过程，属于传质过程。②、③、④步均属于在表面进行的化学过程，与催化剂的表面结构、性质和反应条件有关，也叫化学动力学过程。

以在多孔催化剂颗粒上进行 $A(g) \longrightarrow B(g)$ 不可逆反应为例，具体步骤如图 1-1 所示。

① 反应物 A 由气相主体扩散到颗粒外表面（外扩散）。

② 反应物 A 由外表面向孔内扩散，到达可进行吸附/反应的活性中心（内扩散）。

③、④、⑤依次进行 A 的吸附、A 在表面上反应生成 B、产物 B 自表面解吸，这总称为表面反应过程。

⑥ 产物 B 由内表面扩散到外表面（内扩散）。

⑦ B 由颗粒外表面扩散到气相主体（外扩散）。

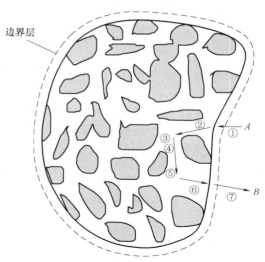

图 1-1 在多孔催化剂颗粒上进行
不可逆反应具体步骤

多相催化反应的控制步骤包括扩散控制和化学反应控制。当多相催化反应的控制步骤属于扩散控制，即催化剂的活性无法充分显示出来，即使改变催化剂的组成和微观结构，也难以改变催化过程的效率。只有改变操作条件或改善催化剂的颗粒大小和微孔构造，才能提高催化效率。当多相催化反应的控制步骤属于化学反应控制，即催化反应若为动力学控制时，从改善催化剂组成和微观结构入手可以有效地提高催化效率。动力学控制对反应操作条件也十分敏感，特别是反应温度和压力对催化反应的影响比对扩散过程的影响大得多[33]。

1.2.2.2 气-固相催化的相关理论

气-固相反应体系中所涉及的动力学较均相催化体系而言更复杂，且催化剂自身的组成和结构也很复杂，因而还需要进行深入的探究。气-固相催化涉及的相关理论主要有中间化合物理论和活性中心理论[34]。

（1）中间化合物理论

Sabatier 提出用生成中间化合物来解释多相催化作用，如有机化合物在镍上的加氢作用是由于生成氢化镍，等等。多相催化的中间化合物理论与均相催化的相似，能解释催化剂活性作用的原因和催化剂作用的选择性，但其在多相催化中也存在着不足之处：反应物与催化剂之间只是简单的化学作用，不能完全解释催化剂活性与催化剂形成过程的关系；关于助剂和毒物影响作用的解释少之甚少。

尽管用中间化合物理论来解释多相催化有些片面，但其解释催化作用中关于反应物与催化剂相互作用这一点是正确的，因而进一步推动了多相催化理论的发展。

（2）活性中心理论

1925 年，泰勒提出了活性中心理论，他认为催化剂表面是不均匀的，只有一小部分是活性中心，化学吸附了反应物之后才能起催化作用。随后，活性中心理论在巴兰金的多重催化理论和柯巴捷夫的活性基团理论中得到进一步发展。

在巴兰金的多重催化理论中，将催化剂晶格的某一要素当作活性中心，它的结构和几何尺寸对应于反应物分子的结构和几何尺寸。相反，在柯巴捷夫的活性基团理论中，把由催化剂的几个原子所形成的未达结晶态的无定形基团当作活性中心。两者虽基本观点不同，但都提出关于活性中心有一定结构的问题。因而在后期的研究中，多数是探讨活性中心的结构及其与催化行为之间的关系。

1.2.3 催化剂的基本组成

催化剂可由单一组分、盐、氧化物、金属有机化合物、多组分复合物等组成。无论是多相催化还是均相催化，多种成分混合体催化剂居多。按各成分所起的作用，大致可分为三类，即主（共）催化剂、助剂和载体[1]。

1.2.3.1 主（共）催化剂

主催化剂是催化剂的主要成分——活性组分，这是起催化作用的根本物质，顾名思义，催化剂中若没有活性组分存在，就不可能有催化作用。选择活性组分是催化剂设计的第一步，根据化学反应在各种材料上的催化机理选择活性组分变得越来越科学，而且对于较常见的化学反应都可在相关的催化工具书上找到目前工业配方中常用活性组分的信息[1]。

共催化剂是和活性组分同时起催化作用的组分。当其中一个组分单独存在时对反应有一定的催化作用，但当两者结合起来共同催化时，催化活性显著提高，利用双组分协同作用制成高活性的催化剂。

1.2.3.2 助剂

助剂是催化剂中能够提高活性组分的活性、选择性，改善催化剂的耐热、抗毒、机械强度和寿命等性能的组分。一般来说，助剂本身没有催化活性，但只要添加少量到催化剂中即可明显达到改进催化剂性能的目的。助剂通常包括结构助剂、电子助剂、晶格缺陷助剂、选择性助剂和扩散助剂等。结构助剂主要能使催化活性物质粒度变小、比表面增大，防止或延缓因烧结而降低催化剂活性等。结构助剂大多数是熔点较高、难还原的金属氧化物。电子助剂主要是改变主催化剂的电子状态，从而使反应分子的化学吸附能力和反应的总活化能都发生改变，提高催化性能。晶格缺陷助剂主要是使活性物质晶面的原子排列无序化，晶格缺陷浓度提高，从而提高了催化剂的催化活性。加入的助剂离子需要和被它取代的离子大小近似。选择性助剂主要是对有害的副反应加以破坏，提高主反应的选择性。扩散助剂主要是加入一些受热容易挥发或分解的物质，使催化剂保持一定孔型，提升催化剂的比表面和孔体积等[1]。

1.2.3.3 载体

载体是固体催化剂的重要组分。载体主要作为沉积催化剂的骨架，通常采用具有足够机械强度的多孔物质。其作用主要是：增大活性表面和提供适宜的孔结构；改善催化剂的机械强度；改善催化剂的导热性和热稳定性，避免局部过热引起的催化剂熔结失活和副反应；延长使用寿命；提供活性中心；还有可能和催化剂活性组分发生化学作用，从而改善催化剂性能[1]。

1.2.4 催化剂的反应性能

催化剂的反应性能是评价催化剂好坏的主要指标，它包括催化剂的活性、选择性和稳定性。

1.2.4.1 活性

催化活性是指催化剂对反应加速的程度，用来衡量催化剂效能大小的标准。催化活性实际上就等于催化反应的速率，可用催化反应的比速率常数来表示，常称比活性。对于固体催化剂，催化活性可用表面比速率常数（催化剂单位表面积上的速率常数）、体积比速率常数（催化剂单位体积上的速率常数）、质量比速率常数（催化剂单位质量上的速率常数）。在排除温度梯度、浓度梯度的影响条件下，于催化剂衰变之前测得的起始比速率常数称为真实（本征）比速率常数，其余都是表观比速率常数[1]。

在实际应用中，人们常以某种主要反应物在给定反应条件下的转化率（x）来表示催化活性，其定义为：

$$x = \frac{\text{已转化的主要反应物的物质的量}}{\text{主要反应物的总物质的量}} \times 100\% \tag{1-7}$$

这样表示的活性，虽然意义上不够确切，但因计算简单方便，在工业生产上特别常用。

催化活性常见的几种表示方法有：转换频率（数）、活化能、反应温度、比活性、时空收率等。

① 转换频率（数）。单位时间内每个活性中心转化的分子数。虽然这个表示方法很科学，但测定起来却不容易。

② 活化能。一个反应在某催化剂上进行时活化能低，则表示该催化剂的活性高，反之亦然。通常都是用总反应的表观活化能作比较。

③ 反应温度。用达到某一转化率所需的最低温区来表示。反应温度越低表明催化剂的活性越高。

④ 比活性。对于固体催化剂，与催化剂单位表面积相对应的活性称为比活性。比活性的公式为 $a = \frac{k}{S}$，式中，k 为催化反应速率常数，$mol^{1-n} \cdot L^{n-1} \cdot s^{-1}$；$S$ 为表面积或活性表面积，m^2。

⑤ 时空收率。有平均反应速率的含义，表示在指定条件下单位时间、单位体积或单位质量催化剂上所得产物的量。用它表示活性时要求温度、压力、原料组成和接触时间（空速）都相同。其特点是应用简便，但因受反应条件的影响，故其值也不准确。

1.2.4.2 选择性

催化剂并不是对热力学允许的所有化学反应都有同样的功能，而是特别有效地加速平行反应或连串反应中的一个反应，这就是催化剂的选择性。催化剂选择性的表示方法这里介绍两种[1]：

$$S = \frac{\text{转化为目的产物所消耗的某反应物的量}}{\text{某反应物转化的总量}} \times 100\% \tag{1-8}$$

$$S = \frac{\text{目的产物的收率}}{\text{原料的转化率}} \times 100\% \tag{1-9}$$

工厂常用产率（Y）来表示催化剂的优劣：

$$Y = \frac{\text{某反应物转化为目的产物的量}}{\text{某反应物的初始量}} \times 100\% \tag{1-10}$$

对于一个催化反应来说，催化剂的活性和选择性是两个最基本的性能。人们在催化剂研究开发过程中发现，催化剂的选择性往往比活性更重要，也更难解决。因为一个催化剂尽管活性很高，若选择性不好，会生成多种副产物，这样给产品的分离带来很多麻烦，大大地降低催化过程的效率和经济效益。反之，一个催化剂尽管活性不是很高，但是选择性非常高，仍然可以用于工业生产中。

1.2.4.3 稳定性

催化剂的稳定性，通常也称为寿命，是指其活性和选择性随时间变化的情况。寿命是指催化剂在作用条件下维持一定活性和选择性水平的时间（单程寿命），或者每次活性下降后经再生而又恢复到许可水平的累计时间（总寿命）。测定一种催化剂的活性和选择性费时不多，而要了解其稳定性则需花费很多时间。工业催化剂稳定性主要包括化学稳定性、耐热稳定性、抗毒稳定性和机械稳定性四个方面[1]。

（1）化学稳定性

化学稳定性是指催化剂在使用过程中保持稳定的化学组成和化合状态。活性组分和助剂不产生挥发、流失或其他化学变化的催化剂稳定性更强。

（2）耐热稳定性

耐热稳定性是指催化剂能在反应条件下，不因受热而破坏其物理化学状态，能在一定温度范围内保持良好的稳定性。耐热温度越高，时间越长，则催化剂的寿命越长。

（3）抗毒稳定性

抗毒稳定性是指催化剂对有害杂质毒化的抵抗能力。催化剂中毒有暂时性（可逆中毒）和永久性（不可逆中毒）之分，其中可逆中毒可以通过再生而使催化剂恢复活性。抗毒稳定性越强越好。

（4）机械稳定性

机械稳定性是指固体催化剂颗粒抵抗摩擦、冲击、重压、温度等引起的种种应力的程度。在固定床反应器中，催化剂颗粒抗压碎强度越强越好；在流化床和移动床反应器中，催化剂颗粒抗磨损强度越强越好。

1.3 ◯ 新型催化材料的合成

1.3.1 活性中心的调变

催化剂中具有催化活性的物质称为活性组分，它对催化剂的活性起着主要作用[35]。然而，催化剂并不是所有部分都会参与反应物到产物的转化，活性组分也可能只是部分会参与到反应中。换句话说，只有催化剂的局部位置才会产生活性，这些参与部位称为活性中心或活性部位。活性中心的形式是多种多样的，它可以是原子、原子团、离子、离子空位等。在反应中，活性中心的数目和结构往往会发生变化，因而关于活性中心化学本性的研究则变得相当困难却又非常重要。下面将简单阐述从不同角度来调变活性中心。

1.3.1.1 活性组分的分散度

在气-固相接触催化反应中，反应速率与催化剂表面上的活性中心数目成正比。一定量的催化剂，表面积随分散度的增大而增大，单位表面积内活性中心的数目亦随分散度的增大而增多。

增大催化剂活性组分的分散度，可通过在催化剂中引入助剂。例如在乙烯氧化生成环氧乙烷的反应中，银作为催化剂，加入 BaO 和 $CaCO_3$ 为助剂，助剂能提高银粒子的分散度，增大比表面[36]。

合适的载体也可以提高催化剂活性组分的分散度。有研究者在制备钒氧化物催化剂的过程中，分别采用 Al_2O_3、ZrO_2、TiO_2 和 SiO_2 等其他氧化物作为载体，经过比较，发现锐钛矿 TiO_2 为载体的催化剂中活性组分的分散度较高[37]。

催化剂的制备方法对活性组分的分散度有很大的影响，而活性组分的分散度与组分之间作用深度有关。要得到高分散的活性组分，最有效的方法是共沉淀，即在载体上浸渍或进行离子交换，而其他方法制得的催化剂活性组分的分散度不高[38]。

1.3.1.2 活性组分与载体之间的相互作用

活性组分与载体之间的相互作用是催化剂催化性能的重要影响因素。李佳佳等[39] 综述了 Co-Mo 活性组分与加氢脱硫催化剂载体间相互作用的机理及研究进展，认为在单组分载体中添加助剂、制备多元氧化物载体等方法可在一定程度上改善活性组分与载体间的相互作用。

针对某些载体而言，其自身不同的晶体结构也是决定活性组分与载体间相互作用的关键因素。叶代启等[40]制备了一系列负载型 V-Ti-O 催化剂，并对其进行了一系列表征。结果表明，锐钛矿 TiO$_2$ 载体与活性组分的相互作用比金红石 TiO$_2$ 要强得多。

1.3.1.3　活性组分颗粒的粒径

活性组分颗粒的粒径通常与催化剂的催化活性呈负相关，颗粒粒径越小，活性组分在载体上的分散度越大，催化性能就越优。不恰当的处理方式往往会导致活性组分颗粒粒径增大。龚浩等[41]采用溶胶凝胶法制备了负载 CeTiO$_x$ 复合氧化物涂层的堇青石蜂窝陶瓷整体式催化剂，并考察了 1,2-二氯乙烷（EDC）在催化剂上的催化效果，发现随着催化剂处理温度的升高，CeTiO$_x$ 活性组分的颗粒变大，导致 CeTiO$_x$ 蜂窝陶瓷催化剂对于 EDC 的催化活性降低。

减小活性组分的颗粒粒径，可通过在催化剂中引入金属助剂来实现。张在龙等[42]用稀土氧化物（La$_2$O$_3$）对轻油水蒸气转化制氢催化剂（Ni/α-Al$_2$O$_3$）进行了改性，并用 XRD 测定了催化剂中镍晶粒的粒径随 La 含量的变化。结果表明，改性后的催化剂中镍晶粒的粒径明显减小。

1.3.1.4　活性组分的酸碱性

对于酸性催化剂而言，提高其催化性能可通过提高活性组分的酸性来实现。提高活性组分的酸性一般可在催化剂中加酸性物质。杨丽娜等[43]采用直接合成法对介孔分子筛 SBA-15 进行磷钨酸（HPWA）化学改性。结果表明，较改性前的介孔分子筛 SBA-15 催化剂而言，制得的 HPWA 改性的介孔分子筛 SBA-15 催化剂的酸性得到了明显提升。

对于碱性催化剂而言，其催化活性与活性组分的碱性是正相关的，可通过在催化剂中加入碱性物质来实现活性组分碱性的提高。邱显清等[44]在催化剂催化甲烷氧化偶联反应性能的基础上，利用 CO$_2$-TPD 技术考察了不同的碱金属化合物-La$_2$O$_3$/BaCO$_3$ 催化剂的表面碱性。结果表明，BaCO$_3$ 的协同作用、碱金属化合物的添加都增大了催化剂表面的碱性，也增加了碱性位的数量。

1.3.2　结构与织构的调变

固体催化剂都是有孔催化材料，其表面积主要由内表面决定。催化剂的结构[45]通常指催化剂材料中原子或离子在空间的分布，特别是在表面上的分布。这里说的催化剂的结构，包括它的微观结构和颗粒结构等。催化剂的织构是指在催化剂颗粒中孔隙部分的详细几何结构[45]。在一个催化材料中，与织构有关的孔性指的是孔空间，而在分子筛材料中的孔性是由晶体结构来决定的。

催化剂的结构与其化学组成有直接关系，但化学组成并不是决定催化剂结构的唯一条件，催化剂的制备方法对其结构的影响往往更明显。例如，化学组成都是 TiO$_2$，不同的预处理温度，其可呈现锐钛矿、金红石和板钛矿结构，不同晶体结构的 TiO$_2$ 催化性能是不同的。同一种晶体结构的 TiO$_2$，采用不同制备方法制备出的催化剂孔结构和粒子形貌是不同的，表现出的催化性能差异也很大[45]。

工业上所用的催化剂，大多数都是由大量细小粒子聚集而形成，具有一定外形和大小的多组元颗粒。不同的聚集方式，会形成粗糙程度不同的表面，即表面纹理，而在颗粒内部形成孔隙构造。这些表现为催化剂的微观结构（织构）特征，即比表面、孔体积、孔径分布。催化剂的微观结构特征不仅会影响催化剂的催化性能，还会影响催化剂的颗粒强度，以及反应系统中的质量传递过程。

催化剂的织构调变通常与载体预焙烧温度、活性组分的含量以及处理方法等有关。

载体预焙烧温度是通过影响载体的织构进而影响催化剂的织构，而活性组分通常对催化剂的比表面、孔体积和孔径分布具有很大的影响。程时标等[46] 通过 N_2 吸附-脱附技术研究了载体预焙烧温度、B_2O_3 含量对 B_2O_3/ZrO_2 催化剂织构的影响。结果表明，载体的预焙烧温度会影响载体的水合程度，进而影响载体的比表面、孔体积等参数，最终影响制备的催化剂的织构。而随着活性组分 B_2O_3 含量的增加，B_2O_3/ZrO_2 催化剂的比表面和孔体积均呈降低的趋势。

不同的处理方法对催化剂的织构也有影响。陈青海等[47] 采用酸性 $KMnO_4$ 溶液、浓 HNO_3/H_2SO_4 混酸、中性 H_2O_2 溶液和高温熔融 KOH 分别对碳纳米管（CNTs）进行了氧化处理，并用氮气吸附对处理后 CNTs 的表面性质进行了研究。结果表明，经酸性 $KMnO_4$ 溶液、浓 HNO_3/H_2SO_4 混酸、高温熔融 KOH 处理后的 CNTs 比表面都有明显增加，高温熔融 KOH 处理后的效果最佳，而中性 H_2O_2 溶液处理后的 CNTs 比表面显著减少。

1.3.3　新型催化材料合成的分子设计

20 世纪 60 年代以来，现代催化科学基础的建立和发展、催化剂制造方法的不断革新、催化实验方法的日益完善，以及各有关学科成就的相互渗透等，为建立催化剂分子设计的科学基础提供了条件。所谓催化剂分子设计是指根据合理的程序和方法有效地利用未系统化的法则、知识和经验，在时间上和经济上最有效地开发和制备新催化剂。

催化剂分子设计的目的在于为特定的化学转化设计出具有高催化功能的化学物质，为新催化剂的选择和研制指引方向。催化剂分子设计是建立在从分子、原子水平去认识催化剂的结构与功能关系的基础上的，主要借助于制备化学、表面科学、量子化学、结构化学、配位化学、有机金属化学等领域的各种方法和技术进行新催化剂的分子设计。

催化剂分子设计既可为催化剂体系的选择和研制指引方向，反过来又需要根据催化剂研制、表征和评价结果与预期目标的对比来调整设计方案，补充某些必要的分子催化信息，并通过分子设计与反复调试而趋近自洽优化结果。

1.3.3.1　催化剂设计的总体考虑

催化剂设计的总体考虑[48] 主要包括以下几点。

① 热力学分析，指明反应的可行性、最大平衡产率和所要求的最佳反应条件、催化剂的经济性和催化反应的经济性、环境保护等。

② 分析催化剂设计参数的四要素：活性、选择性、稳定性（寿命）、再生性。

③ 催化反应过程与催化剂化学性质有关，而传质传热则与物理性质有关，设计时要兼顾。

1.3.3.2　催化剂主要组分的设计

一种符合工业要求的催化剂的完整设计，包括了活性组分的设计和助剂的设计以及载体的选择等[49]。

活性组分的设计是基于催化剂表面上所构成的一个反应序列，通过研究反应序列中关键的基元步骤，考虑已经积累的大量常规活性模型进行推理和设计。催化剂中活性组分的选择及其含量对催化剂是否能达到设定的活性有很大的影响。Stanciulescu 等[50] 采用 ZSM-5 分子筛为载体，制备了 Cu、Ce、Fe 三种催化剂，结果发现 Cu/ZSM-5 催化剂具有最好的活性。Aziz 等[51] 采用溶胶凝胶法制备了 Ni 负载量为 1%～10% 的 Ni/MSN 催化剂应用于 CO_2 甲烷化反应中，即催化剂载体为介孔二氧化硅纳米粒子（MSN），结果发现，Ni 含量为 10% 时其相应催化剂的 CO_2 转化率在 400℃ 达到 100%。

助剂主要以增强催化剂主成分的活性、选择性和热稳定性为目标来改善催化剂的催化性能，包括结构助剂、调变助剂、扩散助剂、毒化助剂。王东等[52] 采用液态离子交换法合成了一系列 Fe、Cu 单独及共同交换的 ZSM-5 分子筛催化剂，结果表明，在 NO 的催化脱除反应中，Fe-Cu/ZSM-5 比 Fe/ZSM-5 和 Cu/ZSM-5 的催化活性都高，且有较宽的高活性区间。

催化剂载体的选择，除了分散、稳定催化活性物质，还有一些重要作用：金属与载体间的相互作用，载体在双功能催化剂中的作用，发生在金属和氧化物载体之间的溢流作用。同时还需考虑良好的机械性能、几何状态、化学性质、经济核算和热稳定性[48]。Long 等[53] 以 Fe 为活性组分，丝光沸石（MOR）、MCM-41 分子筛、ZSM-5 分子筛和 Y 型分子筛为载体，制备得到分子筛催化剂并比较其脱除 NO_x 的效果。结果发现，Fe/ZSM-5 和 Fe/MOR 具有良好的 NO 催化效果。

1.3.3.3 催化剂物理结构的设计

催化剂的物理结构是指组成固体催化剂各粒子或粒子聚集的大小、形状与孔隙结构所构成的比表面、孔体积、孔径分布及与此相关的机械强度。具体包括：催化剂的形状、颗粒的大小、真密度、颗粒密度、堆密度、比表面、孔体积、孔径分布、活性组分的分散度及机械强度等。

（1）催化剂的物理结构对催化反应的影响[54]

催化剂上的反应速率 $r=r_s S_g f$，式中，r_s 为催化剂单位表面上的反应速率，即比活性，$mol/(L \cdot s)$；S_g 为催化剂的比表面，m^2/g；f 为催化剂的内表面利用率，%。

工业催化剂在较高温度下，比活性 r_s 取决于催化剂的化学组成，是一个常数，因此对于一定化学组成的催化剂，其活性取决于 S_g 和 f。

（2）催化剂的形状选择[54]

工业装置中必须选择一定形状的固体催化剂，使压力降下降，又必须保持较高的有效表面积。一般当颗粒的直径增加时，压力降下降，但同时可能降低表面积。常见催化剂形状参数如表 1-2 所示。

表 1-2 常见催化剂形状参数

分类	反应系统	形状	外径	典型图	成型机	原料
片	固定床	圆形	3～10nm		压片机	粉末
环	固定床	环状	10～20nm		压片机	粉末
圆球	固定床、移动床	球	5～25nm		造粒机	粉末、糊
圆柱	固定床	圆柱	(0.5～3)mm× (15～20)mm		挤出机	糊
特殊形状	固定床	三叶形、四叶形	2.4mm× (10～20)mm		挤出机	糊
球	固定床、移动床	球	0.5～5mm		油中球状成型	浆
小球	流化床	微球	20～200μm		喷雾干燥机	胶、浆

续表

分类	反应系统	形状	外径	典型图	成型机	原料
颗粒	固定床	无定形	2～14mm		粉碎机	团粒
粉末	悬浮床	无定形	0.1～80μm		粉碎机	团粒

（3）催化剂的比表面及孔结构的设计与选择[54]

一般而言，催化剂表面积越大活性越高，但催化活性和表面积常常不能成正比关系。

并非在任何情况下催化剂的表面积都是越大越好，如对于催化氧化强放热反应，表面积越大，单位时间放热越多，使反应装置中的热平衡遭到破坏。表面积越大也意味着孔径小，细孔多，这样不利于内扩散过程。因此对于选择性氧化反应，为了便于反应物分子和生成物分子扩散，以避免深度氧化，应控制催化剂的比表面，选择一些中等比表面或低比表面的催化剂或催化剂载体。

从目前使用的多数载体来看，孔结构的热稳定性大致范围是：0～10nm 的微孔在 500℃以下是稳定的；10～20nm 的过渡孔在 500～800℃ 是稳定的；20nm 以上的大孔在 800℃ 是稳定的。

（4）催化反应的结构敏感反应和结构非敏感反应[55]

结构敏感反应是指催化反应对催化剂表面相结构是敏感的；结构非敏感反应是指催化反应不依赖于催化剂表面相结构。Boudart 指出结构敏感反应的反应速率随催化剂颗粒大小变化，而结构非敏感反应则不变。

1.3.4 新型催化材料的表征

催化剂的催化性能主要包括化学性能和物理性能[54，56]。化学性能主要有化学组成和物相结构、活性、选择性、寿命、表面酸碱性以及微观及宏观动力学行为。物理性能主要包括宏观结构和微观结构两个方面。宏观结构有组成各粒子或粒子聚集的大小、形状与孔隙结构所构成的比表面、孔体积、孔的形状及大小分布，以及与此有关的传递性和机械强度等；微观结构有晶粒大小、分散度、骨架密度等。这一系列从不同的角度描述了影响催化剂催化性能的因素，而其中涉及的参数均需通过表征来获得。

催化剂的表征是指应用近代物理方法和实验技术，对催化剂材料的表面及相结构进行研究，并将它们与催化剂材料的性质进行关联，探讨催化剂的宏观性质、微观结构与催化特性之间的关系，进一步了解和认识催化剂材料的本质[56]。催化剂的表征使催化化学的研究从工艺逐渐发展成为一门科学，从宏观深入到微观，从现象深入到本质，从经验上升为规律，从特殊性上升到普遍性。催化剂表征的根本目的就是为催化剂的设计和开发提供更多的依据，改进原有的催化剂或创造新型催化剂，并提出新的概念，发现新的规律，推动理论及应用技术的发展。

催化剂的宏观结构（表面积、孔结构、机械强度等）的表征如下。

（1）催化剂的表面积及其表征

催化剂表面是提供反应中心的场所，单位质量催化剂所具有的表面积称为比表面，其中具有活性的表面称为有效比表面[51]。一般来说，比表面越大，催化剂的催化活性越高，因而在催化剂的制备过程中，经常将其做成粉末状或分散在表面积较大的载体上。催化剂比表面的测定工作是非常重要的，就同一种化学组成的催化剂而言，改变制备条件或添加助剂后，引起活性的改变，其原因通常可借助测定比表面得到启示。

比表面的测定方法繁多，其中最常用的是吸附法，主要包括化学吸附法和物理吸附法。化学吸附法是通过吸附质对多组分固体催化剂进行选择吸附而测定各组分的比表面。物理吸附法是通过吸附质对多孔物质进行选择性吸附来测定比表面。催化剂的常见表征方法如表1-3 所示。

表 1-3 催化剂的常见表征方法

类别			测试方法	备　注
总比表面			BET 法	标准方法
			X 射线小角散射法	快速测定比表面
有效比表面	金属	化学吸附法	H_2 吸附法	不适用于钯催化剂
			O_2 吸附法	计量数不确定；尤其适用于不容易化学吸附氢或一氧化碳的金属
			CO 吸附法	不适用于容易生成羰基化合物的金属
			N_2O 吸附法	尤其适用于负载型铜和银催化剂中金属比表面的测定
		H_2-O_2 滴定法		H_2-O_2 滴定法先决条件是先吸附的氧只与活性中心发生吸附作用
		电子显微镜法		测试困难，对铂、钯负载催化剂效果较好
		X 射线谱线加宽法		粗略估计各种晶体组分的比表面
	氧化物	无通用方法,利用各组分在化学吸附性质方面的差异进行测量		

在催化剂总比表面的测定方法中，最常用的方法是低温物理吸附法，其中被推崇为催化剂比表面测定的标准方法的是 BET 法。BET 法测定的是催化剂的总比表面，而在实际应用中，起作用的只是催化剂的一部分表面（活性表面）。活性表面的比表面通常采用"选择化学吸附"进行测定。

（2）催化剂的孔结构及其表征

催化剂的孔结构包括了孔道形状、尺寸及孔道形成的网络和孔道构成的孔体积、表面积[57]，其表征主要有孔径、孔径分布、孔体积和孔隙率等几个方面。

由于固体催化剂中的孔径大小各异，孔结构复杂，因而在孔径的表达上，为了简化，假设圆柱形催化剂的各个孔半径相同、长度相等，分别用 $\bar{r}$ 和 $\bar{L}$ 来表示。平均孔径 $\bar{r}$ 可由公式 $\bar{r}=\dfrac{V_g}{S_g}$ 算出，式中，V_g 为 1g 催化剂颗粒内部所有孔体积的总和，cm^3/g；S_g 为催化剂的比表面，m^2/g。

孔隙率 ε 是指催化剂颗粒中孔体积占催化剂颗粒体积的体积分数：

$$\varepsilon = V_g \rho_p \frac{V_{孔}}{V_{孔}+V_{真}} \tag{1-11}$$

式中　$V_{孔}$——催化剂孔体积，m^3；

　　　$V_{真}$——催化剂真实体积，m^3；

　　　ρ_p——颗粒密度（表观密度），g/m^3。

在孔结构的表征中，最常用的是 N_2 低温物理吸附法。不同类型的孔结构，其表征方法是不同的，每种表征方法有优点也有不足之处。例如，电子显微镜法（TEM/SEM）就是直接观察和测量孔的大小，然而在多数情况下，孔的形状是各有所异的，在有效测量孔大小时是很难获得准确的数据的。

（3）催化剂的机械强度及其表征

为避免催化剂机械强度的不足给工业生产带来不便，研制和生产机械性能优良的催化剂是工业催化剂最基本的要求。催化剂的机械强度主要分为三类：单颗粒强度、整体堆积压碎强度和磨损强度。

单颗粒强度测试的对象是大小均匀、数量足够的催化剂颗粒，例如球形、大片柱状、挤条颗粒等形状的催化剂。单颗粒强度还可分为单颗粒压碎强度和刀刃切断强度。

整体堆积压碎强度通常是用在固定床中表征催化剂的整体强度性能，因为单颗粒强度并不能直接反应催化剂在床层中整体破碎的情况。此外，针对许多不规则形状的催化剂，其强度测试也只能采用此方法。

磨损强度的测试通常是采用旋转碰撞法和高速空气喷射法。旋转碰撞法通常应用于固定床催化剂，得到的是微球粒子；高速空气喷射法通常应用于流化床催化剂，得到的是不规则碎片。

催化剂的微观结构及其表征如图 1-2 所示。

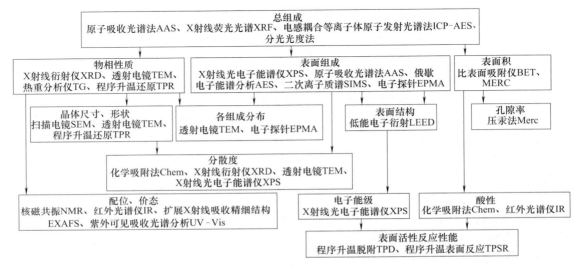

图 1-2　催化剂的微观结构及其表征

催化剂微观性质的表征可分为两个方面：表面性质的表征和体相性质的表征。

表面性质的表征又可分为探针分子技术和直接表征技术。探针分子技术是在接近原位条件下可获得催化剂的多种性质并确定它们之间的相关性的一种技术，而且该技术的设备简单、费用低，适合在一般催化研究实验室使用。直接表征技术可在不使用任何探针的情况下获得催化剂表面以下几层至十几层的表面原子的信息，然而这类设备都比较昂贵，一般实验室难以承受。

体相性质的表征技术主要包括：元素分析技术、光谱及衍射技术（XRD、IR、Raman、UV-Vis、NMR）、热分析技术（TG、DTA、DSC、TPD、TPO、TPR）。

元素分析技术主要是通过对催化剂体相各元素的组成或催化剂表面微区元素的组成进行定性和定量分析，进而获得主要成分（活性组分、助剂、载体等）及杂质（制备和使用过程中由原料带入的粉尘、毒物、污染物及生成的沉积物等）的组成、含量及其在颗粒中的分布。

光谱及衍射技术在催化剂体相性质的表征中主要用于获取催化剂的结构性质（如骨架结构、结晶度、晶粒大小等）和局部性质（如氧化态、配位数、对称性等）。目前并没有技术可以获取催化剂的所有性质，因而需根据获取的信息来选择合适的表征技术。表 1-4 所示为最常见的几种技术及其所能获取的信息。

表 1-4　最常见的几种技术及其所能获取的信息

技术方法		激发源	响应信号	获取信息	定量分析	气相气氛	应用范围
分子光谱技术	IR	光子	光子	局部环境、功能基团结构	半定量	可以	除 C 和其他少数物质之外的所有固体
	Raman	光子	光子	局部环境、功能基团结构	半定量	可以	所有样品
	PAS	光子	光子	局部环境、功能基团结构	半定量	可以	同 IR，尤其适用于不透光的固体样品
	UV-Vis	光子	光子	局部环境、功能基团结构	半定量	可以	含过渡元素的固体样品
X 射线谱技术	XRD	光子	光子	晶种、结晶度、结晶大小	定量	可以	所有晶体样品
	EXAFS	光子	光子	局部结构（配位数、原子间距）	定量	可以	所有金属化合物
	XANES	光子	光子	局部结构	半定量	可以	所有金属化合物
共振谱技术	NMR	光子	光子	局部环境、功能基团结构、分子漫射	定量	可以	所有固体样品
	EPR	光子	光子	氧化阶、对称性，配位体性质	定量	可以	顺磁金属（过渡金属离子）
	穆斯堡尔谱	光子	光子	局部环境、氧化阶	定量	可以	少数元素，尤其适用于 Fe、Sn 等
其他光谱及衍射技术	TEM	电子	电子	结构、晶体形状	不可以	不可以	任何样品，尤其适用于沸石、金属负载型催化剂
	SEM	电子	电子	结构、晶体形状	不可以	不可以	任何样品，尤其适用于沸石、金属负载型催化剂
	EPMA	电子	电子	元素组成	定量	可以	原子序数从 12 到 92 的元素
	XRF	光子	光子	元素组成	定量	可以	原子序数大于 5 的元素，但对轻元素测定较难
	AAS	光子	光子	元素组成	定量	可以	某些元素（如 Na）灵敏度不好

1.4　新型催化材料研究展望

1.4.1　酸碱催化材料的研究展望

酸碱催化材料在石油炼制、石油加工、有机合成以及工业废水处理领域应用较广。在石油工业中，其核心技术是催化裂化（FCC）。至今为止，催化裂化催化剂历经了抗硫性能的改善、新型沸石 Y 的出现等，使得汽油的选择性及辛烷值大大提高。然而原油价格、环保要求、新燃料规格等对催化裂化催化剂仍有很大的影响，因而在渣油催化裂化、催化裂化家族技术以及降低装置硫氧化物和氮氧化物排放等方面对其进行进一步改善和提高。目前在有机合成和工业废水处理领域，新型酸碱催化材料的研究主要有对硅铝等无机氧化物、各种分子筛、杂多酸以及离子液体等的改性和固体酸催化剂的开发及拓展。

1.4.2　分子筛催化材料的研究展望

分子筛催化剂的应用在石油化工、环保、生物工程、食品工业、医药工业等领域较为广泛[58]。在分子筛催化材料的研究过程中，研究者相继通过改性提高其在催化氧化方面的活性，利用介孔分子筛替换微孔分子筛以改善其因孔径小导致的影响等。目前，研究者正在入手研究具有强酸性、沸石型孔壁结构的介孔复合材料和微孔-介孔分子筛复合材料的制备。分子筛催化剂的研究可从这几个方面入手：使其制备方法和应用范围多样化；研究其组分之间的机理及应用利弊；提高催化性能、选择性；延长催化剂寿命[59]。分子筛催化剂不仅在自身性能方面需要改善，在经济问题上也需要进一步地解决，因而探索开发高效、经济和环保的分子筛催化剂已成为目前催化研究的热点。

1.4.3　金属氧化物催化材料的研究展望

金属氧化物催化材料具有良好的稳定性、成本低廉、较强的低温活性和选择性等优点，因而在能源化工领域和芳烃领域应用较广。在能源化工领域中，金属氧化物催化材料已在高活性和高选择性的方向上进行了研究，后期可考虑在催化材料的抗失活性能（如抗水性和抗硫性）以及操作温度范围的方向上进一步探索，尽可能地应用到实际工业生产中[60]。在芳烃领域中，金属催化材料的研究大多是围绕载体的改性和活性组分的改变而进行，因而今后可开发应用新的载体改性方法，优化组合金属组分，探索催化剂中各个组分之间的相互作用以及微观结构与催化作用之间的关系[61]。

1.4.4　光催化材料的研究展望

光催化材料是指在光（可见光、紫外光）的诱发下，通过把光能转化为化学能，从而具有较强的氧化还原能力，使被催化物质易发生一系列氧化还原反应的一类物质。新型光催化材料是指具有可见光响应的光催化材料。传统的、最常用的光催化材料 TiO_2，虽具有稳定、无毒等特性，然其催化效率偏低，光响应范围较窄，因而今后其研究的主要方向是通过增加表面缺陷结构、减小颗粒大小来增大比表面、贵金属表面沉积、过渡金属离子掺杂等方法对其进行改性[62,63]。新型光催化材料研究的核心任务[64] 是开发具有高量子转换效率的光催化材料，而开发新型光催化材料需要从光催化物理本质出发，以先进的实验技术揭示影响光催化反应过程的关键因素，深化对光催化反应机理的认识，由宏观地、定性地描述到微观地、定量地研究，对光吸收、电子空穴激发和运输过程以及界面动力学过程进行综合研究，阐明能量传递和转换的机理。

1.4.5　生物酶催化材料的研究展望

生物酶催化反应因其具有高效性、高专一性及条件温和等优点，故在石油化工应用中颇受关注。由于天然酶来源有限、难以纯化、易失活、难以回收和重复利用[65]，在酶催化的研究中通常选择模拟酶催化剂，模拟酶催化剂不仅具有天然生物酶催化剂的催化活性和选择性，而且还有结构可调控的特点。在实际工业应用中，模拟酶催化剂还具有稳定性好、寿命长、易储存、价格便宜和易于产业化生产等优点。目前，很多研究者在发掘新酶，进而对其分离提纯，深入研究结构及催化机理，用自然酶及模拟酶来催化合成新产物[66]。生物酶的研究无论是在学术意义还是应用价值方面，都具有无限广阔的前景。

参 考 文 献

[1]　储伟. 催化剂工程 [M]. 成都：四川大学出版社，2006.

[2]　《化工材料咨询报告》编委会. 化工材料咨询报告 [M]. 北京：中国石化出版社，1999.

［3］ 刘华道，曹毅，朱建华，等. Fe_2O_3 改性 NaY 沸石上吡咯烷亚硝胺的降解［J］. 催化学报，2003，24（7）：499.

［4］ 马丙丽，淳远，周炜，等. 新型两亲性 HZSM-5 沸石催化剂对环己烯水合相界面反应的催化研究［J］. 高等学校化学学报，2005，26（4）：731.

［5］ 尹安远，郭秀英，戴维林，等. 新型高性能 Cu/HMS 催化剂的合成及其在草酸二甲酯催化加氢合成乙二醇反应中的应用［J］. 化学学报，2009，67（15）：1731.

［6］ 杨志剑，任楠，唐颐. 环氧乙烷催化水合制备乙二醇的研究进展［J］. 石油化工，2010，39（5）：562.

［7］ 曾珊珊，林鹿，刘娣，等. 磷钨酸盐催化转化葡萄糖合成乙酰丙酸［J］. 化工学报，2012，63（12）：3875.

［8］ 孙璠，李泽龙，刘蒲，等. 镁铝复合金属氧化物负载纳米 Pd 催化剂的制备及其在醇胺一步合成亚胺反应中的应用［J］. 分子催化，2014，28（5）：410.

［9］ 邓德会，包信和，张文华. 大连化物所二维纳米材料限域单原子催化剂研究取得新进展［J］. 稀土信息，2016，29（6）：22.

［10］ 杜世超，任志宇，吴君，等. 镍铁水滑石/还原氧化石墨烯的制备及电催化水氧化性能［J］. 高等学校化学学报，2016，37（8）：1415.

［11］ 郑啸，黄培强. 二碘化钐参与及二茂钛催化的氮 α-位碳自由基偶联反应及其在含氮杂环合成中的应用［J］. 化学进展，2018，217（5）：528.

［12］ 曹声春，胡艾希，尹笃林. 催化原理及其工业应用技术［M］. 长沙：湖南大学出版社，2001.

［13］ 王桂茹. 催化剂与催化作用［M］. 3 版. 大连：大连理工大学出版社，2007.

［14］ 徐耀，贾红宝，张策. 溶胶凝胶法［J］. 粉末冶金技术，2016，34（2）：100.

［15］ 孙爽，孙成元. 浅谈水热合成法在晶体合成中的应用［J］. 内蒙古民族大学学报（自然汉文版），2014，29（5）：520.

［16］ 王军. 乳化与微乳化技术［M］. 北京：化学工业出版社，2012.

［17］ 钟声亮，张迈生，苏锵. 超细 4A 分子筛的超声波低温快速合成［J］. 高等学校化学学报，2005，26（9）：1603.

［18］ 刘炜，童志权，罗婕. Ce-Mn/TiO_2 催化剂选择性催化还原 NO 的低温活性及抗毒化性能［J］. 环境科学学报，2006，26（8）：1240.

［19］ 闫志勇，高翔，吴杰，等. V_2O_5-WO_3-MoO_3/TiO_2 催化剂制备及 NH_3 选择性还原 NO_x 的试验研究［J］. 动力工程学报，2007，27（2）：282.

［20］ SHEN Y，LUA A C. Sol-gel synthesis of titanium oxide supported nickel catalysts for hydrogen and carbon production by methane decomposition［J］. Journal of Power Sources，2015，280（2）：467.

［21］ 赵新红，李顺清，杨柯利，等. 制备方法对 Cr/Si-2 催化剂在 CO_2 氧化乙烷脱氢制乙烯反应中的催化性能的影响［J］. 分子催化，2007，21（2）：132.

［22］ 李壮，底兰波，于锋，等. 冷等离子体强化制备金属催化剂研究进展［J］. 物理学报，2018，67（21）：29.

［23］ ZHOU C，CHEN H，YAN Y，et al. Argon plasma reduced Pt nanocatalysts supported on carbon nanotube for aqueous phase benzyl alcohol oxidation［J］. Catalysis Today，2013，211（1）：104.

［24］ 陈淑海，徐耀，吕宝亮，等. Ag 负载 TiO_2 纳米管微波辅助水热法制备及其光催化性能［J］. 物理化学学报，2011，27（12）：2933.

［25］ 郭坤，宋存义，常冠钦，等. 超声波浸渍法制备 V_2O_5-WO_3/TiO_2 选择性催化还原脱硝催化剂［J］. 环境工程，2013，31（2）：76.

［26］ 孙桂大，闫富山. 石油化工催化作用导论［M］. 北京：中国石化出版社，2000.

［27］ 金杏妹. 工业应用催化剂［M］. 上海：华东理工大学出版社，2004.

［28］ 唐新硕，王新平. 催化科学发展及其理论［M］. 杭州：浙江大学出版社，2012.

[29] 菲利波夫. 催化作用 [M]. 北京：中国工业出版社，1964.

[30] 许越，夏海涛，刘振琦. 催化剂设计与制备工艺 [M]. 北京：化学工业出版社，2003.

[31] 范康年，陆靖，唐颐，等. 物理化学 [M]. 2版. 北京：高等教育出版社，2005.

[32] 孙效正，李景崮. 化学工艺学简明教程 [M]. 青岛：中国石油大学出版社，1997.

[33] 吴仁韬. 基本有机合成工艺：中级本 [M]. 北京：中国石化出版社，1993.

[34] 张高良. 工业催化剂的生产 [M]. 上海：上海科学技术出版社，1988.

[35] 李荣生. 催化作用基础 [M]. 北京：科学出版社，1990.

[36] 吉林大学化学系《催化作用基础》编写组. 催化作用基础 [M]. 北京：科学出版社，1983.

[37] 赵堃，韩维亮，张国栋，等. 柴油车 SCR 脱硝金属氧化物催化剂研究进展 [J]. 分子催化，2015，29（5）：494.

[38] 黄仲涛. 工业催化剂设计与开发 [M]. 北京：化学工业出版社，2009.

[39] 李佳佳，王广建，陈晓婷，等. Co-Mo 活性组分与加氢脱硫催化剂载体间相互作用的研究进展 [J]. 石化技术与应用，2016，34（5）：433.

[40] 叶代启，梁红. V_2O_5/TiO_2 催化剂活性组分与载体相互作用研究 [J]. 物理化学学报，1993，9（4）：501.

[41] 龚浩，黎维彬. 1,2-二氯乙烷在担载铈钛复合氧化物的蜂窝陶瓷催化剂上的催化燃烧：催化活性组分颗粒大小对转化率的影响 [C] //颗粒学前沿问题研讨会——暨第九届全国颗粒制备与处理研讨会论文集，2009.

[42] 张在龙，潘惠芳. La 改性的 $Ni/\alpha\text{-}Al_2O_3$ 催化剂中活性组分晶粒大小和粒度分布 [J]. 中国石油大学学报（自然科学版），1990，14（6）：102.

[43] 杨丽娜，亓玉台，袁兴东，等. 磷钨酸改性介孔分子筛 SBA-15 催化剂的酸性及水热稳定性的研究 [J]. 石油化工，2005，34（3）：222.

[44] 邱显清，彭永忠. 甲烷氧化偶联反应催化剂碱性与反应性能的相关性 [J]. 催化学报，1996，17（6）：507.

[45] 何杰，薛茹君. 工业催化 [M]. 徐州：中国矿业大学出版社，2014.

[46] 程时标，徐柏庆，吴巍. 制备方法对 B_2O_3/ZrO_2 催化剂织构及其催化性能的影响 [J]. 石油学报（石油加工），2002，18（4）：1.

[47] 陈青海，刘欢，陈久岭，等. 处理方法对碳纳米管织构性质及负载 Pd-Pt 催化剂萘加氢反应活性的影响 [J]. 炭素，2006（3）：8.

[48] 屠雨恩. 有机化工反应工程 [M]. 北京：中国石化出版社，1995.

[49] 杨孔章. 胶体·吸附·催化科技词义汇编 [M]. 济南：山东大学出版社，1989.

[50] STANCIULESCU M，CARAVAGGIO G，DOBRI A，et al. Low-temperature selective catalytic reduction of NO_x with NH_3 over Mn-containing catalysts [J]. Applied Catalysis B：Environmental，2012，123-124（12）：229.

[51] AZIZ M A A，JALIL A A，TRIWAHYONO S，et al. CO_2 methanation over Ni-promoted mesostructured silica nanoparticles：Influence of Ni loading and water vapor on activity and response surface methodology studies [J]. Chemical Engineering Journal，2015，260（1）：757.

[52] 王东，张国，王滨发，等. 负载 Cu、Fe 物种的 ZSM-5 催化剂的研究 [J]. 黑龙江水专学报，2007，34（1）：74.

[53] LONG R Q，YANG R T. Catalytic performance of Fe-ZSM-5 catalysts for selective catalytic reduction of nitric oxide by ammonia [J]. Journal of Catalysis，1999，188（2）：332.

[54] 胡将军. 燃煤电厂烟气脱硝催化剂 [M]. 北京：中国电力出版社，2014.

[55] 甘斯祚，傅体华. 应用物理化学：第三分册 [M]. 北京：高等教育出版社，1992.

[56] 王幸宜. 催化剂表征 [M]. 上海：华东理工大学出版社，2008.

[57] 辛勤. 固体催化剂研究方法 [M]. 北京：科学出版社，2004.

[58] 尚会建，张少红，赵丹，等. 分子筛催化剂的研究进展 [C] //中国化工学会 2011 年年会暨第四届全国石油和化工行业节能节水减排技术论坛论文集，2011.

[59] 王坚，汪颖军，所艳华，等. 分子筛催化剂的研究进展 [J]. 当代化工，2017，46（1）：160.

[60] 陈鑫，邓育新，梁海龙，等. 烟气脱硝低温选择性催化还原金属氧化物催化剂的研究进展 [J]. 化工环保，2015，35（4）：370.

[61] 石德先，赵震，徐春明，等. 烷基芳烃催化加氢脱烷基催化剂研究进展 [J]. 工业催化，2004，12（11）：1.

[62] 邓燕，何青青. TiO_2 光催化材料研究进展及运用 [J]. 广州化工，2016，44（17）：55.

[63] 马晓春，徐广飞. 光催化材料研究进展 [J]. 新技术新工艺，2012，12（9）：64.

[64] 闫世成，罗文俊，李朝升，等. 新型光催化材料探索和研究进展 [J]. 中国材料进展，2010，29（1）：1.

[65] 张静姝，田磊. 仿生表面改性技术研究进展 [J]. 化学与生物工程，2013，30（2）：11.

[66] 王乃兴，刘薇，王林. 酶催化反应研究进展 [J]. 合成化学，2004，12（2）：131.

第 2 章 ▶▶
酸碱催化材料

2.1 ⊃ 引言

酸碱催化分为均相酸碱催化和非均相（多相）酸碱催化。

均相酸碱催化反应的反应体系为气相或液相，催化剂多为组成与结构确定的小分子化合物（气体、酸、碱、可溶性金属盐及金属配合物等），例如：盐酸、硫酸、氢氧化钠、乙酸锰、环烷酸钴、氯化钯、氯化铜等。

人们已对均相酸碱和配合物催化剂及它们的作用机理作过较详细的研究。这类反应可应用一些现代技术在动态条件下进行研究，以获得直接和可靠的信息，其动力学和机理较容易搞清楚和阐明。

非均相（多相）酸碱催化反应即在固体酸碱催化材料催化下进行的反应。固体酸中心和均相催化酸中心在本质上是一致的，不过，固体酸催化剂中，还可能有碱中心参与协同作用。酸催化剂在石油炼制和石油加工中占有重要地位，如烃类催化裂化，烯烃催化异构化，芳烃和烯烃的烷基化，烯烃和二烯烃的齐聚、共聚、高聚，烯烃水合，醇脱水，等等，均需酸催化剂。

目前工业上应用的酸催化剂多为固体酸，许多均相酸催化剂有逐渐为固体酸催化剂所取代的趋势，这是因为固体酸催化剂具有易分离回收、易活化再生、高温稳定性好、便于化工连续操作、腐蚀性小的特点。相对来说，人们对固体碱催化剂的研究和了解较少一些。

本章着重介绍非均相酸碱催化材料及其催化作用。

2.2 ⊃ 酸碱的定义与分类

2.2.1 酸碱的定义

随着酸碱研究的深入，形成了阿伦尼乌斯电离理论、酸碱质子理论、路易斯酸碱理论、软硬酸碱理论四种理论[1, 2]。

19 世纪末，Arrhenius 在研究电解质在水溶液中的表现时，曾对酸碱作出如下定义（阿伦尼乌斯电离理论）：能在水溶液中给出质子（H^+）的物质称为酸；能在水溶液中给出氢氧根离子（OH^-）的物质称为碱。

1923 年，Brönsted 提出酸碱质子理论：凡是能给出质子的物质称为酸，也称 B 酸；凡是能接受质子的物质称为碱，也称 B 碱。互为酸碱者，称为共轭酸碱。如：

$$NH_3 + H_3O^+ (B酸) \Longrightarrow NH_4^+ + H_2O \tag{2-1}$$

　　1923 年，Lewis 根据电子理论，提出了路易斯酸碱理论：所谓酸，是电子对的受体，如 HF；所谓碱，是电子对的供体，如 NH_3。1938 年，Lewis 进一步对自己的理论给以阐明，即凡能接受电子对的物质称为酸，或称 L 酸；凡能给出电子对的物质称为碱，或称 L 碱。和酸碱质子理论的情况一样，互为酸碱者，为共轭酸碱，如：

$$BF_3(L 酸) + :NH_3 \longrightarrow F_3B:NH_3$$

(2-2)

　　根据 Brönsted 和 Lewis 的观点，可给出相应固体酸碱的定义。

　　固体酸：表面具有可以给出质子（B 酸）或者能从反应物接受电子对（L 酸）的活性中心的固体。例如 Al_2O_3、ZnO_2、$MgO\text{-}SiO_2$、$SiO_2\text{-}Al_2O_3$、杂多酸、分子筛等。

　　固体碱：表面具有可以从反应物接受质子（B 碱）或者能给出电子对（L 碱）的活性中心的固体。例如 MgO、CaO、$SiO_2\text{-}CaO$、$MgO\text{-}Al_2O_3$、碱性分子筛等。

　　软硬酸碱理论是 Pearson 于 1963 年提出的，他是在路易斯酸碱理论基础上提出了酸碱有软硬之分。他的基本观点如下。

　　① 对外层电子抓得紧的酸为硬酸（HA）。

　　② 对外层电子抓得松的酸为软酸（SA）。

　　③ 属于硬酸和软酸之间的酸称之为交界酸。

　　④ 电负性大极化率小，对外层电子抓得紧，难于失去电子对的物质称为硬碱（HB）。

　　⑤ 极化率大电负性小，对外层电子抓得松，易失去电子对的物质称为软碱（SB）。

　　⑥ 属于硬碱和软碱之间的碱为交界碱。

　　Pearson 根据软硬酸碱理论对物质的酸碱性进行了如下分类。

　　① 硬酸：H^+、Li^+、Na^+、K^+、Be^{2+}、Mg^{2+}、Ca^{2+}、Sr^{2+}、Ba^{2+}、Sc^{3+}、La^{3+}、Ce^{4+}、Th^{4+}、Ti^{4+}、Zr^{4+}、UO^{2+}、U^{4+}、Cr^{3+}、Cr^{6+}、MoO^{3+}、Mn^{2+}、Mn^{7+}、Fe^{3+}、Co^{3+}、BF_3、BCl_3、Al^{3+}、CO_2、Si^{4+}、Sn^{4+} 等。

　　② 交界酸：Fe^{2+}、Co^{2+}、Ni^{2+}、Cu^{2+}、Zn^{2+}、Sn^{2+}、Pb^{2+}、NO^+、Sb^{3+}、Bi^{3+}、SO_2 等。

　　③ 软酸：$(CN)_5^{3-}$、Pd^{2+}、Pt^{2+}、Pt^{4+}、Cu^+、Ag^+、Au^+、Cd^{2+}、Hg^+、Hg^{2+}、CH_2、Br_2、Br^+、I_2、I、O、Cl、N、HO^+ 等。

　　④ 硬碱：NH_3、RNH_2、H_2O、OH^-、O^{2-}、ROH、CH_3COO^-、CO_3^{2-}、NO_3^-、PO_4^{3-}、SO_4^{2-}、ClO_4^-、F^-、Cl^- 等。

　　⑤ 交界碱：NO_2^-、SO_3^{2-}、Br^-、N_3^-、N_2、$C_6H_5NH_2$、C_5H_5N 等。

　　⑥ 软碱：H^-、R^-、C_6H_6、CO、SCN^-、$S_2O_3^{2-}$、S^{2-}、I^- 等。

　　该理论在之后的应用研究中总结出如下的软硬酸碱规则（Hard and Soft Acid and Base，HSAB 规则）。

　　① 软酸（SA）与软碱（SB）易形成稳定的配合物。

　　② 硬酸（HA）与硬碱（HB）易形成稳定的配合物。

　　③ 交界酸碱不论结合对象是软酸碱还是硬酸碱，都能相互配位，但形成配合物的稳定性差。

　　HSAB 规则指出，硬酸与硬碱、软酸与软碱优先结合。有人形象地概括为"硬亲硬，软亲软，软硬交界就不稳"。如水蒸气能使合成氨的铁触媒失去活性，但活性可以恢复，而 CO 气体会使铁产生永久性中毒失活，这是因为 H_2O 是硬碱，Fe 是软酸，Fe 与 CO 软碱结合属于软-软匹配，很牢固。

近年来，Mulliken 引入电荷转移的概念，根据电子的转移方向定义了电子供体（D）和电子受体（A），认为 D 和 A 是相互作用的，当负电荷由 D 向 A 转移时，将生成另一种与原来 D、A 都不同的物质——一种新的加成化合物。

该定义具有更广泛的意义，除了适用于普通的酸-碱反应（如烯烃水合、烃类异构、烷基化、烷基转移、裂解、聚合等），也适用于电荷转移的配合物的反应。

2.2.2　酸碱的分类

具有酸碱性质的材料主要是元素周期表中的主族元素从ⅠA到ⅦA的一些氢氧化物、氧化物、盐和酸，也有一部分是副族元素的氧化物和盐。其特点是在反应中电子的转移是成对的，即给出一对电子或获得一对电子。

酸碱材料可分为四大类，详细的分类可参见表 2-1。

表 2-1　酸碱材料的分类

酸碱类型	实　例
固体酸	1. 天然黏土矿物：高岭土、膨润土、蒙脱土、天然沸石 2. 负载酸：H_2SO_4、H_3PO_4、CH_3COOH 等载于氧化硅、石英砂、氧化铝、硅藻土上 3. 阳离子交换树脂 4. 经 573K 热处理的焦炭 5. 金属氧化物及硫化物：ZnO、CdO、Al_2O_3、CeO_2、ZrO_2、TiO_2、As_2O_3、Bi_2O_3、Sb_2O_3、V_2O_5、Cr_2O_3、MoO_3、WO_3、CdS、ZnS 等 6. 氧化物混合物：SiO_2-Al_2O_3、SiO_2-MgO、Al_2O_3-Fe_2O_3、TiO_2-NiO、ZnO-Fe_2O_3、MoO_3-CoO-Al_2O_3、杂多酸、人工合成分子筛等 7. 金属盐：$MgSO_4$、$CaSO_4$、$SrSO_4$、$ZnSO_4$、$Al_2(SO_4)_3$、$FeSO_4$、$NiSO_4$、$(NH_4)_2SO_4$、$AlPO_4$、$Zr_3(PO_4)_4$、$SnCl_2$、$TiCl_4$、$AlCl_3$、BF_3、$CuCl_2$ 等
固体碱	1. 负载碱：$NaOH$，KOH 载于氧化硅或氧化铝上，碱金属及碱土金属分散于氧化硅、氧化铝上，K_2CO_3、Li_2CO_3 载于氧化硅上，等等 2. 阴离子交换树脂 3. 经 1173K 热处理，或用 NH_3、$ZnCl_2$-NH_4Cl-CO_2 活化的焦炭 4. 金属氧化物：Na_2O、K_2O、Cs_2O、BeO、MgO、CaO、SrO、ZnO、La_2O_3、CeO_4 等 5. 氧化物混合物：SiO_2-MgO、SiO_2-CaO、SiO_2-BaO、SiO_2-ZnO、ZnO-TiO_2、TiO_2-MgO 等 6. 金属盐：Na_2CO_3、K_2CO_3、$CaCO_3$、$SrCO_3$、$BaCO_3$、$(NH_4)_2CO_3$、KCN 等 7. 经碱金属或碱土金属改性的各种沸石分子筛
液体酸	H_2SO_4、H_3PO_4、HCl 水溶液、乙酸等
液体碱	$NaOH$ 水溶液、KOH 水溶液等

2.3　酸碱催化材料的合成方法

2.3.1　混合法

将几种催化剂组分机械地混合在一起制备多组分催化剂，混合的目的是促进物料间的均匀分布，提高分散度。混合法制备催化材料设备简单，操作方便，产品化学组成稳定，可用于制备高含量的多组分催化剂，尤其是混合氧化物催化剂。但混合法分散性和均匀性较差。

混合法分为干混法和湿混法（某一物料为溶液或含水沉淀物）两种。两种制备方法的工艺流程图如图 2-1 和图 2-2 所示。

固体磷酸催化剂具有促进烯烃聚合、异构化、水合、烯烃烷基化及醇类脱水等反应的功

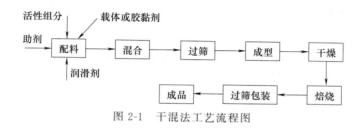

图 2-1 干混法工艺流程图

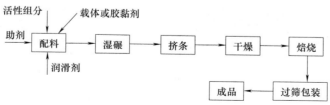

图 2-2 湿混法工艺流程图

能，常用湿混法制备。向 100 份硅藻土中加入 300～400 份 90% 的磷酸和 30 份石墨，按照相应流程制备。石墨使催化剂易于成型，且由于它传热快，能有效地防止反应中因部分蓄热而引起催化剂损坏。充分搅拌上述三种物料，使之均匀。然后放置在平瓷盘中，在110℃的烘箱中使之干燥到适于成型。用成型机将干燥后的催化剂粉末制成规定大小的片剂，再进行热处理，例如在马弗炉或回转炉中通热风进行活化。这样制得的固体磷酸催化剂，其活性因载体的形态、磷酸含量、热处理方法、热处理温度及时间等条件的不同而有显著差异。

文献 [3] 提供了用于 1-丁烯低聚反应的固体磷酸（SPA）催化剂的制备方法及几种助剂改性方法，各种催化剂合成方法及其催化反应如下。

① SPA 催化剂合成方法。在 45℃ 将 100g 磷酸（113% 浓度）添加至混料罐，然后将39g 硅藻土添加至混料罐并进行手动混合，再高速机械混合 1～2min。将混合物转移至结晶盘并且在空气氛围中 200℃ 预煅烧 20min。混合物在 10min 内冷却至室温，然后通过挤压成型，将挤出物在空气氛围中 320℃ 煅烧 30min，得到未改性的 SPA 催化剂 "SPA-C"。

② 助剂改性的 SPA 催化剂合成方法。在 45℃ 将 100g 磷酸（113% 浓度）添加至混料罐，然后根据表 2-2 添加助剂试剂并与磷酸混合。将 39g 硅藻土添加至混料罐并与磷酸和助剂进行手动混合，再高速机械混合 1～2min。将混合物转移至结晶盘并且在空气氛围中 200℃ 预煅烧 20min。混合物在 10min 内冷却至室温，然后通过挤压成型，将挤出物在空气氛围中 320℃ 煅烧 30min，得到改性的 SPA 催化剂。不同助剂改性的 SPA 催化剂如表 2-2所示。

表 2-2 不同助剂改性的 SPA 催化剂

催化剂	助剂	助剂试剂	试剂量/%	助剂量/%
SPA-1	硼	硼酸	0.80	0.4
SPA-2	铋	乙酸铋(Ⅲ)	0.65	0.9
SPA-3	镧	水合乙酸镧(Ⅲ)	0.80	0.9
SPA-4	银	乙酸银(Ⅰ)	0.54	0.9

③ SPA 催化剂催化 1-丁烯低聚反应。将 SPA 催化剂或助剂改性的 SPA 催化剂放置在催化剂床层中。原料 1-丁烯和丙烷质量比为 3:7，进料液体体积时空速度（LHSV）为

$1.3h^{-1}$，控制反应温度160℃，压力约3.75MPa，在此条件下不同反应时间的1-丁烯转化率结果见表2-3。

表2-3　不同SPA催化剂的1-丁烯转化率

反应时间/h	1-丁烯转化率/%				
	SPA-C	SPA-1	SPA-2	SPA-3	SPA-4
20	69.1	79.4	89.9	86.6	89.2
40	80.1	82.0	86.4	86.6	90.2
60	79.4	82.4	84.8	86.0	89.5
80	79.3	81.2	83.7	85.6	89.0
100	78.8	80.1	81.4	84.2	88.1
130	78.4	78.9	79.4	82.3	86.6

2.3.2　浸渍法

把载体浸渍（浸泡）在含有活性组分（和助剂）的化合物溶液中，经过一段时间后除去剩余的液体，再经干燥、焙烧和活化（还原或硫化）后即得催化剂，该方法主要用于制备负载型催化剂，其制备工艺流程见图2-3。

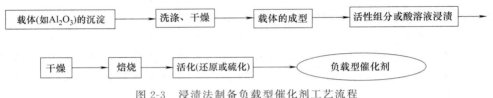

图2-3　浸渍法制备负载型催化剂工艺流程

浸渍法制备催化剂的优点在于负载组分主要分布在载体表面，用量少，利用率高（对于贵金属催化剂尤其重要），且市场上有各种载体供应，可以用已成型的载体，省去催化剂成型步骤，而且载体种类很多，物理结构清楚，可根据需要选择合适的载体。

贵金属浸渍液多采用氯化物的盐酸溶液（氯铂酸、氯钯酸、氯铱酸、氯金酸），载体在浸渍液中吸附饱和后，加入NaOH溶液中和盐酸，并使金属氯化物转化为金属氢氧化物沉淀在载体的内孔和表面上。

也有用蒸气浸渍法制备负载型催化剂的，即借助浸渍化合物的挥发性，以蒸气相的形式将其负载于载体上。例如制备正丁烷异构化催化剂$AlCl_3$/铁矾土，在反应器中装入铁矾土载体，然后以热的正丁烷气流将活性$AlCl_3$组分汽化，并带入反应器，使之浸渍在载体上。当负载量足够时，便可切断气流中的$AlCl_3$，通入正丁烷进行异构化反应。

以SBA-15为载体，将一定量干燥后的SBA-15浸渍于一定体积的5%磷酸溶液中，首先超声处理10min后于80℃下静置12h，过滤干燥后在500℃空气氛围下焙烧2h，即得到固体磷酸催化剂[4]。通过N_2吸附法测定SBA-15以及固体磷酸的比表面和孔结构，结果表明，SBA-15以及固体磷酸均具有第Ⅳ类吸附等温线，属于介孔材料的特征吸附，固体磷酸的制备过程没有破坏其载体SBA-15的介孔孔道结构。此外，利用BET法和BJH方法计算得到SBA-15的比表面和孔体积分别为$476m^2 \cdot g^{-1}$和$0.76cm^3 \cdot g^{-1}$，而固体磷酸的比表面和孔体积只有$280m^2 \cdot g^{-1}$和$0.64cm^3 \cdot g^{-1}$，相比于SBA-15均有明显下降。这可能是由于在固体磷酸的制备过程中，一部分磷酸分子进入了SBA-15的孔道，吸附并堵塞了部分孔道结构，导致其比表面和孔体积变小。SBA-15与固体磷酸的N_2吸附-脱附等温线如图2-4所示。

将上述催化剂和纤维素机械混合后可快速热解制备左旋葡萄糖酮（LGO），该固体磷酸能够抑制纤维素热解形成左旋葡萄糖（LG）等产物，并大幅促进 LGO 的生成。该固体磷酸催化剂与其他酸性催化剂（液体磷酸、液体硫酸、硫酸铁和固体超强酸）催化热解纤维素制备 LGO 相比，固体磷酸在选择性促进 LGO 生成方面效果更佳。

2.3.3 离子交换法

利用载体表面上存在的可交换离子，将活性组分通过离子交换负载到载体上，然后经洗涤、干燥、焙烧等处理制得催化剂（图 2-5）。离子交换法制备酸碱催化剂的特点是分散性好、活性高，尤其适用于制备低含量、高利用率的负载型贵金属催化剂和酸碱催化剂。

文献［5］采用离子交换法用 NH_4NO_3 对 ZSM-5（$SiO_2/Al_2O_3=26$）分子筛催化剂、固体磷酸催化剂（SPAC）进行离子交换，在经

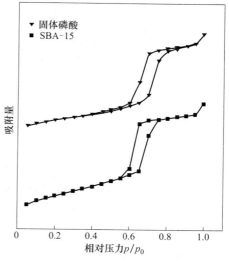

图 2-4　SBA-15 与固体磷酸的 N_2 吸附-脱附等温线

过脱氨、压片后制备出 2-丁烯叠合反应催化剂。通过 NH_3 吸附量热法表征了 ZSM-5 和 SPAC 的酸性，结果表明，两种催化剂的起始微分吸附热相近，两种催化剂最强酸性位的强度几乎相同，但 SPAC 中的强酸中心数远高于 ZSM-5，ZSM-5 和 SPAC 的 NH_3 吸附量热表征结果见表 2-4。

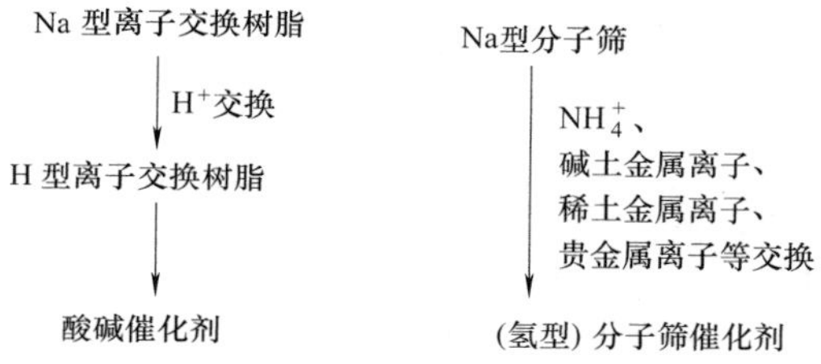

图 2-5　离子交换法制备催化材料

表 2-4　ZSM-5 和 SPAC 的 NH_3 吸附量热表征结果

催化剂	弱酸吸附量/ ($\mu mol \cdot g^{-1}$)	强酸/ ($\mu mol \cdot g^{-1}$)	起始微分吸附热/ ($kJ \cdot mol^{-1}$)
ZSM-5	575	285	179
SPAC	500	877	174

2.4 ⊙ 酸碱催化中心形成

2.4.1 无机载体负载酸中心的形成

用直接浸渍在载体上的无机酸（H_3PO_4、H_2SO_4）作催化剂时，其催化作用与处于溶液形式的无机酸相同，均可直接提供 H^+。

例如，H_3PO_4 浸渍在硅藻土或 SiO_2 上，在 300～400℃下焙烧，使其以正磷酸和焦磷酸形式存在，这样可提供 B 酸中心 H^+，使用过程中为防止正、焦磷酸变为偏磷酸（HPO_3 催化活性低），常加入微量水。

2.4.2 卤化物酸中心的形成

卤化物作酸催化剂时起催化作用的是 L 酸中心，为更好地发挥其催化作用，通常加入适量 HCl、HF、H_2O，使 L 酸中心转化为 B 酸中心，如 $AlCl_3$、BF_3（图 2-6）、$FeCl_3$ 等。

图 2-6 BF_3 酸中心的形成

2.4.3 硫酸盐酸中心的形成

硫酸盐 $[NiSO_4、Fe_2(SO_4)_3、Al_2(SO_4)_3]$ 有酸性盐和中性盐。中性盐没有酸性，若加热、压缩或辐射照射，可以呈现不同酸性。如 $NiSO_4$ 是弱酸或具有中等强度的酸中心。Ni 六配位上的一个空配位中心（sp^3d^2 杂化轨道）为 L 酸中心，而其中的 H_2O 分子，在双边 Ni 离子的作用下，离解出 H^+，作为 B 酸中心。$NiSO_4 \cdot xH_2O$（$0<x<1$）在 31℃ 以下时以 $NiSO_4 \cdot 6H_2O$ 形式存在，加热到 150℃ 主要转变为 $NiSO_4 \cdot H_2O$，继续加热到 300℃ 失水很少，但再升高温度，余下的水就会逐渐消失，一般其酸性及催化活性在 350℃ 时达到最大。$NiSO_4$ 酸中心的形成过程如图 2-7 所示。

图 2-7 $NiSO_4$ 酸中心的形成过程

硫酸盐催化剂可用于三聚乙醛的解聚、丙烯及醛类的聚合、丙烯水合、葡萄糖与丙酮的缩合、无水邻苯二甲酸的酯化等。

2.4.4 磷酸盐酸中心的形成

各种形式（无定形和晶态）的金属磷酸盐都可以用作酸性催化剂或碱性催化剂。如：磷酸铝的酸性与 Al/P 比和 OH 基团含量有关。磷酸盐酸中心的形成过程如图 2-8 所示。

图 2-8 磷酸盐酸中心的形成过程

化学计量磷酸铝 Al/P＝1，经 600℃ 以下处理，其表面同时存在 B 酸中心和 L 酸中心。P 上的 OH 为酸性羟基，由于与相邻的 Al—OH 形成氢键，使其酸性增强，可视为 B 酸中心。在高温下抽真空处理时，OH 缩合生成水，同时出现 L 酸中心。但经脱水后铝磷氧化物中的氧主要留在 P 上，P＝O 键属共价键性质，所以氧不能视为碱中心。

2.4.5 离子交换树脂酸中心的形成

在有机合成反应中常用酸和碱作为催化剂进行酯化、水解、酯交换、水合等反应。用离子交换树脂代替无机酸和碱作催化剂，同样可进行上述反应，且树脂具有反复使用、产品容易分离、反应器不易腐蚀、不污染环境、反应容易控制等优点。离子交换树脂是用有机合成方法制成的，如用苯乙烯与二乙烯基苯共聚可生成三维网络结构的凝胶型共聚物，制得的树脂可成型为球状颗粒。为制备阳离子或阴离子交换树脂，需要向共聚物中引入各种官能团。用硫酸使苯环磺化，引入磺酸基团，从而得到强酸型离子交换树脂。为使树脂具有酸性，必须用 HCl 水溶液交换，使 Na^+ 被 H^+ 取代，成为 B 酸催化材料。引入羧酸基团，可制得弱酸型离子交换树脂。向共聚物中引入季胺基、伯胺基、仲胺基、叔胺基等可制得阴离子交换树脂，使用前需用碱溶液（OH^-）交换成为 B 碱催化材料。

2.4.6 氧化物酸碱中心的形成

ⅠA、ⅡA 族元素的氧化物常表现出碱性，而ⅢA 和过渡金属氧化物却常呈现酸性。部分金属氧化物呈现两性。金属氧化物酸碱催化材料的简单分类见表 2-5。

表 2-5 金属氧化物酸碱催化材料的简单分类

固体酸催化材料	单一氧化物	ZnO、Al_2O_3、CeO_2、TiO_2、As_2O_3、Sb_2O_3、V_2O_5、Cr_2O_3、MoO_3、SiO_2
	复合氧化物	SiO_2-Al_2O_3、B_2O_3-Al_2O_3、Cr_2O_3-Al_2O_3、MoO_3-Al_2O_3、ZrO_2-SiO_2、Ga_2O_3-SiO_2、MgO-SiO_2、CaO-SiO_2、SrO-SiO_2、Y_2O_3-SiO_2、La_2O_3-SiO_2、SnO_2-SiO_2、PbO-SiO_2、MgO-Bi_2O_3、TiO_2-ZnO、Al_2O_3-Fe_2O_3、TiO_2-NiO、ZnO-Fe_2O_3、MoO_3-CoO-Al_2O_3
固体碱催化材料	单一氧化物	BeO、MgO、CaO、SrO、ZnO、Al_2O_3、SiO_2、BaO
	复合氧化物	SiO_2-Al_2O_3、SiO_2-MgO、SrO-CaO、SiO_2-SrO、SiO_2-BaO

氧化物固体表面可能存在的 4 种酸碱中心如下。
① B 酸中心——能放出 H^+ 的部位。
② B 碱中心——能放出 OH^- 的部位。
③ L 碱中心——裸露在表面、配位不饱和的氧离子，具有亲核能力。
④ L 酸中心——裸露在表面、配位不饱和的金属离子，具有亲电能力。

（1）单氧化物酸碱中心的形成

单氧化物酸碱中心的形成过程如图 2-9 所示。单氧化物都是由相应的碳酸盐或氢氧化物经热分解得到的。金属氧化物表面向反应体系提供质子，或从体系接纳电子对的部位称为酸中心；向反应体系提供电子对的部位称为碱中心。酸中心或碱中心的产生，与金属氧化物表面羟基解离及 M—O 键能否断裂有关。如果表面的金属原子 M 电负性很大，对氧离子的部分电荷有较强的吸引力，则 O—H 键断裂，产生 H^+，此时 M—OH 是 B 酸中心。如果金属原子 M 电负性很小，对氧离子的部分电荷有较弱的吸引力，则发生 M—O 键断裂，产生 OH^-，此时 M—OH 是 B 碱中心，放出 OH^-，表面留下 M^+ 为 L 酸中心。

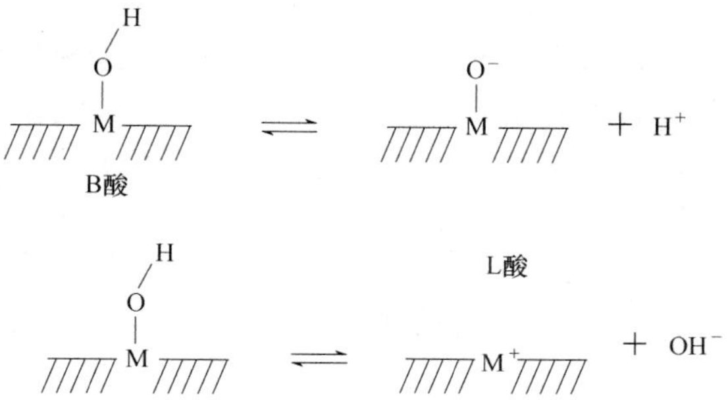

图 2-9 单氧化物酸碱中心的形成过程

除碱性（获取氢离子或质子的能力）外，碱土金属氧化物还显示出给电子的性能（中性硝基苯——被 MgO、CaO 等吸附形成阴性自由基），这种给电子的部位与碱位是不同的，故将碱位称为 B 碱，而给电子的部位称为 L 碱。

在空气中焙烧比在保护气焙烧形成 L 碱位要少得多，而不论在空气中或在保护气中形成的 L 碱位远少于 B 碱位。

Al_2O_3、SiO_2、TiO_2 等属于单组分氧化物，一般酸性较弱，对这类单组分氧化物参与的反应，酸性太强选择性及活性反而不好。氧化铝是广为应用的吸附剂和催化剂，更多场合用作金属（如 Pt、Pd 等）和金属氧化物（如 Cr、Mo 等氧化物）的催化剂载体。它有多种不同的晶型变体，如 γ、η、χ、θ、δ、κ 等，依制取所用原料和热处理条件的不同，可以出现前述的各种变体。最稳定的形式为无水的 α-Al_2O_3，它的结构中 O^- 呈密排六方堆积，Al^{3+} 占据正八面体 2/3 的空隙。作为催化剂，各种变体中最重要的是 γ-Al_2O_3 和 η-Al_2O_3 两种，例如由乙醇制乙烯所用的 γ-Al_2O_3。二者的表面既有酸中心，也有碱中心。L 酸中心是由脱水形成的不完全配位的铝构成，L 酸中心吸附水形成 B 酸中心，后者的酸性太弱，以致认为 Al_2O_3 不具有 B 酸性。α-Al_2O_3、γ-Al_2O_3、η-Al_2O_3 变体的形成过程如图 2-10 所示。

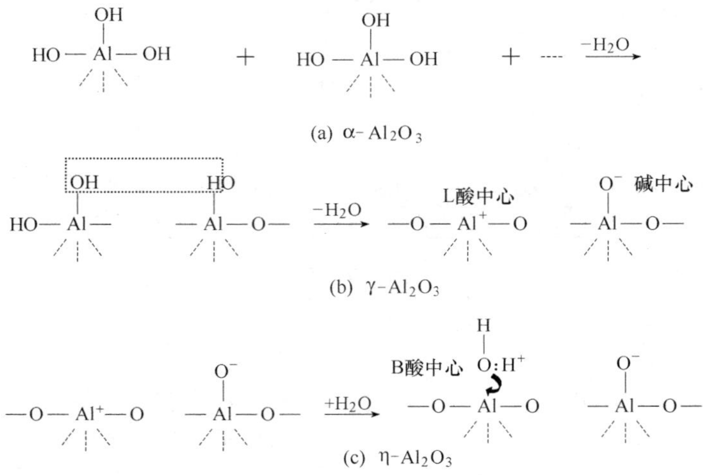

图 2-10 Al_2O_3 变体的形成过程

（2）复合氧化物酸碱中心的形成

Tanabe 假说提出[6]，在二元氧化物的模型结构中，酸中心的生成是二氧化物模型结构中负电荷或正电荷的过剩造成的。Tanabe 假说模型结构遵循两个原则：

① 两种金属离子混合前后配位数不变。

② 氧的配位数混合后有可能变化，但所有氧化物混合后的配位数与主成分的配位数一致。

计算出整体混合氧化物的电荷数，负电荷过剩时呈现 B 酸中心，正电荷过剩时为 L 酸中心。

例如，TiO_2 占主要组分的 TiO_2-SiO_2 二元复合氧化物的结构模型和 SiO_2 占主要组分的 SiO_2-TiO_2 二元复合氧化物的结构模型见图 2-11。

在图 2-11（a）中，二元氧化物复合时，Si 的配位数为 4，Ti 为 6；Si 的 4 个正电荷分布在 4 个键上，即每个键为 +4/4 电荷；而 O^{2-} 的配位数按上述原则的要求应为 3，故 2 个负电荷分布在 3 个键上，即每个键为 -2/3 电荷。故总的电荷差为 $(+4/4-2/3)\times4=4/3$。因此，正电荷过剩应显 L 酸性。

在图 2-11（b）中，二元氧化物复合时，Ti 的配位数为 6，Si 为 4；Ti 的 4 个正电荷分布在 6 个键上，即每个键为 $+4/6$ 电荷；而 O^{2-} 的配位数按上述原则的要求应为 2，故 2 个负电荷分布在 2 个键上，即每个键为 $-2/2$ 电荷。故总电荷差为 $(+4/6-2/2)\times 6=-2$。因此，负电荷过剩应显 B 酸性。

故无论在哪种情况下，TiO_2 与 SiO_2 组成的二元复合氧化物都显酸性，因为不是正电荷过剩（L）就是负电荷过剩（B 酸）。

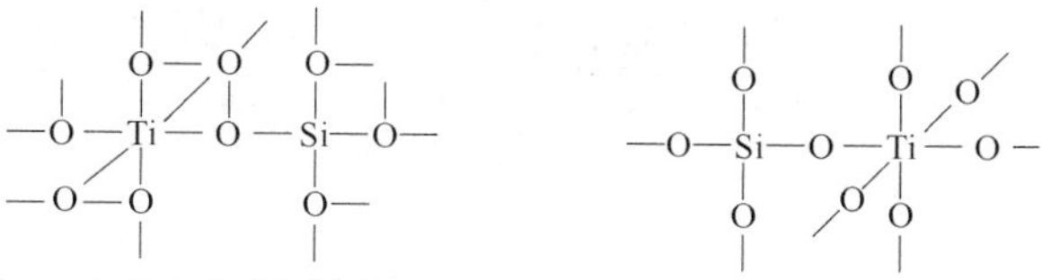

(a) TiO_2为主要组分　　(b) SiO_2为主要组分

图 2-11　TiO_2-SiO_2 二元复合氧化物的结构模型

又例如 ZnO-ZrO_2 二元氧化物体系，无论谁为主要组分，按上述两原则描绘的模型结构，都无过剩的电荷，所以该二元氧化物无酸性。实验也证实了这种推测。Tanabe 假说对 32 种二元氧化物进行了预测，经实验证明其中 29 种与预测的结果相一致，假说的有效率达 91%。表 2-6 列出了二元氧化物酸量的预测与实测。

表 2-6　二元氧化物酸量的预测与实测

二元复合氧化物	$\alpha=\dfrac{V}{C}$		Tanabe 假说的酸量增加	实验的结果	预测的有效性	二元复合氧化物	$\alpha=\dfrac{V}{C}$		Tanabe 假说的酸量增加	实验的结果	预测的有效性
	α_1	α_2					α_1	α_2			
TiO_2-CuO	4/6	2/4	○[a]	○[b]	○[c]	Al_2O_3-MgO	3/6	2/6	○[a]	○[b]	○[c]
TiO_2-MgO	2/6		○[a]	○[b]	○[c]	Al_2O_3-B_2O_3	3/3		○[a]	○[b]	○[c]
TiO_2-ZnO	2/4		○[a]	○[b]	○[c]	Al_2O_3-ZrO_2	4/8		×[a]	○[b]	×[c]
TiO_2-CdO	2/6		○[a]	○[b]	○[c]	Al_2O_3-Sb_2O_3	3/6		×[a]	×[b]	○[c]
TiO_2-Al_2O_3	3/6		○[a]	○[b]	○[c]	Al_2O_3-Bi_2O_3	3/6		×[a]	×[b]	○[c]
TiO_2-SiO_2	4/4		○[a]	○[b]	○[c]	SiO_2-BeO	4/4	2/4	○[a]	○[b]	○[c]
TiO_2-ZrO_2	4/8		○[a]	○[b]	○[c]	SiO_2-MgO	2/6		○[a]	○[b]	○[c]
TiO_2-PbO	2/8		○[a]	○[b]	○[c]	SiO_2-CaO	2/6		○[a]	○[b]	○[c]
TiO_2-Bi_2O_3	3/6		○[a]	○[b]	○[c]	SiO_2-SrO	2/6		○[a]	○[b]	○[c]
TiO_2-Fe_2O_3	3/6		○[a]	○[b]	○[c]	SiO_2-BaO	2/6		○[a]	—	○[c]
ZnO-MgO	2/4	2/6	○[a]	○[b]	○[c]	SiO_2-Ga_2O_3	3/6		○[a]	○[b]	○[c]
ZnO-Al_2O_3	3/6		×[a]	○[b]	×[c]	SiO_2-Al_2O_3	3/6		○[a]	○[b]	○[c]
ZnO-SiO_2	4/4		○[a]	○[b]	○[c]	SiO_2-La_2O_3	3/6		○[a]	○[b]	○[c]
ZnO-ZrO_2	4/8		×[a]	×[b]	○[c]	SiO_2-ZrO_2	4/8		○[a]	○[b]	○[c]
ZnO-PbO	2/8		○[a]	×[b]	×[c]	SiO_2-Y_2O_3	3/6		○[a]	○[b]	○[c]
ZnO-Sb_2O_3	3/6		×[a]	×[b]	○[c]	SiO_2-Fe_2O_3	3/6		○[a]	○[b]	○[c]
ZnO-Bi_2O_3	3/6		×[a]	×[b]	○[c]	ZrO_2-CdO	4/8	2/6			

注：1. V 表示带正电元素的价态；C 表示带正电元素的配位数；○[a] 表示应用 Tanabe 假说预测二元氧化物酸量增加；×[a] 表示应用 Tanabe 假说预测不生成酸性；○[b] 表示实验结果表明酸量增加；×[b] 表示实验结果表明不显酸性；○[c] 表示 Tanabe 假说预测结果与实验的结果一致；×[c] 表示 Tanabe 假说预测结果与实验的结果不一致。

2. 此处二元氧化物是指形成复合氧化物，机械混合的不遵从。

3. 此处预测的是酸量，不是酸强度。二元氧化物复合也有增加碱量的，但未发现有规律性。

影响二元氧化物酸碱位产生的因素有二元氧化物的组成、制备方法、预处理温度。三者对脱 H_2O、脱 NH_3、改变配位数和晶型都有影响。典型的二元氧化物有含 SiO_2 系列，其中以 SiO_2-Al_2O_3 研究得最为广泛，固体酸和固体酸催化剂的概念就是据此建立的。SiO_2-Al_2O_3 复合氧化物表面的 B 酸和 L 酸中心的结构如图 2-12 所示[7]。

SiO_2-TiO_2 也是强酸性的固体酸催化剂。Al_2O_3 系列二元氧化物中，用得较广泛的是 MoO_3-Al_2O_3，加氢脱硫和加氢脱氮催化剂就是用 Co 或者 Ni 改性的 MoO_3-Al_2O_3 二元氧化物体系，它们的主要催化功能与其酸性的关系也有研究。近年来，对于 TiO_2 系列二元氧

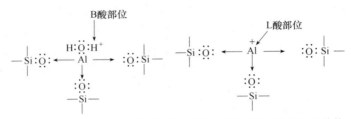

图 2-12　SiO_2-Al_2O_3 复合氧化物表面的 B 酸和 L 酸中心的结构

化物和 ZrO_2 的二元氧化物也有了一些研究。

2.4.7　杂多酸化合物酸中心的形成

杂多酸（HPA）是两种或两种以上无机含氧酸缩合而成的多元酸的总称，是一类含氧桥的多酸配位化合物。固态杂多酸化合物由杂多阴离子、阳离子（质子、金属阳离子、有机阳离子）及水或有机分子组成。若金属离子或有机胺类化合物部分或全部取代杂多酸中的氢，即得到杂多酸盐。

HPA 有确定的结构，如 Keggin 结构、Dawson 结构、Anderson 结构、Waugh 结构和 Silverton 结构。目前研究主要集中在 Keggin 结构，而对其他结构的研究很少。

常见具有 Keggin 结构的杂多酸有磷钼酸、磷钨酸和硅钨酸。Keggin 结构的杂多阴离子是由 12 个 MO_6（M＝Mo、W）八面体围成一个 PO_4 四面体构成。杂多阴离子称为一级结构，由杂多阴离子、阳离子和水或有机分子等形成的三维排列的结构称为二级结构。由中心配位杂原子形成的四面体和多酸配位基团形成的八面体通过氧桥连接，形成具有类沸石的笼状结构。

对于杂多酸催化作用下进行的反应，非极性分子仅能在表面反应，而极性分子不但能在表面反应，还可以扩散进入晶格间进行反应，这也称之为 HPA 独特的"假液相"反应。

例如，磷钨酸是由氧钨阴离子和氧磷阴离子缩合而成，缩合态的磷钨酸阴离子要有质子（H^+）相互配位。这种 H^+ 即为 B 酸中心，而且是一种强酸中心。钼酸根离子（多原子，MoO_4^{2-}）和磷酸根离子（杂原子，PO_4^{3-}）在酸性条件下缩合，生成磷钼酸杂多酸。

$$12WO_4^{2-}+HPO_4^{2-}+23H^+\longrightarrow (PW_{12}O_{40})^{3-}+12H_2O \qquad (2\text{-}3)$$

$$12MoO_4^{2-}+PO_4^{3-}+27H^+\longrightarrow H_3PMo_{12}O_{40}+12H_2O \qquad (2\text{-}4)$$

对金属杂多酸盐具有酸性提出以下五种机理。

① 酸性杂多酸盐中的质子可给出 B 酸中心。

② 制备时发生部分水解给出质子。

$$(PW_{12}O_{40})^{3-}+3H_2O\longrightarrow (PW_{11}O_{39})^{7-}+WO_4^{2-}+6H^+ \qquad (2\text{-}5)$$

③ 与金属离子配位水的酸式解离给出质子。

$$[Ni(H_2O)_m]^{2+}\longrightarrow [Ni(H_2O)_{m-1}(OH)]^++H^+ \qquad (2\text{-}6)$$

④ 金属离子提供 L 酸中心。

⑤ 金属离子还原产生质子。

$$Ag^++\frac{1}{2}H_2\longrightarrow Ag+H^+ \qquad (2\text{-}7)$$

杂多酸与杂多酸盐的酸强度递减顺序如下。

$$H>Zr>Al>Zn>Mg>Ca>Na$$

2.5 🔷 固体酸碱的性质及酸碱中心的测定

2.5.1 固体酸碱性质

固体表面的酸碱性质包括下列三个方面：表面酸碱中心类型、酸碱强度、酸碱浓度（酸碱密度或酸量）。

（1）固体表面酸碱中心类型系指是 B 酸还是 L 酸，是 B 碱还是 L 碱。

（2）酸碱强度是评价酸或碱功能的能力大小，酸强度是指给出质子的能力（B 酸强度）或者接受电子对的能力（L 酸强度）；同样，碱强度即接受质子（B 碱）或给出电子对（L 碱）的能力。酸强度表示酸与碱作用的强弱，是一个相对量。对稀溶液中的均相酸碱催化材料，可用 pH 来衡量溶液的酸强度。但对于固体酸碱催化材料表面的酸碱强度则不能简单地用 pH 来衡量。

① 固体酸强度。通常以哈米特酸强度函数 H_0[8] 表示，H_0 的大小代表了酸催化材料给质子能力的强弱，因此称它为酸强度函数。H_0 越小，酸强度越强。酸强度函数 H_0 的定义式为：

$$H_0 = -\lg \frac{a_{H^+} f_B}{f_{BH^+}} \tag{2-8}$$

式中　a_{H^+}——H$^+$ 活度，mol/L；

　　　f_B——碱指示剂的活度系数；

　　f_{BH^+}——B 碱之共轭酸的活度系数。

当酸的水溶液很稀时，有 $H_0 = -\lg[H^+] = pH$。

碱性指示剂（B）的共轭酸解离平衡常数的负对数值 pK_a 与 H_0 有如下关系：

$$H_0 = pK_a + \lg \frac{C_B}{C_{BH^+}} = pK_a + \lg \frac{c_{BH^+}}{c_B} \tag{2-9}$$

现在一般用这个关系式定义酸强度函数 H_0。

对 B 酸，有：

$$H_0 = pK_a + \lg \frac{[B]}{[BH^+]} \tag{2-10}$$

对 L 酸，有：

$$H_0 = pK_a + \lg \frac{[B]}{[AB]} \tag{2-11}$$

对于指示剂由碱式色变为酸式色的化学计量点时，$c_{BH^+} = c_B$，$H_0 = pK_a$。

测定固体酸强度可以用多种不同 pK_a 值的指示剂，分别滴入装有固体酸的试管中，若保持碱式色不变，则 $H_0 > pK_a$，若变为酸式色，则 $H_0 \leqslant pK_a$。常用测定酸强度所用的指示剂如表 2-7 所示[9]。

② 固体碱强度。与固体酸强度类似地定义为：

$$H_0 = pK_a + \lg[A^-]/[HA] \tag{2-12}$$

固体碱强度是衡量从酸位拉走质子的能力，实际上是表示得到质子的能力，故称碱强度，

表 2-7 测定酸强度所用的指示剂

指示剂	碱式色	酸式色	pK_a	$w(H_2SO_4)^{①}/\%$
中性红	黄	红	6.8	8×10^{-8}
甲基红	黄	红	4.8	—
苯偶氮萘胺	黄	红	4.0	5×10^{-5}
甲基黄	黄	红	3.3	3×10^{-4}
2-氨基偶氮甲苯	黄	红	2.0	5×10^{-3}
4-苯基偶氮二苯胺	黄	紫	1.5	2×10^{-2}
结晶紫	蓝	黄	0.8	0.1
对硝基苯偶氮-对硝基二苯胺	橙	紫	0.4	—
二肉桂丙酮	黄	红	-3.0	48
亚苄基乙酰苯	无	黄	-5.6	71
蒽醌	无	黄	-8.2	90

① 相当于硫酸溶液中硫酸的质量分数。

并将此定义扩展到表示 L 碱强度（给出电子对的能力）。

常见固体酸碱材料的 H_0 或 pK_a 值见表 2-8。

表 2-8 常见固体酸碱材料的 H_0 或 pK_a 值

固体	H_0 或 pK_a 值	固体	H_0 或 pK_a 值
原始高岭土	$-3.0\sim-5.6$	H_3PO_4/SiO_2	$-5.6\sim-8.2$
酸处理后的高岭土	$-5.6\sim-8.2$	$NiSO_4 \cdot xH_2O$（350℃热处理）	$+6.8\sim-3.0$
原始蒙脱土	$+1.5\sim-3.0$	$NiSO_4 \cdot xH_2O$（460℃热处理）	$+6.0\sim+1.5$
酸处理后的蒙脱土	$-5.6\sim-8.2$	ZnS（300℃热处理）	$+6.8\sim+4.0$
硅铝胶	<-8.2	ZnS（500℃热处理）	$+6.8\sim+3.3$
Al_2O_3-B_2O_3	<-8.2	ZnO（300℃热处理）	$+6.8\sim+3.3$
H_3BO_4/SiO_2	$+1.5\sim-3.0$	TiO_2（400℃热处理）	$+6.8\sim+1.5$

（3）酸碱浓度或酸碱中心密度，亦常称酸碱量，即固体表面酸碱数量的多少。一般以单位质量固体催化材料上酸碱的物质的量（mmol/g）或者以单位表面积固体催化材料上酸碱的物质的量（mmol/m²）表示。

2.5.2 酸碱中心的测定方法

（1）表面酸中心强度的测定主要有下列几种方法[10]。

① 指示剂的吸附显色法即分光光度法。其依据的是各种指示剂在不同的 pH 范围内变色的原理。指示剂的变色常用分光光度计追踪，又称分光光度法。此法可以克服滴定终点肉眼观察的困难或无法观察的情形（对有色的催化剂）。

② 气态碱性物质（NH_3、吡啶等）脱附法，即程序升温脱附（TPD）法。TPD 法是将预先吸附了某种碱的固体酸材料在一定升温速率下升温并通入稳定流速的载气，表面吸附的碱到了一定的温度范围便脱附出来，在吸附柱后用色谱检测器记录描绘碱脱附速率随温度的变化，即得 TPD 曲线。这种曲线的形状、大小及出现最高峰时的温度（T_m 值），均与固体酸的表面性质有关。

根据酸愈强，碱性物质脱附愈难的原理，可以根据脱附时所需温度的高低表征酸中心的强度，见图 2-13。脱附温度越高酸强度越强。另外，也可用该温度下的脱附峰面积表示该强度的酸量。

③ 气相碱性物质（NH_3、吡啶、正丁胺、三乙胺等）吸附量热法[11]。该法应用碱性气体分子在固体酸材料酸中心上吸附时，酸中心酸强度愈强分子吸附愈牢，吸附热愈大的原

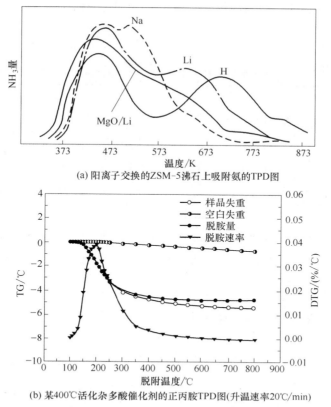

(a) 阳离子交换的ZSM-5沸石上吸附氨的TPD图

(b) 某400℃活化杂多酸催化剂的正丙胺TPD图(升温速率20℃/min)

图 2-13　TPD法表征催化剂酸量及酸强度

理，根据吸附热的大小可以表征酸中心的强度。固体酸表面吸附的碱性气体量就相当于固体酸表面的酸中心数量。文献［5］通过吸附量热法比较了 ZSM-5（$SiO_2/Al_2O_3=26$）分子筛催化剂和固体磷酸催化剂的酸强度和酸量。

④ 吸附碱的红外光谱（IR）法。利用固体表面不同酸类型吸附碱性分子（吡啶、NH_3 等）后红外光谱特征峰的不同进行表征。固体表面不同酸类型吸附吡啶后红外光谱会出现特征峰。

B 酸在红外光谱 $1550cm^{-1}$ 处有一特征峰。相反，如吡啶和 L 酸配位，将得到一种配位化合物，这时在 $1450cm^{-1}$ 处有一特征峰。也可以利用紫外-可见吸收光谱来测酸型，这时应采用带共轭体系的吸附分子，如蒽、芘、三苯甲烷等。

NH_3 吸附在 L 酸中心时，是用氮的孤对电子配位到 L 酸中心上，其红外光谱类似于金属离子同 NH_3 的配合物，吸附峰在 $3330cm^{-1}$ 及 $1640cm^{-1}$ 处。NH_3 吸附在 B 酸中心时，接受质子形成 NH_4^+，吸收峰在 $3120cm^{-1}$ 及 $1450cm^{-1}$ 处。

⑤ ^{13}C-NMR法。1992 年，Fărcaşiu 等[12] 提出用 ^{13}C-NMR 法测定 B 酸溶液酸强度。该法用异亚丙基丙酮作为探针分子，通过测定 ^{13}C-NMR 中 α-C 和 β-C 化学位移的变化来表征酸强度。

⑥ ^{31}P-NMR法。它是由 Gutmann[13] 建立的一种测定物质 L 酸强度的一种方法。该方法将探针分子（常用三乙基氧膦、磷酸三乙酯）加入待测样品中，通过测定其在 ^{31}P-NMR 中的位移变化来表征酸强度。

⑦ 其他方法。如应用已知酸催化反应所要求的特定酸强度来测定未知催化材料的酸强度，以及色谱法等。

部分二元氧化物的最大酸强度、酸类型和催化反应示例见表 2-9。

表 2-9　部分二元氧化物的最大酸强度、酸类型和催化反应示例

二元氧化物	最大酸强度	酸类型	催化反应示例
SiO_2-Al_2O_3	$H_0 \leqslant -8.2$	B酸、L酸	丙烯聚合，邻二苯异构化异丁烷裂解
SiO_2-TiO_2	$H_0 \leqslant -8.2$	B酸	丁烯-1 异构化
SiO_2-MoO_3(10%)	$H_0 \leqslant -3.0$	B酸	三聚甲醛解聚，顺丁烯异构化
SiO_2-ZnO(70%)	$H_0 \leqslant -3.0$	L酸	丁烯异构化
SiO_2-ZrO_2	$H_0 \leqslant -8.2$	B酸	三聚甲醛解聚
WO_3-ZrO_2	$H_0 \leqslant -14.5$	B酸	正丁烷骨架异构化
Al_2O_3-Cr_2O_3(17.5%)	$H_0 \leqslant -5.2$	L酸	加氢异构化

注：（　）中数值为二元氧化物中前一种氧化物的质量分数。

（2）酸中心表面密度（酸量）的测定方法有许多，例如：水悬浮液碱滴定法；离子交换后溶剂碱滴定法；非水溶剂碱滴定法；量热滴定法；碱性气体的吸附与解吸法；对特殊的表面反应碱中毒法；氢-重氢交换反应法；指示剂反应法、氢化物反应法；光谱法、色谱法；其他方法，如用 $NaHCO_3$ 反应的气体容积测定。

Boehm 滴定法测定材料表面酸性简单方便，但当材料有色时终点判断困难，其测定过程如下。

① 用经加热煮沸去除 CO_2 的蒸馏水配制 0.05mol·L^{-1} NaOH、Na_2CO_3、$NaHCO_3$、HCl 混合溶液。

② 加上述溶液 50mL 于 250mL 的碘量瓶中，用高纯氮进一步吹脱溶液中的 CO_2，加入新鲜干燥的固体酸材料 1g，用带有聚四氟乙烯隔膜的橡胶塞密封，在摇床中 25℃ 下振荡 48h，过滤。

③ 用移液管移取滤液 10.0mL，加入过量的 HCl 溶液，以 1% 酚酞（1～2 滴）为指示剂，采用 NaOH 溶液反滴定。

④ 根据 NaOH 溶液消耗量的不同，可以计算出相应材料表面的酸量、酸强度。

Boehm 滴定是基于不同强度的酸性和碱性表面氧化物的反应性而进行的定性和定量分析方法，利用 Boehm 滴定可以很好地区分活性炭表面的强酸基团、中强酸基团、弱酸基团以及碱性基团的量。该方法测定炭材料表面酸性时，假定 $NaHCO_3$ 仅中和炭材料表面的羧基，Na_2CO_3 可中和炭材料表面的羧基和内酯基，而 NaOH 可中和炭材料表面的羧基、内酯基和酚羟基，HCl 可中和炭材料表面的碱性基团。根据碱消耗量的不同，可以计算出相应的官能团的量。

王伟涛等[14] 采用 Boehm 滴定法测定了不同硫酸浓度（质量分数分别为 98%、80%、70%、50%）对葡萄糖炭化产物进行磺化处理得到的炭基固体酸的酸量，测定结果见表 2-10。实验结果表明，磺化剂硫酸的质量分数越大，其磺化后得到的炭基固体酸总量越大，单位质量所含的磺酸基和羧基之和也越多。

表 2-10　不同酸度催化剂所含官能团的物质的量　　　　　　　　　　单位：mmol/g

催化剂	总酸度	羧基、磺酸基（或酸酐）	内酯基（内半缩醛）	酚羟基
C-98	5.20	3.79	1.04	0.37
C-80	4.43	2.47	1.36	0.60
C-70	4.38	2.11	1.11	1.16
C-50	3.34	1.24	1.16	0.91

高强等[15] 以硅胶（SiO$_2$）为载体，通过原位聚合负载聚苯乙烯（PS）得到 SiO$_2$/PS，然后通过磺化制得有机磺酸固体酸催化剂（SiO$_2$/PS-S）。作者利用 NH$_3$-TPD 对催化剂进行了表征，分析了聚合条件和磺化条件对催化剂的影响。催化剂的 NH$_3$-TPD 曲线见图 2-14。从图中可看出，各曲线相对比较平滑，均只出现了一个脱附峰，说明催化剂表面酸性位相对单一，表面能分布比较均匀。作者通过比较 TPD 曲线上峰面积大小认为，磺化后的 SiO$_2$/PS-S 催化剂的酸量有了很大

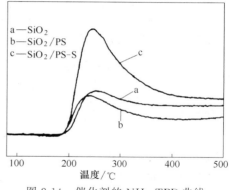

a—SiO$_2$
b—SiO$_2$/PS
c—SiO$_2$/PS-S

图 2-14　催化剂的 NH$_3$-TPD 曲线

提高。SiO$_2$/PS 酸量较硅胶有所降低，这是因为硅胶表面有大量的羟基，苯乙烯在 SiO$_2$ 原位聚合负载后，部分羟基被覆盖，导致酸量降低。该催化剂可用于合成邻苯二甲酸二丁酯，收率可达 98.8%，且重复使用 3 次后收率无明显下降，稳定性较好。

2.5.3　超强酸和超强碱

将酸强度超过 100% 硫酸（$H_{0硫酸}=-11.9$）的固体酸称为固体超酸或超强酸，典型代表有 SO$_4^{2-}$/ZrO$_2$、WO$_3$/ZrO$_2$。将固体表面的碱强度函数 $H_0 > +26$ 的固体碱称为超强碱。

超强酸的分类如下。

① 布朗斯特超强酸。如 HSO$_3$Cl、HSO$_3$F 和 HSO$_3$CF$_3$ 等，室温下为液体，本身为酸性非常强的溶剂。

② 路易斯超强酸。如 SbF$_5$、AsF$_5$、AuF$_5$、TaF$_5$ 和 NbF$_5$ 等，除 AuF$_5$ 外，氟锑酸（HSbF$_6$）是已知酸强度最强的路易斯酸，可用于制备碳正离子等共轭超强酸。

③ 共轭布朗斯特-路易斯超强酸。包括一些由布朗斯特和路易斯酸组成的体系。如：H$_2$SO$_4$·SO$_3$（H$_2$S$_2$O$_7$）、H$_2$SO$_4$·B(OH)$_3$、HSO$_3$F·SbF$_5$、HSO$_3$F 等。

④ 固体超强酸。硫酸处理的氧化物 TiO$_2$·H$_2$SO$_4$、ZrO$_2$·H$_2$SO$_4$ 及路易斯酸处理的 TiO$_2$·SiO$_2$ 等。当硫酸中的 —OH 被 Cl 或 F 取代生成氯磺酸或氟磺酸时，其酸强度大于硫酸。这是因为 Cl 和 F 的电负性较大，吸电子能力强，使 H—O 键中 H 更易解离成酸性强的质子。SbF$_5$、NbF$_5$、TaF$_5$、SO$_3$ 中的 Sb^{5+}、Nb^{5+}、Ta^{5+} 和 S^{6+} 都具有较大的接受电子的能力，故将这些物质加到酸中能更有效地削弱原来酸中的 H—O 和 H—X 键，表现出更强的酸性。表 2-11 列举了一些液体超强酸的酸强度 H_0，表 2-12 列举了一些固体超强酸的酸强度 H_0。

表 2-11　一些液体超强酸的酸强度 H_0

超强酸	酸强度函数 H_0	超强酸	酸强度函数 H_0
HF	−10.2	FSO$_3$H-SbF$_5$(1∶1)	−18
100% H$_2$SO$_4$	−10.6	ClSO$_3$H	−13.8
H$_2$SO$_4$-SO$_3$	−14.14	H$_2$SO$_4$-SO$_3$(1∶1)	−14.44
FSO$_3$H	−15.07	FSO$_3$H-SO$_3$(1∶0.1)	−15.52
HF-NbF$_5$	−13.5	FSO$_3$H-AsF$_5$(1∶0.05)	−16.61
HF-TaF$_5$	−13.5	FSO$_3$H-SbF$_5$(1∶0.2)	−20
HF-SbF$_5$	−15.1	FSO$_3$H-SbF$_5$(1∶0.05)	−18.24
HF-SbF$_5$(1∶1)	<−20	HF-SbF$_5$(1∶0.03)	−20.3
FSO$_3$H-TaF$_5$(1∶0.2)	−16.7		

注：（ ）中是物质的量比。

表 2-12　一些固体超强酸的酸强度 H_0

超强酸	酸强度函数 H_0	超强酸	酸强度函数 H_0
$SbF_5\text{-}SiO_2 \cdot ZrO_2$	$>-14.52\sim-13.75$	$SO_4^{2-}\text{-}ZrO_2$	$\leqslant-14.52$
$SbF_5\text{-}SiO_2 \cdot Al_2O_3$	$>-14.52\sim<-13.75$	$SbF_5\text{-}SiO_2$	$\leqslant-10.6$
$SbF_5\text{-}SiO_2 \cdot TiO_2$	$>-13.75\sim<-13.16$	$SbF_5\text{-}TiO_2$	$\leqslant-10.6$
$SbF_5\text{-}TiO_2 \cdot ZrO_2$	$>-13.75\sim<-13.16$	$SbF_5\text{-}Al_2O_3$	$\leqslant-10.6$
$SO_4^{2-}\text{-}Fe_2O_3$	$\leqslant-12.70$		

SO_4^{2-}/M_xO_y 型固体超强酸具有催化效率高、适用面广、易回收、可重复利用、不腐蚀设备和不污染环境等突出优点，它是一种绿色环保新型固体酸催化剂[16]。SO_4^{2-}/M_xO_y 型固体超强酸催化材料（如 SO_4^{2-}/Fe_2O_3 和 SO_4^{2-}/TiO_2）的活性中心是 B 酸中心和 L 酸中心。对特定的化学过程，或是 B 酸中心起主导作用，或是 L 酸中心起主导作用，或是二者起协同作用。超强酸按其化学本质而言，就是 B 酸和 L 酸按某种方式复合而形成的一种新型酸。

金属氧化物与 SO_4^{2-} 的配位方式有单配位、螯合双配位及桥式配位。

舒庆等[17] 采用高温浸渍法，通过 Ce^{3+}、Ti^{4+} 和浓硫酸磺化反应对多壁碳纳米管（MWCNTs）进行了改性处理，制备了 L 酸型固体酸催化剂 $Ce^{3+}\text{-}Ti^{4+}\text{-}SO_4^{2-}/MWCNTs$，并对 $Ce^{3+}\text{-}Ti^{4+}\text{-}SO_4^{2-}/MWCNTs$、$Ti^{4+}\text{-}SO_4^{2-}/MWCNTs$ 和 $SO_4^{2-}/MWCNTs$ 进行了吡啶吸附红外光谱表征和 NH_3 程序升温脱附表征。

作者通过吡啶吸附红外光谱表征分析 Ce^{3+} 和 Ti^{4+} 对 $SO_4^{2-}/MWCNTs$ 酸位类型的影响，表征结果见图 2-15。

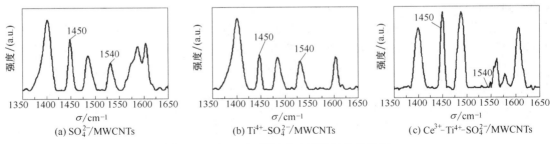

图 2-15　在 473K 时的吡啶吸附红外光谱图

由图 2-15 可知，$SO_4^{2-}/MWCNTs$ 和 $Ti^{4+}\text{-}SO_4^{2-}/MWCNTs$ 在 $1450cm^{-1}$ 和 $1540cm^{-1}$ 处有两个峰，分别归属于 L 酸和 B 酸的特征吸附峰，表明 $SO_4^{2-}/MWCNTs$ 和 $Ti^{4+}\text{-}SO_4^{2-}/MWCNTs$ 属于两种酸位混合而成的固体酸。而在 $Ce^{3+}\text{-}Ti^{4+}\text{-}SO_4^{2-}/MWCNTs$ 的吡啶吸附红外光谱中可以明显观察到，在 $1450cm^{-1}$ 处存在明显且比较尖锐的吸附峰，而在 $1540cm^{-1}$ 处的峰太小，可忽略不计。由此可知，催化剂 $Ce^{3+}\text{-}Ti^{4+}\text{-}SO_4^{2-}/MWCNTs$ 是路易斯超强酸催化剂，而 Ce^{3+} 的加入改变了催化剂的酸位类型。

作者通过 NH_3 程序升温脱附表征了解碳纳米管管壁上发生的电子状态改变对催化剂的酸强度的影响，表征结果见图 2-16。

图 2-16（a）和图 2-16（b）有一个明显的脱附峰出现在 300℃ 左右，该峰对应于中强酸位的脱附峰，由图可知 $SO_4^{2-}/MWCNTs$ 和 $Ti^{4+}\text{-}SO_4^{2-}/MWCNTs$ 均属于中强酸型固体酸，Ti^{4+} 的加入并没有对固体酸的酸强度产生影响。而图 2-16（c）中，催化剂 $Ce^{3+}\text{-}Ti^{4+}\text{-}SO_4^{2-}/MWCNTs$ 分别在 431℃、562℃ 和 720℃ 出现了脱附峰，由此证明了催化剂 $Ce^{3+}\text{-}$

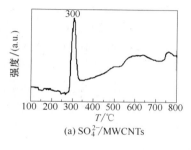
(a) $SO_4^{2-}/MWCNTs$

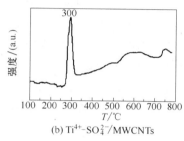
(b) $Ti^{4+}-SO_4^{2-}/MWCNTs$

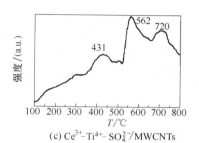
(c) $Ce^{3+}-Ti^{4+}-SO_4^{2-}/MWCNTs$

图 2-16　NH_3 程序升温脱附图

$Ti^{4+}-SO_4^{2-}/MWCNTs$ 具有超强酸位。通过图 2-16 (c) 和图 2-16 (a)、(b) 的对比可以得出，$Ce^{3+}-Ti^{4+}$ 的协同作用对超强酸位的形成产生了促进作用。将该催化剂应用于油酸与甲醇的酯化反应合成生物柴油，结果表明，在优化条件下油酸转化率达 93.4%，催化剂在重复使用 8 次后，油酸的转化率仍为 80.8%。

碱金属氧化物或负载型碱金属氧化物在一定温度下处理得到固体碱或超强碱，如表 2-13 所示。

表 2-13　一些固体碱或超强碱

固体碱	处理温度/K	酸强度函数 H_0
CaO	$CaCO_3$ 1173	26.5
SrO	$Sr(OH)_2$ 1123	26.5
K_2CO_3	—	15.0
KOH	—	18.4
13%KOH/Al_2O_3	773	18.4
16%KF/Al_2O_3	773	>18.4
20%K_2CO_3/Al_2O_3	873	27
26%KNO_3/Al_2O_3	873	27

2.6　酸碱催化机理及催化作用

2.6.1　均相酸碱催化

均相酸碱催化一般以离子型机理进行，即酸碱催化剂与反应物作用形成碳正离子或碳负离子中间产物（图 2-17）。这些中间产物与另一反应物作用（或本身分解），生成最终产物并释放出催化剂（H^+ 或 OH^-），构成酸碱催化循环。在这些催化过程中均以质子转移步骤为特征，如水合、脱水、酯化、水解、烷基化和脱烷基等反应。

$$CH_2=CH-CH_2-CH_3 + H^{\oplus}(质子酸催化剂) \Longleftrightarrow$$
$$CH_3-\overset{\oplus}{\underset{H}{C}}-CH_2-CH_3 \Longleftrightarrow CH_3-CH=CH-CH_3 + H^{\oplus}$$
$$CH_2=CH-CH_2-CH_3 + B^{\ominus}(B碱催化剂) \Longleftrightarrow$$
$$CH_2 \relbar\relbar \overset{\ominus}{CH} \relbar\relbar CH-CH_3 + HB \Longleftrightarrow$$
$$CH_3-CH=CH-CH_3 + B^{\ominus}$$

图 2-17　酸碱催化剂与反应物作用形成碳正离子或碳负离子中间产物的过程

丙酮的溴代反应中，丙酮先与碱作用，生成烯醇负离子及碱的共轭酸。碱强度不同，反应速率也不同，例如，醋酸根离子要比用羟基为催化剂的反应慢。由于丙酮的溴代物的酸性比母体丙酮还强，故丙酮的溴代反应不能停在一取代阶段，而会继续发生取代作用，最终得到三溴化酮，其进一步与碱反应，生成三溴甲烷。

酸也能催化酮的卤化反应，而且像碱催化一样，反应速率也与卤素的浓度无关，但高浓度除外。光学活性的酮在酸性水溶液中卤化时的反应速率与其消旋化速率相等。由大量实验事实判定，丙酮在酸性水溶液中卤化是在酸催化下，先形成碳正离子，而后立刻转化成烯醇，并迅速与卤素发生反应。已经证明，这一反应的速率与烯醇和卤素直接反应的速率相同。由于卤化酮的碱性略弱于母体酮的，它们接受质子的能力无明显差别，因此，可以制得相应的一卤代化合物和二卤代化合物。

一般酸（或碱）催化反应的反应控制步骤均系底物和催化剂酸或碱作用生成中间化合物（形成碳正离子或碳负离子）的过程。一般，碱催化反应可表示为：

$$HS+B \xrightarrow[k_1]{\text{慢}} S^- +BH^+ \quad S^- +R \xrightarrow[k_2]{\text{快}} P \tag{2-13}$$

反应速率方程可记作：$v=k_1[HS][B]$。

酸催化反应可表示为：

$$S+HA \xrightarrow[k_1]{\text{慢}} SH^+ +A^- \quad SH^+ +R \xrightarrow[k_2]{\text{快}} P \tag{2-14}$$

反应速率方程可记为：$v=k_1[S][HA]$。

2.6.2 多相酸碱催化

固体酸中心和均相催化酸中心在本质上是一致的。固体酸催化过程还可能有碱中心参与协作，如丁烷的异构化过程（图 2-18），需要催化材料酸碱中心共同起作用。

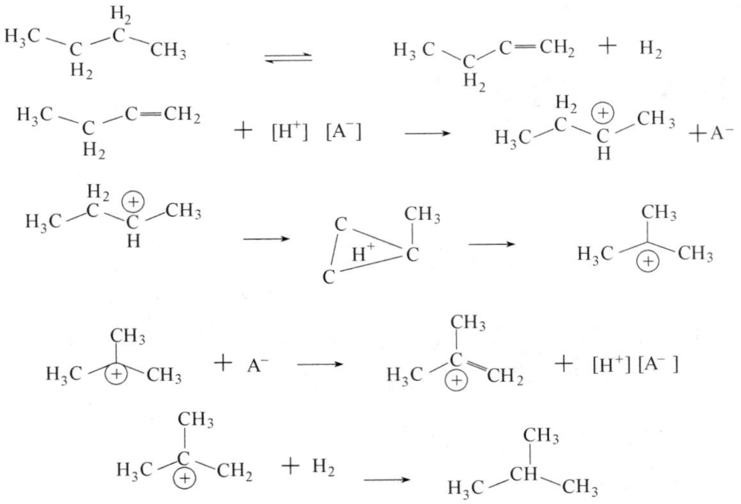

图 2-18 丁烷的异构化过程

ZrO_2 上酸中心和碱中心的强度都很弱，但它却具有很强的 C—H 键断裂活性，比 SiO_2-Al_2O_3 和 MgO 的活性都高。

酸碱催化剂是石油化工中使用最多的催化剂，且多数是固体酸，常见的有硅酸铝、氧化物、分子筛、金属盐、酸性离子交换树脂等，其催化作用是通过质子转移得以实现的。像催化裂化、异构化、烷基化、歧化、聚合、水合、水解等一些重要反应都需酸碱催化剂参与。表 2-14 给出了典型固体酸催化反应与催化剂应用示例。

表 2-14 典型固体酸催化反应与催化剂应用示例

反应类型	主要反应	催化剂典型代表
催化裂化	重油馏分 ——→ 汽油＋柴油＋液化气＋干气	稀土超稳 Y 分子筛(REUSY)
烷烃异构化	C_5/C_6 正构烷烃 ——→ C_5/C_6 异构烷烃	卤化铂/氧化钼
芳烃异构化	间、邻二甲苯 ——→ 对二甲苯	HZSM-5/Al_2O_3
甲苯歧化	甲苯 ——→ 二甲苯＋苯	HM 沸石或 HZSM-5
烷基转移	二异丙苯＋苯 ——→ 异丙苯	Hβ 沸石
烷基化	异丁烷＋1-丁烯 ——→ 异辛烷	HF，浓 H_2SO_4
芳烃烷基化	苯＋乙烯 ——→ 乙苯 苯＋丙烯 ——→ 异丙苯	$AlCl_3$ 或 HZSM-5 固体磷酸或 Hβ 沸石
择形催化烷基化	乙苯＋乙烯 ——→ 对二乙苯	改性 ZSM-5
柴油临氢降凝	柴油中直链烷烃 ——→ 小分子烃	Ni/HZSM-5 双功能催化剂
烃类芳构化	$C_4 \sim C_5$ 烷、烯烃 ——→ 芳烃	GaZSM-5
乙烯水合	乙烯＋水 ——→ 乙醇	固体磷酸
酯化反应	RCOOH＋R′OH ——→ RCOOR′	H_2SO_4、H_3PO_4 或离子交换树脂
醚化反应	$2CH_3OH$ ——→ CH_3OCH_3	HZSM-5

在固体酸碱催化作用下，有机物可生成正离子、负离子。对烃类的酸催化多以碳正离子反应为主，例如烯烃与催化剂酸性中心作用，生成活泼碳正离子中间化合物（图 2-19）。

（1）碳正离子的反应规律

① 双键异构化。烯烃双键异构化，首先是在质子酸作用下生成碳正离子，然后其容易进行 1、2 位碳上的氢转移而改变碳正离子的位置，或通过反复加 H^+ 与脱 H^+ 转移碳正离子的位置，最后通过脱 H^+ 生成双键转移的烯烃，即产生双键异构化反应。

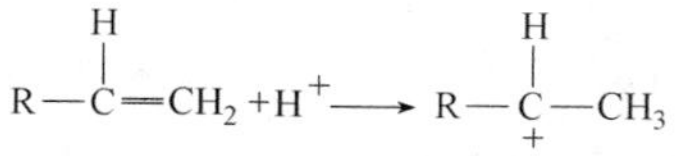

图 2-19 烃与催化剂酸性中心作用生成活泼碳正离子中间化合物的过程

② 顺反异构化。碳正离子中的 C—C^+ 键为单键可以自由旋转，进行烯烃的顺反异构化反应。在酸催化剂作用下，顺反异构化速率很快，例如采用 SiO_2-Al_2O_3 催化剂，在 $50 \sim 150℃$ 温度下就可进行，首先顺丁烯与 H^+ 作用生成碳正离子，C—C^+ 成为单键，可以自由旋转，当旋转到两边的 CH_3 基团处于相反位置时，再脱去 H^+，就转变为反丁烯。

③ 烯烃骨架异构化。碳正离子中的烷基（主要是甲基）可进行转移，导致烯烃骨架异构化。骨架异构化反应较困难，一般要在较高温度下才能进行。因而在烯烃骨架异构化的同时，也产生顺反异构化与双键异构化。R 基在碳侧链不同位置上进行位移较容易，而 R 基由侧链转移到主链上的位移相对来说较困难。其根本原因可能是叔碳正离子稳定性高于伯碳正离子，由叔碳正离子转变为伯碳正离子不易，即反应的氢转移是较困难的。

④ 烯烃的聚合。碳正离子可与烯烃进行加成反应生成新的碳正离子，经脱 H^+ 产生聚合体。新的碳正离子可以继续与烯烃进行加成，生成更长的碳链，完成烯烃的聚合反应。

⑤ 碳正离子的稳定性。顺序为：叔＞仲＞伯＞乙基＞甲基。形成稳定离子的速率与该离子的稳定性成正比。

⑥ 如果碳正离子够大时则易进行 β-位断裂，变成烯烃及更小的碳正离子，如图 2-20 所示。

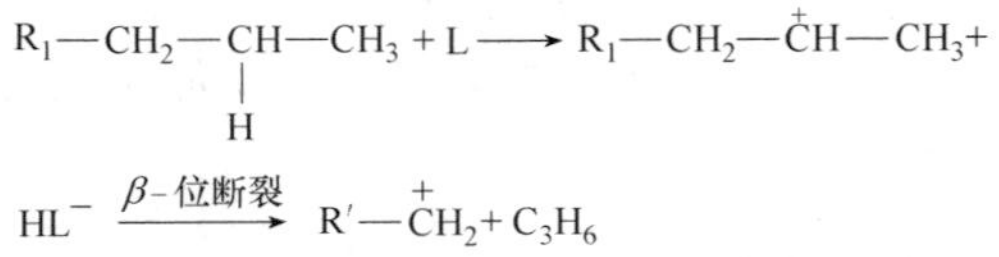

$$R_1—CH_2—\underset{\underset{H}{|}}{CH}—CH_3 + L \longrightarrow R_1—CH_2—\overset{+}{CH}—CH_3 +$$

$$HL^- \xrightarrow{\beta\text{-位断裂}} R'—\overset{+}{CH_2} + C_3H_6$$

图 2-20 大碳正离子 β-位断裂过程

⑦ 碳正离子不稳定，易发生内部氢转移、异构化或与其他分子的反应，其速度一般大于碳正离子本身形成的速度，故碳正离子的形成常为反应的控制步骤。

（2）碳正离子形成的规律

固体酸催化的反应机理通常是按碳正离子的反应机理进行，而碳正离子的形成有以下规律。

① 烷烃、环烷烃、烯烃、烷基芳烃与催化剂 L 酸中心作用生成碳正离子，其特征是 L 酸夺取 H 生成 C^+。

② 烯烃、芳烃等不饱和烃与催化剂的 B 酸中心作用生成碳正离子，其特征是 H^+（B 酸）与双键结合形成 C^+。

③ 烷烃、环烷烃、烯烃、烷基烃与 R^+ 的氢转移，可生成新的碳正离子，其特征是氢转移生成新的 C^+，原来的 C^+ 变为烃。

2.6.3 酸碱性质与催化作用关系

固体酸碱也可以是液体酸碱的负载物（载体），在石油炼制工业、石油化工和化肥等工业中占有重要的地位。这类酸碱催化反应有以下特点。

（1）酸的性质与催化作用关系

酸催化的反应与酸的性质和强度密切相关。不同类型的反应，要求酸催化剂的酸性质和酸强度也不相同。

① 大多数的酸催化反应是在 B 酸上进行的。例如，烃的骨架异构化反应，本质上取决于催化剂的 B 酸；二甲苯的异构化、甲苯和乙苯的歧化、异丙苯的脱烷基化以及正己烷的裂化等反应，单独的 L 酸是不显活性的，有 B 酸的存在才起催化作用。不仅如此，催化反应的速率与 B 酸的浓度之间存在良好的相关性。

② 各种有机物的乙酰化反应，要用 L 酸催化。例如，通常的 $SiO_2-Al_2O_3$ 固体酸对乙酰化反应几乎毫无催化活性，常采用的催化剂为 $AlCl_3$、$FeCl_3$ 等典型的 L 酸。又如乙醇脱水制乙烯也是在 L 酸催化下进行的，常用 γ-Al_2O_3 做催化剂。

③ 有的反应，如烷基芳烃的歧化，不仅要求在 B 酸上发生，而且要求非常强的 B 酸（$H_0 \leqslant -8.2$）。有的反应，随所用催化剂酸强度的不同，发生不同的转化。例如，4-甲基-2-戊醇脱水反应，当活性中心酸强度达 $H_R \leqslant 4.75$（H_R 是以芳基甲醇为指示剂建立的酸强度函数）时可发生此脱水反应；当酸强度达 $H_R \leqslant 0.82$ 时，脱水产物烯烃可进行顺反异构和 1,2-双键位移；如果酸强度进一步增至 $H_R \leqslant -4.04$，双键可继续位移；当 $H_R = -6.68$ 时，烯烃分子发生骨架异构化反应。

④ 催化反应对固体酸催化剂酸性质依赖的关系是复杂的，有的反应要求 L 酸和 B 酸在催化剂表面邻近处共存时才进行。例如重油的加氢裂化就是如此，该反应的主催化剂为 Co-MoO_3/Al_2O_3 或 Ni-MoO_3/Al_2O_3，在 Al_2O_3 中原来只有 L 酸，将 MoO_3 引入形成了 B 酸，Co 或 Ni 的引入是阻止 L 强酸的形成，中等强度的 L 酸在 B 酸共存下有利于加强加氢脱硫的活性。L 酸和 B 酸的共存，有时是协同效应，如重油加氢裂化例子所述；有时 L 酸在 B 酸邻近处的存在，主要是增强 B 酸的酸强度，也就是增加了 B 酸的催化活性。有的反应虽不为酸所催化，但酸的存在会影响反应的选择性和速率。例如，烃在过渡金属氧化物催化剂上的氧化，由于这些过渡金属氧化物的酸碱性影响反应物和产物的吸附和脱附速率，或成为

副反应的活性中心，故酸碱不催化氧化反应，但能影响它的速率和选择性。尽管很多反应同属于酸催化类型，但不同类型的酸活性中心会有不同的催化效果。

（2）酸强度与催化活性和选择性的关系

不同类型的酸催化反应需要不同酸强度的酸中心。通过吡啶中毒方法使硅铝催化剂的酸强度逐渐减弱来进行各类反应，其活性明显不同，各类反应所需酸强度顺序为：骨架异构化＞烷基芳烃脱烷基＞异构烷烃裂化和烯烃的双键异构化＞脱水反应。

酸强度也会影响催化活性，这与均相催化反应规律一致，即酸强度增加，反应活性提高。但一般酸强度增加，选择性会下降。

固体酸催化剂表面不同酸强度的部位有一定分布。不同酸强度的部位可能有不同的催化活性。例如，γ-Al_2O_3 表面就有强酸部位和弱酸部位，强酸部位是催化异构化反应的活性部位，弱酸部位是催化脱水反应的活性部位。固体酸催化剂表面上存在着一种以上的活性部位，是它们的选择性特性所在。

一般涉及 C—C 键断裂的反应，如催化裂化、骨架异构化、烷基转移和歧化反应等，都要求有强酸中心；涉及 C—H 键断裂的反应，如氢转移、水合、环化、烷基化等，都需要有弱酸中心。

异丙苯裂解是典型的 B 酸催化的反应（图 2-21），常用的催化剂是 SiO_2-Al_2O_3。SiO_2-Al_2O_3 上既有 B 酸中心，又有 L 酸中心，当用乙酸钠处理后其裂解异丙苯的活性便降低了，这是因为钠离子置换了 SiO_2-Al_2O_3 上的质子，消去了 B 酸中心。

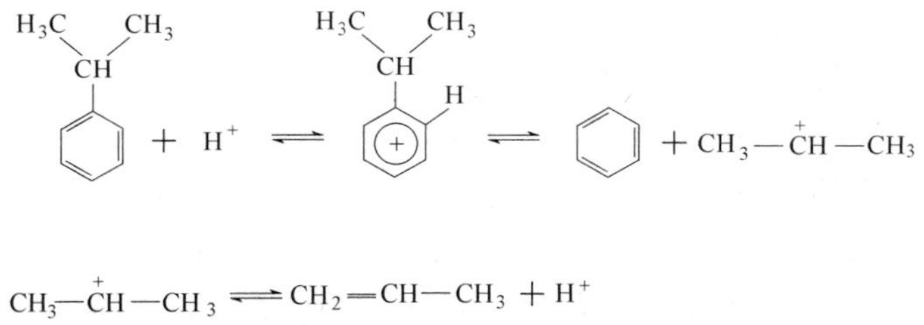

图 2-21 异丙苯裂解反应

丁烯双键的异构涉及位于双键或邻近双键处 C—H 键的断裂和形成。实验表明，异构化反应的速率随催化剂酸强度的增强而加快。1-丁烯异构成顺/反 2-丁烯的选择性或者顺 2-丁烯异构成反式/1-丁烯的选择性，明显与酸强度有关。

（3）酸量（酸浓度）与催化活性的关系

在一定酸强度范围内，催化剂的酸浓度与催化活性有很好的对应关系。如异丙醇脱水转化率与催化剂酸浓度呈线性关系。

但有少数酸催化活性与酸浓度不呈线性关系。通过调整固体酸的酸强度或酸浓度可以调节酸催化反应的活性和选择性。固体碱与固体酸相似，对异构化、芳烃侧链烷基化、烯烃聚合、羟醛缩合等反应也有催化作用。

例如，三聚甲醛在各种不同的二元氧化物酸催化剂上进行解聚时，在催化剂酸强度 $H_0 \leqslant -3$ 的条件下，催化活性与酸量呈线性关系，如图 2-22 所示。又如，苯胺在 ZSM-5 分子筛催化剂上与甲醇进行烷基化反应时，苯胺的转化率和 ZSM-5 的酸量（以不同的 SiO_2/Al_2O_3 表示）呈非线性关系，如图 2-23 所示。图中清楚地表明，不仅转化率与酸量有关，而且弱酸位的存在是必要的。

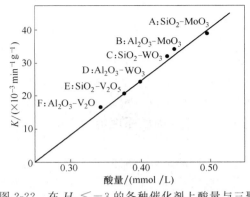

图 2-22 在 $H_0 \leqslant -3$ 的各种催化剂上酸量与三聚甲醛解聚的一级速率常数的线性关系

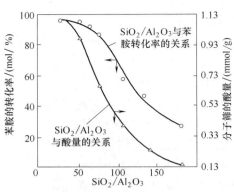

图 2-23 不同 SiO_2/Al_2O_3 的 ZSM-5 催化剂的酸量对苯胺转化率的影响

2.6.4 酸碱性的调节

调节催化剂的酸碱性可实现一定的催化目的。可通过酸碱中心的形成调节酸碱性。金属氧化物表面上的金属离子是 L 酸，氧离子是 L 碱。表面羟基的酸碱性由 M—OH 的 M—O 键决定，若 M—O 键强，则解离出 H^+，催化剂呈现酸性，反之解离出 OH^- 呈现碱性。

根据催化反应的要求，可利用 H_2O（HX、RH）作为质子源进行 B 酸、L 酸调节，用 Na^+ 取代 H^+ 可以消除 B 酸。

分子筛酸碱催化材料和离子交换树脂可通过离子交换调节酸碱性。H 型和脱阳离子型沸石分子筛酸中心的形成过程为：$Na^+ \longrightarrow NH_4^+ \longrightarrow H$ 型 $\longrightarrow$ 脱阳离子型。低硅型不耐酸的沸石应选用 NH_4^+ 交换，再分解脱除 NH_3，得到 H^+，形成 H 型分子筛。HY 型沸石表面同时具有 L 酸中心与 B 酸中心，两个 B 酸中心可转化为一个 L 酸中心，故 HY 型沸石中的 B 酸中心与二倍 L 酸中心之和为常数。NaY 沸石与稀土阳离子交换可得稀土 Y 型沸石（REY），获得较高酸性。表 2-15 总结了不同阳离子交换后 ZSM-5 的催化性能。

表 2-15 不同阳离子交换后 ZSM-5 的催化性能

催化剂	甲苯转化率/%	混合二甲苯中对二甲苯量/%	总酸度	酸强度分布 H_0			
				+6.8	+4.8	+3.3	−3.0
HZSM-5	36.88	27.21	1.30	1.30	1.10	0.90	0.80
PHZSM-5	17.51	66.00	0.85	0.85	0.18	0.12	0.05
MgHZSM-5	4.63	72.55	0.65	0.60	0.10	0.07	0.02
PMgZSM-5	18.00	90.01	1.00	1.00	0.20	0.05	0.01

2.7 ⊙ 酸碱催化材料的研究现状和进展

2.7.1 石油化工领域

酸催化剂在石油炼制和石油加工中占有重要地位，烃类催化裂化，烯烃催化异构化，芳烃和烯烃的烷基化，烯烃和二烯烃的低聚、共聚、高聚，烯烃水合，醇脱水等均需酸催化剂。

流化催化裂化（Fluid Catalytic Cracking，FCC）是现代化炼油厂用来改质重质瓦斯油和渣油的核心技术，是炼油厂获取经济效益的重要方法。流化催化裂化的原料油（200～500℃馏分）是含各种烃类的混合物，它含有正构烷烃、异构烷烃、环烷烃、芳烃等。原料油在固体酸催化剂上进行的反应，实质上是碳正离子的化学反应。

原料油中环烷烃的组分，在催化裂化及其后的催化重整过程中能部分转变为芳烃，提高汽油的辛烷值。环烷烃的催化裂化是一个复杂的过程，包括：a. 氢转移或脱氢，形成碳正离子；b. 碳正离子的异构化，包括环的扩大与缩小；c. 环断裂为烯烃的异构化、加氢；d. 芳烃的聚合乃至于结焦等。

由于芳香核结构的高度稳定性，烷基芳烃在酸催化裂解中，侧链易迅速裂解，而芳环则仍然稳定存在。各种烃类的催化裂化速度的顺序大概是：烯烃≈芳香烃的侧链＞环烷≈异构烷烃＞正构烷烃。烷基芳烃中，各种侧链烷基的裂化速度顺序为：叔丁基＞仲丙基＞乙基＞甲基。侧链为环烷烃的芳烃，可裂化为苯、甲苯、乙苯。此反应的逆反应为烷基化过程，也需要酸催化材料。

甲苯的酸催化裂解，产生 CH_3^+，由于不能产生烯烃，结果 CH_3^+ 又转移到另一甲苯分子上，生成二甲苯。有人认为，这就是甲苯歧化的机理。

沸石分子筛具有特定的孔径，常常对原料和产物都表现出不同的选择特性。中孔分子筛 MCM-41 及其改性产物在重质油加工领域具有广阔的应用前景。通过向 MCM-41 引入 Al、B、Ge、Fe 等离子或对 MCM-41 进行其他改性处理，可以在 MCM-41 表面或孔道引入一定数量的弱酸或中强酸，从而使其具有酸催化反应的能力，大大提高了其酸性和催化裂解减压渣油（VR）的能力，而且中孔分子筛 MCM-41 的抗积炭能力有较大提高。

2.7.2 有机合成领域

酸碱催化材料催化的有机合成反应有很多，如酯化反应、酯交换反应、水合反应、异构化反应、烷基化反应等。

烷基化反应是有机合成中的重要反应，是典型的 Friedel-Crafts 反应，反应机理可以用碳正离子理论阐述。烯烃与质子酸反应生成极性配合物，缺电子的正烷基阳离子与苯等反应物先生成中间产物 σ 键配合物，然后失去质子转化成烷基化产物。工业上普遍采用氢氟酸、氯化铝、硫酸等催化的烷基化工艺，这会带来产品残渣难于处理、设备腐蚀及环境污染等一系列问题。由于均相酸碱催化反应存在一些缺点，这些酸碱催化反应正向固体酸碱催化的环保催化方向发展[18]。

但是，目前还有许多酸催化工艺，由于这些反应有自身的特殊性，迄今仍不得不沿用 H_2SO_4、H_3PO_4、HF、$AlCl_3$ 等为催化剂，最突出的例子是低碳异构烷烃（主要是异丁烷）和烯烃（C_3～C_5）的烷基化反应，所需反应条件如下。

① 烷基化反应需要的酸性较强，能达到像硫酸（$H_0 = -10.6$）、氢氟酸（$H_0 = -10.2$）那样的酸强度。

② 由于反应是放热的，反应需要在相对低的温度下才能进行（H_2SO_4：8～12℃，HF：30～40℃）。

③ 需要在相对低的温度下才能抑制不可避免的副反应（如烯烃聚合等）发生。

可取代 H_2SO_4、HF 等的新催化体系至少要满足以下几个条件。

① 针对不同反应要有酸强度合适的催化剂。

② 新催化体系要有较高的低温活性。

③ 要满足反应物质在反应中传质上的要求，避免催化剂因积炭失活缩短使用寿命。

为了寻求更好的无毒、无腐蚀、对环境友好的新型催化剂，国内外众多公司、研究机构及科研院校先后对此投入大量的人力物力进行研究开发，涉及的材料包括：改性硅铝等无机氧化物、各种分子筛、杂多酸以及离子液体等。

任杰等[19]研究了中孔分子筛负载杂多酸催化剂催化苯与十二烯烷基化反应，发现负载型催化剂的活性、稳定性和产物均优于 HY 分子筛催化剂，反应过程中由于烯烃聚合物衍生的结焦物质沉积在催化剂表面上，导致催化剂失活，并且反应温度越高，催化剂粒径越大，催化剂活性及稳定性越差。王兴等[20]采用活性炭、SiO_2、MCM-41 等不同载体来负载硅钨酸（$H_4SiW_{12}O_{40} \cdot xH_2O$），并比较了它们的催化活性，结果显示全硅介孔 MCM-41 沸石的催化效果最好。邓威等[21]制备了不同负载量的负载型 PW/MCM-41 催化剂，通过 XRD、NH_3-TPD 和 N_2 吸附表征，研究其酸性、孔结构对苯与 1-十二烯烷基化反应性能的影响，并与 HY 分子筛进行比较，结果表明，在磷钨杂多酸负载量不高于 50% 时，一系列负载型 PW/MCM-41 催化剂兼备较强的酸性和单一的中孔结构特性，MCM-41 载体的骨架结构保持较完整，杂多酸分散程度较高。通过改变预处理温度和杂多酸的负载量，可有效地调整 PW/MCM-41 的催化性能。与 HY 分子筛相比，PW（50）/MCM-41 催化剂对烷基化反应显示出较高的催化活性、稳定性和直链烷基苯选择性。

温朗友等[22]对各种 SiO_2 载体负载 PW 催化剂的性能进行了系统研究，通过筛选适宜的载体、用氟化物和金属离子改性等手段对负载杂多酸催化剂进行了改进，研制出 PW-F/H 负载杂多酸，并对催化剂的寿命、失活原因及再生方法进行了研究。结果表明，PW-F/H 催化剂具有较长的单程寿命，在反应釜中可使用 50 次以上，在固定床反应器中单程寿命达到 400h。

2.7.3 环保领域

有机废水是目前环境污染的重要污染源，处理有机废水一直是国内外工业废水处理领域的一大难题。Fenton 试剂法通过催化 H_2O_2 产生强氧化性的羟基自由基，在常温下即可引发链反应，使溶液中的有机物最终氧化降解为 CO_2、H_2O 和其他小分子无机物，是一种重要的高级氧化技术。该法具有高效、广谱等特点，适合于处理高浓度、难降解的有机废水，成为环境水处理的重要工艺方法之一。但是传统均相 Fenton 体系（Fe^{2+}/H_2O_2）存在活性组分易流失、液体酸消耗量大、H_2O_2 的利用率低等问题。发展新的、有效的绿色分解有毒有机污染物的方法成为当今污染物控制化学研究的焦点。

对于传统均相 Fenton 体系存在的问题，可通过浸渍-焙烧等方法将活性组分固载，即形成非均相 Fenton 催化体系进行改进。

曲振平等[23]采用吸附 Fe^{2+} 的酸性磺化碳材料，在无硫酸调节 pH 值的条件下，甲基橙降解率达 79% 以上，反应后溶液呈酸性，溶液 pH 值维持在 2.4～3.2，该研究为实现固体酸代替液体酸，绿色催化降解有机物拓宽了思路。研究表明，将 Fe^{3+} 沉淀后负载在活性炭、碳分子筛、氧化硅、氧化铝等载体上得到固体酸催化材料，同样具有较高的有机物降解活性。碳材料的有机物降解活性（抑制或促进）受材料表面羧基和内酯基含量不同的影响，酸性过高或过低都会降低活性。

朱成龙等[24]分别以葡萄糖、蔗糖、淀粉为载体，KOH 为前驱体，采用一步碳化法制得 3 种固体碱催化剂，采用 Hammett 指示剂法测定了 3 种固体碱催化剂的碱强度及碱量（结果见表 2-16），可知 3 种最优条件下制备出的固体碱催化剂，碱强度均在 15.0～17.2 之间。在同一碱强度范围内，碱量越高，3 种固体碱催化剂三油酸甘油酯与甲醇酯交换活性越高，生物柴油产率也越高。炭基固体碱催化剂与均相催化剂 KOH 在相同工艺条件下催化活性相当，且反应后易与产物分离，是一种质优价廉、绿色环保的生物型催化剂。

表 2-16 不同炭基固体碱催化剂的碱强度及碱量

催化剂	碱量/(mmol·g^{-1})		生物柴油产率/%
	$15.0<H_0<17.2$	$H_0>17.2$	
淀粉基固体碱催化剂	5.13	0	92.25
蔗糖基固体碱催化剂	3.72	0	90.77
葡萄糖基固体碱催化剂	4.66	0	91.63

目前研究开发固体酸碱催化剂所面临的重要问题是几乎所有催化剂在反应中都存在着活性和稳定性差、失活迅速的缺点。随着研究不断深入，酸碱催化材料的应用将不断扩大。

参 考 文 献

[1] 田部浩三，等. 新固体酸和碱及其催化作用 [M]. 郑禄彬，译. 北京：化学工业出版社，1992.

[2] 王桂茹. 催化剂与催化作用 [M]. 4 版. 大连：大连理工大学出版社，2015.

[3] 科莱恩公司. 固体磷酸催化剂的制作方法. US201780048186 [P]. 2017-07-27.

[4] 张智博，董长青，叶小宁，等. 利用固体磷酸催化热解纤维素制备左旋葡萄糖酮 [J]. 化工学报，2014，4 (3)：912.

[5] 李天松，夏佳佳，周铭，等. 分子筛和固体磷酸催化丁烯-2 叠合反应动力学 [J]. 化学反应工程与工艺，2017，33 (1)：29.

[6] ITOH M，HATTORI H，TANABE K. The acidic properties of TiO_2-SiO_2 and its catalytic activities for the amination of phenol，the hydration of ethylene and the isomerization of butene [J]. Journal of Catalysis，1974，35 (2)：225.

[7] THOMAS C L. Chemistry of cracking catalysts [J]. Industrial & Engineering Chemistry，1949，41 (11)：2564.

[8] HAMMETT L P，DEYRUP A J. A series of simple basic indicators. Ⅰ. The acidity functions of mixtures of sulfuric and perchloric acids with water [J]. Journal of the American Chemical Society，1932，54 (7)：2721.

[9] 季生福，张谦温，赵彬侠. 催化剂基础及应用 [M]. 北京：化学工业出版社，2011.

[10] 王留阳，赵国英，任保增，等. 酸性催化剂的酸性表征研究进展 [J]. 过程工程学报，2017，17 (6)：1119.

[11] AUROUX A，VEDRINE J. Microcalorimetric characterization of acidity and basicity of various metallic oxides [J]. Studies in Surface Science and Catalysis，1985，20：311.

[12] FĂRCAŞIU D，GHENCIU A，MILLER G. Evaluation of acidity of strong acid catalysts Ⅰ. Derivation of an acidity function from carbon-13 NMR measurements [J]. Journal of Catalysis，1992，134 (1)：118.

[13] ESTAGER J，OLIFERENKO A A，SEDDON K R，et al. Chlorometallate (Ⅲ) ionic liquids as Lewis acidic catalysts—a quantitative study of acceptor properties [J]. Dalton Transactions，2010，39 (47)：11375.

[14] 王伟涛，李娜，付瑾，等. 炭基固体酸对花椒籽油的降酸催化性能研究 [J]. 化学研究与应用，2017，29 (2)：268.

[15] 高强，徐永强，商红岩，等. 原位聚合法制备负载型聚苯乙烯磺酸催化剂 [J]. 石油化工，2018，47 (8)：802.

[16] 陈焕章，张悦，冯雪，等. SO_4^{2-}/M_xO_y 型固体超强酸催化剂的研究进展 [J]. 化工进展，2018，

37（5）：1795.

[17] 舒庆，侯小鹏，唐国强，等. 新型 Lewis 固体酸 Ce^{3+}-Ti^{4+}-SO_4^{2-}/MWCNTs 制备及催化酯化反应合成生物柴油性能研究 [J]. 燃料化学学报，2017，45（1）：74.

[18] 穆曼曼，陈立功. 固体酸催化芳烃 Friedel-Crafts 酰基化反应的研究进展 [J]. 精细化工，2017，34（4）：361.

[19] 任杰，金英杰，赵永刚，等. 苯与长链烯烃烷基化固体酸催化剂失活动力学研究 [J]. 石油学报（石油加工），2001，17（4）：32.

[20] 王兴，徐龙伢，王清遐，等. 载体对负载型杂多酸催化剂催化性能的影响 [C] //第九届全国催化学术会议，1998.

[21] 邓威，金英杰. PW/MCM-41 催化苯与长链烯烃烷基化 [J]. 辽宁石油化工大学学报，2000，20（1）：38.

[22] 温朗友，闵恩泽，庞桂赐，等. 悬浮床催化蒸馏新工艺合成异丙苯 [J]. 化工学报，2000，51（1）：115.

[23] 曲振平，唐小兰，李新勇，等. 磺化碳材料固载 Fe^{2+} 催化甲基橙降解反应 [J]. 催化学报，2009，30（2）：142.

[24] 朱成龙，华平，喻红梅，等. 炭基固体碱催化剂的制备和表征及性能研究 [J]. 化学试剂，2017，39（8）：801.

第 3 章 ▶▶
分子筛催化材料

3.1 ⇨ 引言

    1756 年，人们最早发现了天然沸石。20 世纪 40 年代，以 Barrer 为首的沸石科学家，成功地模仿天然沸石的生成环境，用水热法合成了首批低硅铝比的沸石分子筛[1]。沸石分子筛是一种多孔性水合结晶铝硅酸盐，它具有稳定的硅铝氧骨架和与一般分子大小相当的孔径，能将直径比孔径大的分子排斥在外，从而实现筛分功能。沸石分子筛具有高选择性吸附能力、催化能力，无毒无味、无腐蚀性，可作为离子交换剂，分子筛表面具有较强的酸活性中心，孔道内具有强大的电场起极化作用，上述这些特性使它成为性能优异的催化剂并广泛应用于石油炼制、汽车尾气选择性催化氧化处理等工业催化中。

    20 世纪 60 年代初，Weisz 和 Frilette 在研究沸石的催化性能时提出规整结构分子筛的"择形催化"概念，继而发现它对催化裂化反应具有惊人活性，后逐渐发展成为一个新型催化研究领域[2]。此阶段发展的具有催化作用的分子筛（如 A 型、X 型、Y 型等）被称为第一代分子筛。20 世纪 70 年代，美国 Mobil 公司设计开发了具有代表性的高硅三维交叉直通道结构的第二代分子筛 ZSM-5，同样在石油化工领域掀起了一场革命。20 世纪 80 年代，联合碳化物公司（UCC）成功发明了具有磷铝骨架的磷酸铝第三代系列分子筛，为设计合成新型分子筛提供了新的思路[3]。1992 年，Mobil 公司的 Kresge 和 Beck 等首次以阳离子表面活性剂为模板，合成了新颖的具有规整孔道结构和狭窄孔径分布的介孔系列分子筛 M41S，这是沸石分子筛科学发展史上的又一次飞跃[2]。

    介孔系列分子筛在石油化工和大分子分离等领域的广阔应用前景，使其成为分子筛研究和应用的热点之一。现如今分子筛催化材料的研究已经成为包括化学和材料学等学科高度交叉的热点研究方向，并且由传统的吸附、分离和催化等领域向能源、材料、能量储存和环保等高新技术领域拓展。我国分子筛催化材料的合成与应用，特别是介孔分子筛催化材料的合成和应用等已处于国际前沿，硕果累累。

    因此，我们对沸石分子筛的结构与分类、分子筛的合成方法、分子筛的掺杂与改性、分子筛催化材料在汽车尾气脱硝和选择催化氧化领域的研究现状和进展进行了总结概述，以期望对从事分子筛研究领域的广大科研人员、学者等有一定的借鉴意义。

3.2 ⇨ 沸石分子筛的结构与分类

    不同结构的分子筛，其分类也不同。而根据不同的来源，沸石分子筛可分为天然沸石分子筛和人工合成沸石分子筛两种。其中，对于人工合成的沸石分子筛，孔道的大小和尺寸是分子筛多孔结构中最重要的特征，所以常根据孔道尺寸的大小进行分类。孔道尺寸小于 2nm 的称为微孔分子筛（microporous molecular sieve），孔道尺寸在 2～50nm 的称为介孔分子筛（mesoporous molecular sieve），孔道尺寸大于 50nm 的称为大孔分子筛（macroporous molecular sieve）。不同孔道尺寸相结合的称为复合分子筛（composite molecular sieve）。几种常见的人工合成的分子筛[2] 如表 3-1 所示。

表 3-1　几种常见的人工合成的分子筛

名称	孔径/Å[①]	比表面/(m²/g)	相对结晶度/%
ZSM-5	5	≥340	≥95
Beta	7	≥650	≥95
SAPO-34	4	≥570	≥95
SAPO-11	4.4～6.7	≥180	≥95
MCM-41	40	≥1000	≥95
USY	7～50	≥680	≥80

① 1Å=0.1nm。

下面对这几类分子筛作简要介绍。

3.2.1　天然沸石分子筛

天然沸石分子筛即非人工合成的，是具有吸附能力、催化能力、无毒无味等特点的一类分子筛[4]。常见的天然沸石主要包括三种，分别为方沸石、八面沸石和丝光沸石，如表 3-2 所示。八面沸石类的 X 型、Y 型分子筛都是目前使用最广泛的石油加工催化材料的主要成分。八面沸石类分子筛的基本构成单元是方钠石（Na₄Al₃Si₃O₁₂Cl），方钠石是一个十四面体，如图 3-1 所示。

表 3-2　三种常见的天然沸石

沸石品种	孔径/Å	颜色	同结构品种
方沸石	2.6	白、无色	磷方沸石、铯榴石、斜钙沸石、白榴石
八面沸石	8.0	白色	X 型、Y 型沸石
丝光沸石	3.9(大孔为 6.2)	白、淡黄、淡红	

A 型分子筛由 8 个方钠石位于立方体的 8 个顶点上组成，如图 3-2 所示[2]。A 型分子筛的单胞组成为 $Na_{96}(Al_{96} \cdot Si_{96} \cdot O_{384}) \cdot 216H_2O$。若合成后的 A 型分子筛中的阳离子为钠离子，则称为 NaA 型分子筛，它的孔径为 4.2Å，又被称为 4A 分子筛。当 4A 分子筛上的钠离子有 70% 以上被钙离子取代时，分子筛的孔径增大至 5Å，则称之为 5A 分子筛。若钠离子被钾离子取代后，分子筛孔径缩小至 3Å 左右，则称之为 3A 分子筛。

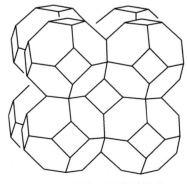

图 3-1　方钠石的骨架结构

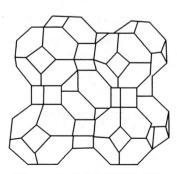

图 3-2　A 型分子筛晶体结构

X 型和 Y 型沸石属于八面沸石类，如图 3-3 所示[2]。两者的差别在于两者具有不同的铝含量，X 型沸石每个晶胞中的铝含量为 77~96 个铝原子，Y 型沸石每个晶胞中的铝含量小于 77 个铝原子。八面沸石的单胞中所含硅原子和铝原子总数都是 192。X 型和 Y 型沸石的典型单胞组成分别为 $Na_{86}(Al_{86} \cdot Si_{106} \cdot O_{384}) \cdot 264H_2O$、$Na_{56}(Al_{56} \cdot Si_{136} \cdot O_{384}) \cdot 264H_2O$。

丝光沸石结构由大量双五元环通过氧桥联结而成[2]，联结地方是四元环，继续按此方式联结还形成了八元环和十元环，如图 3-4 所示，这样单层结构一层一层以适合的方式重叠在一起就形成了丝光沸石。它的结构是层状的，没有笼结构，主孔道为一维孔道，孔道大小约为 0.7nm×0.67nm。丝光沸石的典型单胞组成为 $Na_8(Al_8 \cdot Si_{40} \cdot O_{96}) \cdot 24H_2O$。

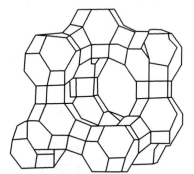

图 3-3　八面沸石类的 X 型和 Y 型沸石

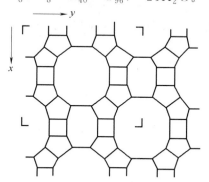

图 3-4　丝光沸石结构

3.2.2　微孔分子筛

孔道尺寸小于 2nm 的称为微孔分子筛[5]。微孔分子筛中的 ZSM-5 分子筛是目前最重要的微孔分子筛催化材料之一，它的酸催化性能与骨架中的 Al 含量关系很大，且具有独特的三维孔道，孔道方向上没有笼结构。微孔分子筛现已工业化生产，并广泛应用于石油化工、煤化工和精细化工等领域，因其优异的水热稳定性、良好的疏水性和酸碱性等特性在催化裂化领域表现出较优的催化性能，在提高汽油辛烷值以及丙烯产率领域也是一种高效的催化剂。

ZSM-5 分子筛的基本结构单元是五元环，没有笼状的空腔，孔道大多为十元环开孔，它的结晶类型属于斜方晶系。它的典型结构为一种与 ZSM-11 直通型垂直连通的 ZSM-5 "之"字型，如图 3-5 所示[2]。ZSM-5 分子筛的钠型单胞组成为 $Na_n(Al_n \cdot Si_{96-n} \cdot O_{192}) \cdot 16H_2O$，其中 $n<27$，典型的为 $n=3$。

磷酸铝分子筛也是一种目前报道较多的微孔分子筛催化材料[2]。磷酸铝分子筛的孔径在 0.3~0.8nm，包括：较大孔径的 APO-5（0.7~0.8nm），其孔口为十二元环（图 3-6）；

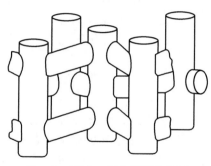

图 3-5　ZSM-5 型分子筛结构图

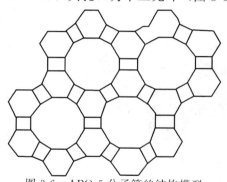

图 3-6　APO-5 分子筛的结构模型

中等孔径的 APO-11（0.6nm），其孔口为十元环；较小孔径的 APO-34（0.4nm）等结构；金属磷酸盐 MAPO-n 系列；经过 Si 化学改性后的杂原子磷酸盐 SAPO 系列。

3.2.3　大孔分子筛

孔道尺寸大于 50nm 的称为大孔分子筛[5]。Al_2O_3 分子筛（图 3-7）是目前报道的最主要的大孔分子筛催化材料之一。γ-Al_2O_3 是一种多孔分子筛，孔隙率高，耐热性好，具有较强的表面酸性，常作为载体用于烯烃骨架异构化、烯烃聚合和脱硝反应等。

SiO_2 分子筛也是一种大孔分子筛，具有硅氧四面体结构（图 3-8）[2]。SiO_2 材料具有表面弱酸性、高比表面和高水热稳定性等优点，在吸附、催化及分离领域发挥着重要的作用。

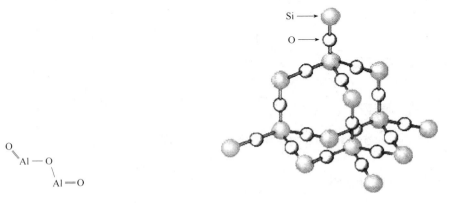

图 3-7　Al_2O_3 分子筛结构　　　　　　　　图 3-8　SiO_2 分子筛晶体结构图

3.2.4　介孔分子筛

孔道尺寸在 2～50nm 的称为介孔分子筛[5]。介孔分子筛是一种由表面活性剂和骨架前驱体组成的孔道有序、具有可调变的窄孔径分布、骨架稳定的多孔分子筛催化材料。1992年，美国 Mobil 公司首次合成了 M41S 介孔分子筛，开启了介孔分子筛科学的新纪元[2]。MCM-41 分子筛是目前报道较多的介孔分子筛催化材料之一。MCM-41 分子筛呈有序的"蜂巢状"多孔结构（图 3-9），比表面大，经处理后热稳定性和水热稳定性良好，广泛应用于催化、环保和分离提纯等领域。

SBA-15 分子筛[6]（图 3-10）因具有孔径有序、比表面高、热稳定性高和水热稳定性较高等优势，被广大研究者关注。目前，该分子筛在催化、生物分离、分子组装等方面得到应用。

3.2.5　复合分子筛

将不同孔道尺寸的分子筛进行组合而形成的新型分子筛称为复合分子筛[7]。目前，复合分子筛主要包括镶嵌结构或核壳结构的复合分子筛，其中，核壳结构的 ZSM-5@

图 3-9　MCM-41 分子筛结构图

MCM-41 复合分子筛透射电子显微镜（图 3-11）表明其具有均匀的颗粒结构，并且可通过改变 TEOS/ZSM-5 的质量比来调变核壳结构复合分子筛壳层的厚度（30～75nm）。这类复合分子筛具有微孔分子筛和介孔分子筛两者的优点，既具有强酸位，又具有微孔-介孔多级孔道结构，同时介孔分子筛的表面硅羟基缩聚度更高，并且有较高的水热稳定性。因此复合分子筛为提高扩散传质速度，实现催化-催化耦合作用，给不同催化过程之间的耦合开启了全新途径，使其在大分子的吸附、分离、催化、微反应等方面具有重要的潜在应用价值，尤其在石油化工、环保等领域有着广泛的应用前景[8-12]。

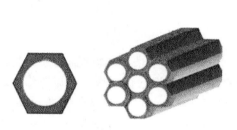

图 3-10　SBA-15 分子筛结构图

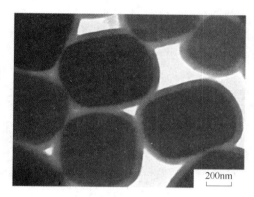

图 3-11　ZSM-5@MCM-41 复合分子筛的 TEM 图

3.3 ⟳ 分子筛的合成方法

3.3.1　水热合成法

水热合成法是以水或蒸汽等流体为溶剂，通过加热创建一个高温高压（温度为 100～1000℃，压强为 1～100MPa）的密闭反应环境，使一般条件下不溶或难溶的物质溶解和重结晶后，再经过分离、干燥、焙烧等处理得到产物的一种方法[13]。温度低于 150℃称为低温水热反应，反之，则称为高温水热反应。

分子筛水热合成的基本过程为铝硅酸盐水合凝胶的生成和晶化。其中晶化是一个十分复杂的过程，但一般包括 4 个过程：含硅化合物和含铝化合物的再聚合；分子筛成核；核的生长；分子筛晶体生长和引发的二次成核。因此，分子筛水热合成的主要影响因素有：晶化温度、原料配比、模板剂类型、pH 值等[13]。

与其他方法相比，水热合成具有以下特点：能用于合成无机功能材料的水热反应物可以是金属盐、金属氧化物和金属粉末的水溶液等；多数分子筛的水热合成是典型的亚临界合成反应，在高温高压条件下，提高了水的有效溶剂化性能、反应物的溶解度和反应活性，从而提高分子筛的成核速度和晶化速度。因此水热合成法是沸石分子筛最好的合成途径之一。但高温高压条件下的水热合成法成本较高，限制了其在工业上的应用。

Yu 等[14]采用水热合成法，合成得到 NaA@MCM-41 核壳结构复合分子筛。表征结果（图 3-12）表明该核壳结构复合分子筛表面粗糙，颗粒均匀，呈立方体形貌，具有 NaA 型分子筛的特征，其介孔壳层沿着 NaA 型分子筛内核表面垂直生长直至将之完全包覆，外壳和内核连通性较好，具有开放的孔道结构，同时存在微孔和介孔结构。

3.3.2 溶胶凝胶法

溶胶凝胶法是在一定条件下，将前驱体物质溶解在水或有机溶剂中形成均匀的溶液，溶质与溶剂产生水解或醇解反应后，生成物聚积成 1nm 大小的粒子形成溶胶，然后经过蒸发干燥转化为凝胶，再通过干燥、焙烧等处理得到催化剂的一种方法[15]。溶胶凝胶法的主要影响因素包括：a. 电解质，只有加入与胶粒电荷相反的离子，才能起到凝结作用；b. 溶胶浓度，在一定范围内，溶胶浓度越大，胶凝时间就越短；c. pH 值，对于氢氧化物溶胶，增大 pH 值，可增大溶胶浓度；d. 温度，适度的升温可加速胶凝。

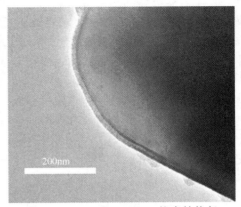

图 3-12 NaA@MCM-41 核壳结构复合分子筛的 TEM 图

溶胶凝胶法制备催化剂时，有以下优点：可得到颗粒分布均匀、高比表面的催化剂；可调控催化剂的孔径；可得到金属组分高度分散、具有高催化活性的负载型分子筛催化剂。

Cao 等[16] 发现采用溶胶凝胶法制备的三元催化剂（Mn-Ce-Zr-Al$_2$O$_3$）具有优异的低温活性，在 150℃ NO 的转化率为 70％。Zr^{4+} 进入 CeO$_2$ 晶格内形成固溶体，催化剂的比表面和孔体积增加，如表 3-3 所示。

表 3-3 催化剂的结构性质

催化剂	比表面/(m^2·g^{-1})	孔径/nm	孔体积/(cm^3·g^{-1})
MnCe	257.1	8.06	0.51
MnCeZr	294.56	8.18	0.60

3.3.3 离子交换法

离子交换法是以离子交换反应为基础的用于制备分子筛催化材料的方法，一般利用分子筛中阳离子可交换的性质，通过离子交换剂将活性组分交换后负载到载体上，再经过洗涤、干燥、焙烧等处理制备得到活性组分高度分散、均匀分布的负载型分子筛催化材料[17]。

合成过程中的离子大小、浓度、电荷与骨架的连接情况等都会影响离子交换速率和交换程度，从而影响分子筛催化剂的合成[17]。

目前离子交换剂可分为两大类：无机离子交换剂和有机离子交换剂。其中有机离子交换剂一般是指以聚苯乙烯、聚丙烯酸等为基本骨架的离子交换树脂；而对于无机离子交换剂，其原料单体大多为人工合成的沸石分子筛，较少应用天然沸石。

离子交换法可制备得到分散度好、催化活性高的催化剂，特别适用于合成低含量、高利用率的酸碱催化剂和贵金属负载型催化剂。此外，在合成活性组分相同的分子筛催化剂时，离子交换法比浸渍法合成的分子筛催化剂的催化活性更高。但离子交换法合成的分子筛存在孔大壁薄、耐热性不佳、交换的离子不稳定的问题。

Sultana 等[18] 发现离子交换法合成的 Na 型 Cu/NaZSM-5 催化剂比 H 型 Cu/HZSM-5 催化剂的催化活性好，如图 3-13 所示，前者酸性强，Cu$^+$ 含量高，且 Cu$^+$ 能激活氧提高 NO 氧化成 NO$_2$ 的能力，Cu/NaZSM-5 中 Na$^+$ 能促进 NO$_2$ 形成亚硝酸盐或硝酸盐等中间产物，从而提高 NO$_x$ 转化率。

3.3.4　组合合成法

组合合成法是利用一系列合成和测试技术，在短时间内合成数目庞大的如分子筛催化剂、介孔金属氧化物等材料，然后进行高效检测，筛选物种，并且可做到最大限度的平行实验，解决传统方法难以解决的问题，从而可为新型材料的快速合成和筛选提供非常有效的途径，是一种新兴方法[19]。开发新的、有效的组合测试技术，并以设计合成思想为指导，组合合成法将在功能材料

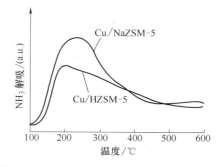

图 3-13　Cu/ZSM-5 催化剂的 NH₃-TPD 谱

（如新型分子筛催化剂）合成中，大大缩短研究周期，提高发现新催化剂的成功率。组合合成法强调的是理性设计和高通量筛选并重，这种高通量的组合合成法高度依赖相应的仪器和设备，限制了组合合成法在实际中的应用。

组合合成的分子筛催化剂、金属纳米催化剂等，表征技术是影响其发展的一个重要因素。

2002 年 Song 等[20] 采用水热合成法和利用计算机控制的 xyz stage GADDS 微衍射仪表征相结合的组合合成方法，在 180℃ 下晶化 60h 的水热反应系统中研究了 ZnO-P_2O_5-N,N' 二甲基哌嗪-H_2O 体系，发现有两种新结构的微孔 ZnPO 生成。一种为具有十六元环孔道结构的 $[Zn_6P_5O_{20}(H_2O)] \cdot 0.5C_6H_{12}N_2 \cdot C_5H_{14}N_2 \cdot 3H_2O$（图 3-14），一种为具有十元环孔道结构的 $[Zn_5P_4O_{16}(H_2O)] \cdot C_4H_{14}N_2$（图 3-15）。因此，组合合成法为高效系统水热合成研究微孔化合物与分子筛新结构的生成开辟了一条具有广阔前景的道路。

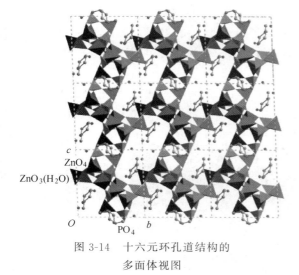

图 3-14　十六元环孔道结构的
多面体视图

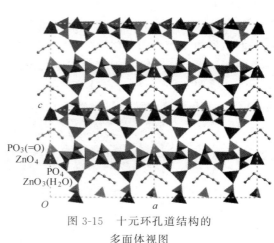

图 3-15　十元环孔道结构的
多面体视图

3.3.5　其他合成方法

3.3.5.1　等离子体法

等离子体法是一种在合成分子筛时利用等离子体促进活性物种的生成，在催化剂活性位作用下选择性地生成目标产物，以获得高活性和高选择性的分子筛催化剂的合成方法[21]。等离子体法影响因素主要有三个：其一，反应物由常规电中性状态变为等离子体时具有多种电性及高活性态，其化学吸附行为必然发生变化，导致活性和选择性改变；其二，催化剂表

面性质在等离子体作用下也将发生变化；其三，催化剂与等离子体界面存在等离子体鞘。

等离子体技术可以制备出性能优良的 $Fe_2O_3/ZSM-5$ 催化剂[21]，载有 $Fe(NO_3)_3$ 的 ZSM-5 经 O_2 或 Ar 辉光放电处理后，得到的催化剂表面积比浸渍法制备的催化剂表面积增大十倍以上，$80\% \sim 90\%$ 的 Fe_2O_3 呈高分散的无定形状态，分散在分子筛的孔道里，$10\% \sim 20\%$ 呈晶态，分布于分子筛的外表面上，微晶直径一般为 $9 \sim 10nm$。

等离子体法制备的分子筛催化剂具有催化剂活性物种分散度高、高效省时、节省能源、不破坏分子筛骨架结构等特点。但在实际应用时能耗较高，限制了其在工业方面的应用。

3.3.5.2 微波法

微波法是一种由于有强电场的作用，在微波中会产生用热力学方法得不到的高能态原子、分子和离子，因而可使一些在热力学上本来不可能进行的反应得以发生，从而为分子筛和其他化合物的合成开辟了一条崭新道路的方法[22]。

将微波辐射技术引入到分子筛的制备过程中能够有效地提高催化剂活性组分的分散程度，从而提高催化剂的物理和化学性能。由于微波加热与常规加热不同，可以使反应时间明显缩短，提高生产效率，降低能耗。因此，微波法制备的催化剂具有活性高、成本低、原料适应性好、产物纯净、催化剂稳定性和活性都有所提高等特点。从原理上讲，微波介电加热效应、微波离子传导损耗及局部过热效应等是利用微波法合成分子筛的主要因素。

人们对微波促进化学反应的机理方面的研究还不够，即在分子筛的制备过程中，微波的热效应和非热效应的机理尚不清楚，需要进行更深入的研究。

3.3.5.3 超声波法

超声波法是一种利用"超声空化"产生强烈的冲击波和高速的微射流，对液固非均相体系起到很好的冲击作用，不断清洗剥除分子筛吸附的杂质，影响或改变体系的结构、状态、功能等的方法[23]。超声波处理时间、频率等是合成分子筛的主要影响因素。

超声波法合成的分子筛具有能加快反应速率、易于引发反应、降低苛刻的反应条件等特点，但强烈的超声波则会侵蚀分子筛固体表面。

闰明涛等[24] 研究发现，利用超声波辐射，在功率为 200W、时间为 $40 \sim 60min$、温度为 $30℃$、静止时间为 4h 的工艺条件下，可以合成孔径分布均匀，均有大比表面和孔壁厚度的 MCM-41 介孔分子筛，如图 3-16 所示，实现分子筛的结构控制。

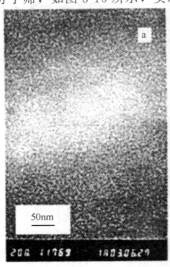

图 3-16 超声波法制备样品的 TEM 图

3.4 ➲ 分子筛的掺杂与改性

分子筛的掺杂与改性主要是指通过离子交换、脱铝、掺杂金属或利用同晶交换等方法，将不同性质的元素引入分子筛晶体内，以调变其表面性质、孔径等，实现分子筛新的催化性能。分子筛的掺杂与改性主要是通过二次合成来实现的，其调变内容主要包括：分子筛的酸性、热稳定性和水热稳定性等；分子筛的氧化还原、配位催化等催化性能；分子筛的孔道结构、孔隙度等；分子筛的表面修饰改性。

3.4.1 表面修饰改性

表面修饰改性的原理是利用分子筛特有的择形选择性使其成为吸附剂和催化材料的重要基础，择形选择性是指只有大小和形状与孔道相匹配的分子才能进入孔道而被吸附或催化的性质。分子筛的晶体结构是未经改性的分子筛择形选择性的重要依据，在一定程度上实现"分子筛分"的作用。其特点在于实际应用中需要识别区分的分子要求动力学直径差别小于 0.1nm，因此，为达到实际体系下的分子筛择形选择要求，需要对分子筛的孔径和外表面进行更精细的改性[25]。

采用改质剂选择性地覆盖催化材料的酸位，从而调节表面酸强度的分布，是表面修饰改性常用的方法之一。如采用 P 改性 ZSM-5 分子筛，可选择性地覆盖强酸中心，而保留弱酸和中强酸中心，来提高甲醇制备烯烃产品中乙烯或丙烯的选择性。

李红彬等[26] 用碱土金属 Ba 通过浸渍法对 SAPO-34 分子筛的孔道进行表面修饰改性，选择催化甲醇制烯烃的催化性能显著提高，还延长了催化剂的寿命，如图 3-17 所示。

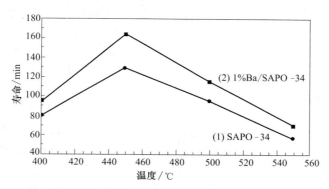

图 3-17 反应温度对 Ba/SAPO-34 催化剂寿命的影响

表面修饰改性会影响分子筛孔径、比表面和分子筛表面的酸碱性等，有时还会降低分子筛的吸附、催化活性和反应空间等。通过对分子筛进行表面修饰，可以有效地通过在沸石孔道中嵌入其他分子或原子团，使沸石的孔道变窄，达到调变沸石有效孔径的目的，或者在不影响沸石内部孔道的情况下，采用分子尺寸比沸石孔径大的修饰剂与其外表面发生作用，从而实现对沸石的改性，提高吸附剂和催化剂的择形选择性[25]。

3.4.2 金属掺杂改性

金属掺杂改性是在分子筛孔道嵌入金属离子，从而有效调变孔径和部分修饰分子筛表面，进而提升分子筛催化性能的方法[27]。最早是用金属氧化物掺杂改性，如采用浸渍法将碱土金属盐类负载在 HZSM-5 分子筛上，对其焙烧后碱土金属以氧化物的形式进入分子筛孔道，有效地减少了表面强酸中心，使分子筛的孔道变窄。分子筛常作金属或稀土金属的载体，金属掺杂的分子筛可制备双功能或三功能的催化剂，分子筛掺杂金属后的择形选择性对催化加氢和氧化反应十分有效。分子筛掺杂稀土金属后能提高催化剂的催化活性、热稳定性和抗水性等性能。其中，过渡金属掺杂改性的分子筛催化剂已经大规模应用在工业生产中，如用于烯烃低聚的 Rh、Ni 掺杂的 X 型分子筛。但金属掺杂改性的分子筛催化剂会有起燃温度较高等缺点。

金属掺杂改性分子筛的主要影响因素是：金属在分子筛上的分布位置、分布状态、活性金属颗粒尺寸和金属之间的作用力及其活性金属与分子筛载体之间的相互作用力。

分子筛经过同晶置换修饰改性后，置换的金属原子进入骨架后可调变分子筛的酸性、氧化还原性、孔口尺寸等来提升分子筛催化剂在催化反应中的催化性能。王恒强等[28] 采用浸渍法和水热合成法对 ZSM-5 分子筛进行 Ga、Zn 同晶置换修饰改性后发现，同晶置换的金属能增强分子筛催化剂的表面酸性和烯烃芳构化的催化性能以及芳烃选择性。MA 等[29] 用 Al 对 SBA-15 分子筛改性后，增加了分子筛催化剂的酸性位和表面积。张少龙等[30] 采用浸渍法对催化剂进行 Cu 改性后，发现 Cu-P/HZSM-5 分子筛拥有比先前更好的催化性能。经过改性后的不同系列分子筛的 XRD 图只出现 HZSM-5 分子筛的特征衍射峰，未检测到金属氧化物或磷氧化物的衍射峰，且各衍射峰的强度变化不大（图 3-18）。这说明经过浸渍改性和高温焙烧处理后，分子筛的骨架结构及晶粒度未发生明显变化，同时金属和磷物种高度分散在 HZSM-5 分子筛上。

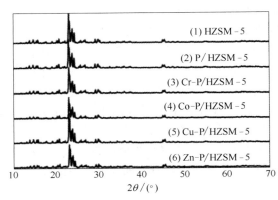

图 3-18　不同系列分子筛样品的 XRD 图

3.4.3　阳离子交换法

阳离子交换法是通过调变分子筛骨架交换阳离子的种类、数量等来调节分子筛的酸性和氧化还原性能，从而提升分子筛催化剂的催化活性和选择性的一种改性方法[31]。

以催化裂解催化剂为例，几乎每一代沸石分子筛的发展都与阳离子交换法改性密切相关。从分子筛骨架结构上看，分子筛的结构性质和催化性能主要取决于沸石分子筛的孔道骨架结构，同时在骨架上存在的阳离子种类、数量和离子交换性能等也会影响甚至改变分子筛的性质和性能，比如会影响分子筛的孔隙度、孔口直径、热稳定性等参数，其中分子筛骨架上的阳离子种类是影响分子筛催化剂催化性能的重要因素之一[31]。合成分子筛的阳离子最普遍的是 Na^+。一般认为 Na^+ 可以在分子筛中完全中和负电荷中心。一般来说，阳离子交换法按碳正离子机理进行。因此，H^+ 的一价阳离子分子筛没有催化活性或催化活性极低，但多价阳离子型比一价阳离子型分子筛催化剂的催化性能更优。

不同阳离子交换的沸石分子筛具有不同的酸碱性质，从而影响其催化性能。对于阳离子交换法改性分子筛，也可以从分子筛酸中心的形成来讨论。

（1）H 型和脱阳离子型分子筛

用 NH_4^+ 交换 Na^+ 型分子筛，可得到 H 型分子筛，再对其脱水可得到脱阳离子型分子筛[31]。分子筛中 B 酸和 L 酸可相互转化,低温有水存在时以 B 酸为主,高温脱水时以 L 酸为主。此外,两个 B 酸中心可形成一个 L 酸。H 型和脱阳离子型分子筛都具有较高的碳正离子型分子筛活性,但稳定性较差。

（2）多价阳离子交换后的分子筛

分子筛中含有的吸附水或结晶水能与分子筛中的 Na^+ 被 +2 价或 +3 价金属阳离子交换后的多价阳离子形成水合离子[31]。在干燥失水到一定程度时,金属阳离子对水分子的极化作用逐渐增强,然后会解离出 H^+,生成 B 酸中心。多价阳离子交换分子筛产生的 B 酸中心可解释碱土金属阳离子交换后分子筛的催化活性规律,当阳离子价态相同时,离子半径越小,对水的极化能力越强,质子酸性越强,酸催化反应活性越高。如碱土金属交换的 Y 型分子筛上的催化活性顺序为:BeY＞MgY＞CaY＞SrY＞BaY。碱土金属交换的 X 型分子筛上的催化活性顺序为:MgX＞CaX＞SrX＞BaX[31]。

下面我们借用离子交换改性的 LTA 型分子筛进行讨论。

LTA 型分子筛的典型组成为 $Na_{12}(Al_{12} \cdot Si_{12} \cdot O_{48}) \cdot 27H_2O$,其硅铝比为 1,所以是所有分子筛中具备最大离子交换容量的分子筛。其中最典型的例子是 A 型分子筛,NaA 型分子筛的孔径为 4Å。它的 Na^+ 被 Ca^{2+} 交换后,原有的阳离子位就空出一半,使分子筛的孔径变大,形成孔径约为 5Å 的 CaA 型分子筛。它的 Na^+ 被 K^+ 交换后,孔口阳离子体积变大使得分子筛孔径变小,形成孔径为 3Å 的 KA 型分子筛。因此,LTA 型分子筛易于通过离子交换,使分子筛的孔径大小产生明显变化,且经过阳离子交换后,阳离子的尺寸、电荷、阳离子的极化和变形性质以及对骨架电场均匀性的影响会影响分子筛的吸附和催化性能。

刘宁[31] 利用过渡金属（Co、Cu、Fe）阳离子改性不同结构的沸石分子筛（MCM-49、MOR、BEA、FER）来催化分解 N_2O,通过表征发现改性金属主要以离子态的形式存在于分子筛上,且为 N_2O 催化分解的活性中心。Fe、Co 改性的沸石分子筛具有较高的 N_2O 催化分解活性,其中具有较大比表面和孔体积的 BEA 分子筛改性后的催化活性最高。

3.5 分子筛催化材料在汽车尾气脱硝领域的研究现状和进展

大气中的氮氧化物（NO_x）是造成酸雨和光化学烟雾的主要污染源之一,主要来源于移动源（机动车）和固定源（火力发电厂和工业锅炉）,且主要由 NO（＞90%）和 NO_2 组成。为减少大气污染,大量研究者致力于开发高效率、低成本的脱硝技术,其中常用的是在 NH_3-SCR、HC-SCR 两种体系下脱除 NO_x[32]。烃类化合物（HC）因无毒且能脱除与 NO_x 共存的污染物,成为引人注目的课题。现已报道的 HC-SCR 反应中[33-38],研究居多的是以 C_1、C_2、C_3 和 C_4 等烃类化合物作为还原剂,同时其所用的催化剂主要包括金属氧化物催化剂、含金属的分子筛催化剂、活性炭催化剂等。20 世纪 90 年代,Iwamoto 等[39] 和 Held 等[40] 报道了在过量氧的气氛条件下,烯烃等在 Cu-ZSM-5 分子筛催化剂上能高效选择催化还原 NO。分子筛催化剂具有比表面大、吸附性强、选择性高、优良的择形催化性能、活性温度区间相对较宽等特点,被广泛用于 HC-SCR 反应。常用的分子筛主要有 ZSM-5、SAPO、SBA、Al_2O_3 等。常见的负载金属有过渡金属、贵金属等。

3.5.1 天然沸石分子筛材料在汽车尾气脱硝领域的研究现状和进展

最初,天然沸石如镁碱沸石（FER）、菱沸石（CHA）、丝光沸石（MOR）,通过离子

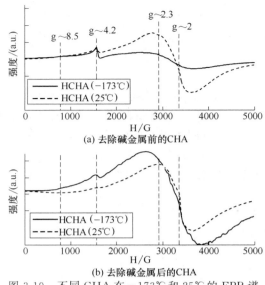

图 3-19　不同 CHA 在 −173℃ 和 25℃ 的 EPR 谱

交换引入 Cu、Fe 等活性组分用于 NO_x 催化还原。初步研究表明 Cu 离子交换后的天然沸石具有一定活性和水热稳定性[41-43]。天然 FER 易因金属氧化物形成、活性组分分散度下降和结构脱铝而失活。天然 CHA 因纯度高、储量丰富和具有一定的热稳定性而被采用。Günter 等[44] 发现去除碱金属的 Fe/CHA 催化剂活性高，在 300～500℃ 范围内，i-Fe/HCHA（浸渍法）和 Fe/HCHA（离子交换法）催化剂发生快反应时 NO 转化率达 95%。EPR 谱表明改性后的 HCHA 的 Fe-SCR 活性位（孤立 Fe^{3+} 和低聚 Fe_xO_y）增加，催化活性提高（图 3-19）。HCHA 催化剂的水热稳定性差，在 750℃、10%（水/空气的体积比值）的水热环境处理 6h，CHA 骨架大幅度坍塌，催化剂失活。然而，Cu 的加入可提高 CHA 的水热稳定性。

　　天然沸石成分复杂、对 NO_x 的催化降解效果不显著、水热稳定性不高且易碱金属中毒，但经改性后可提高催化活性和稳定性，这为天然沸石用作脱硝载体提供了方向。合成沸石因能克服天然沸石的成分复杂、纯度低、催化活性和水热稳定性不高等缺陷而备受重视。

3.5.2　微孔分子筛材料在汽车尾气脱硝领域的研究现状和进展

3.5.2.1　ZSM-5 型分子筛催化剂

　　为了研究不同负载金属对催化剂的影响，Li 等[45] 以 H-ZSM-5 为载体，Cu、In 和 La 等为活性组分，制备了 Cu-ZSM-5、In-ZSM-5 和 La-ZSM-5 等三种催化剂。催化反应结果表明，不同金属负载的三种催化剂相比较，Cu-ZSM-5 表现出最优的 C_3H_6-SCR 催化性能。催化剂在 375～500℃ 的温度范围内，C_3H_6-SCR 中的 NO 转化率达到了 70% 以上。漫反射傅里叶变换红外光谱（DRIFTS）结果表明，在 Cu-ZSM-5 催化剂的 B 酸上发生了 NO-O_2 和 C_3H_6-O_2 之间的竞争吸附，Cu-ZSM-5 催化剂表面上吸附的胺类（—NH_2）为主要反应中间体（图 3-20）。这些中间体可与 NO 或 NO_2 反应生成最终产物 N_2。

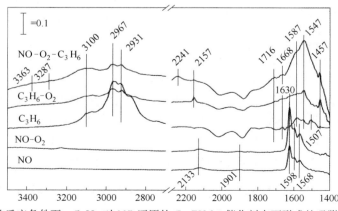

图 3-20　在 400℃ 的反应条件下，C_3H_6 对 NO 还原的 Cu-ZSM-5 催化剂表面形成的吸附物种的 DRIFTS 谱图

目前报道的研究结果[45-48] 表明，以 ZSM-5 为载体的负载型分子筛催化剂大多采用离子交换法和浸渍法制备，负载的活性组分主要是 Cu、Ag、Fe 三种金属，其中以 Cu 为活性组分的催化剂脱除 NO 效果最优。催化剂中作为助剂的金属通过协同作用，可以提高分子筛催化剂的 SCR 催化活性。如 Zr 助剂通过调变催化剂的酸性来提高催化剂的催化活性；Ce 助剂通过与 Cu 的协同作用，增强 Cu 的还原性，从而提高催化剂的脱硝性能；La 助剂也通过与 Cu 的相互作用，促进中间体异氰酸酯的生成，从而达到提升 SCR 性能的效果。助剂通过协同作用也可增强催化剂的低温活性。ZSM-5 载体具有良好的离子交换性、高水热稳定性、适宜的表面酸性以及高的择形选择性。其稳定的五元环结构可与金属活性组分和助剂形成相互作用，适宜的硅铝比也可让活性组分和助剂形成高分散的孤立离子态活性位，从而使其有利于脱硝反应。但其小尺寸的微孔结构不利于大分子参与反应，限制了传质过程的进行，容易导致催化剂的催化性能下降和孔道积炭的形成。

3.5.2.2 β 沸石催化剂

Pan 等[49] 采用浸渍法，以 NH_4-β 沸石（Si/Al＝25）为载体，制备了 Fe-β 沸石催化剂。C_3H_6-SCR 反应结果表明，NO_x 转化率在 290～390℃ 温度区间达到 50% 以上，且在 350℃ 达到 75% 的最大转化率。这归因于 Fe-β 沸石催化剂表面的吸附性强，且催化剂表面的 Fe^{2+}/Fe^{3+} 比值较高，促进了 C_3H_6 的吸附还原性能。XPS 和 H_2-TPR（图 3-21）结果进一步证实了在 β 沸石载体上 Fe^{3+} 几乎还原成 Fe^{2+}，从而促进了 C_3H_6 的吸附活化，进而促进了 SCR 活性。

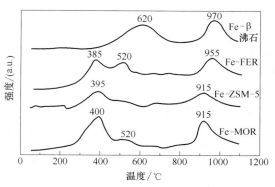

图 3-21　Fe-β 沸石催化剂的 TPR 谱

根据目前的文献结果[49-51] 可知，β 沸石分子筛负载的非贵金属活性组分为 Cu、Fe、Co 的催化剂，在 330～390℃ 范围内几乎都能使 NO_x 的转化率达到 50% 以上，较优的活性组分是 Cu，可使 NO_x 的转化率达到 80% 以上，其活性范围在 300～500℃ 之间。β 沸石是具有独特三维十二元环孔道和较强酸性的高硅沸石，可增强催化剂表面吸附 NO_x 的活性，同时可增强载体与活性组分的协同作用，从而显著提升活性组分的氧化还原性能，进而提高催化剂的催化性能。但其晶体结构十分复杂，在反应过程中容易导致积炭的形成。

3.5.2.3 SAPO-34 分子筛型催化剂

吕姣龙[52] 采用水热合成法，制备了不同硅源的 SAPO-34 分子筛，并以此分子筛为载体，采用离子交换法制得 Cu-SAPO-34 催化剂。C_3H_6-SCR 反应结果表明，以硅溶胶为硅源制备的催化剂上的 NO_x 转化率在 325～450℃ 的温度范围内达到 50% 以上，在 350℃ 达到 70% 的最大转化率。以硅溶胶为硅源制备的催化剂上的 NO_x 转化率在 350～450℃ 的温度区间比以正硅酸乙酯为硅源的催化剂提高 10%。SEM（图 3-22）和 DRIFTS 结果表明，以硅溶胶为硅源制备的催化剂，其 SAPO-34 分子筛和活性组分之间的相互作用，促进了反应中间体—CN 的形成，有利于产生更多的 N_2，从而促进 SCR 活性。

目前的研究结果[52-54] 表明，SAPO-34 分子筛催化剂负载的常用活性组分主要为 Cu。催化剂制备方法可影响以 SAPO-34 为载体的负载型催化剂活性组分的分散度，从而改变催化剂催化性能和催化温度范围。SAPO-34 分子筛的硅源和硅铝比也是影响催化剂催化性能

图 3-22　不同 Si/Al 的 SAPO-34 分子筛的 SEM 图

的重要因素之一。SAPO-34 分子筛具有中等强度的酸中心、独特的孔道结构、大量的微孔、高比表面,可使以其为载体的催化剂具有更多的活性位点,促进其和活性组分的相互作用,从而提升催化剂的催化性能。但 SAPO-34 分子筛的合成过程十分复杂,如原料、模板剂等可变因素较多,因此在合成纯相且高结晶度的分子筛的过程中,筛选合适的合成条件非常重要。

3.5.2.4　SSZ-13 分子筛型催化剂

Raj 等[55]用台式流动反应器研究了 Cu-SSZ-13 整体式催化剂上的 C_3H_6-SCR 反应。反应结果表明,NO_x 转化率在 $450\sim550℃$ 的温度范围内达到 50% 以上。DRIFTS 结果表明,活性组分 Cu 和 SSZ-13 载体的相互作用,增强了 NO 选择性地与含氧化合物反应以形成更进一步的 $C_xH_yO_zN_t$ 化合物,从而促进了反应中间体—NCO 的形成,进而生成更多的 N_2。

目前的研究[55-57]中对 SSZ-13 分子筛催化剂的研究较少,催化剂负载的常用活性组分为 Cu。SSZ-13 分子筛催化剂的活性温度范围相对于其他类型微孔分子筛催化剂偏高。SSZ-13 分子筛具有有序的孔道结构、较多的表面质子酸性中心和可交换的阳离子,在 C_3H_6-SCR 反应中,分子筛可与活性组分 Cu 产生强烈的相互作用,增强 NO 与氧化烃类化合物的反应,从而促进反应形成中间体 ANCO 和—NCO,进而生成更多的 N_2。但难以调控其酸性以及在高温条件下容易积炭的问题还有待解决。微孔分子筛具有较大的比表面、高水热稳定性和适宜的表面酸性,其负载金属形成的催化剂在 C_3H_6-SCR 体系可有效地脱除 NO_x。但微孔分子筛的孔道结构小且复杂,在 SCR 反应过程中容易导致孔道内形成积炭,从而降低催化剂的催化性能。因此,研究更大孔径的分子筛催化剂对于提高催化剂的催化性能非常重要。

3.5.3　大孔分子筛材料在汽车尾气脱硝领域的研究现状和进展

Liu 等[58]用浸渍法和溶胶凝胶法制备了 SnO_2-Al_2O_3 催化剂。C_3H_6-SCR 反应结果表明,溶胶凝胶法制备的催化剂上的 NO_x 转化率在 $375\sim510℃$ 的温度范围内达到 50% 以上,最大转化率为 76%。在相同的温度区间,NO_x 转化率提高了 $13\%\sim21\%$(相较于浸渍法)。这归因于 SnO_2 在溶胶凝胶法制备的催化剂表面上分散得更均匀,同时促进了 SnO_2 和 Al_2O_3 载体之间的相互作用,从而提高了催化剂的催化性能。XRD 进一步证实了 SnO_2 物

种高度分散在 Al_2O_3 载体上（图 3-23）。XPS 结果也表明，溶胶凝胶法制备的催化剂中，Sn 以结合能是 487.2eV 的 Sn^{4+} 形式存在，同时 Sn^{4+} 可以与 Al 相互作用，从而有利于 NO_x 的还原。

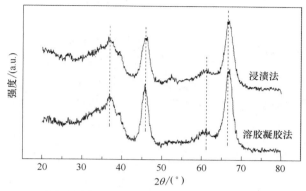

图 3-23 两种不同方法制备的 SnO_2-Al_2O_3 催化剂的 XRD 图谱

研究结果[58-67] 表明，以大孔分子筛 Al_2O_3 为载体的负载型催化剂常用的活性组分为 Pt、Ag、In、Ga、Sn，较优的活性组分是 Ag。助剂通过协同作用可提高催化剂的低温活性，如 Pd 通过与 Pt 的协同作用，在 $200\sim350℃$ 的低温区间，显著提升了 C_3H_6-SCR 催化性能。Al_2O_3 载体中的 O^{2-} 按密排六方堆积排列，使其不仅有相对较高的比表面来提供更多的活性位点，而且还能增强其和高度分散在催化剂表面的金属活性组分的相互作用力，形成大量高密度的 M-O-Al 物质（M＝Ag、Pt 等），从而促进了 C_3H_6 的吸附活化，进而促进了催化剂的催化性能。助剂［K、Pd 等金属以及非热等离子体（NTP）等辅助方法和 H_2、SO_2 等］的添加更多是增强活性组分和载体的协同作用以及活性组分的氧化还原性能，从而提高 C_3H_6 的氧化还原性能，进而促进形成更多的反应中间体（NCO、CN、羧酸盐和甲酸盐等物质），进一步提高 NO_x 的转化率。一般而言，大孔分子筛（Al_2O_3）催化剂具有较小的比表面、较大孔径等特性。当贵金属 Ag 等作为活性组分，以 C_3H_6 为还原剂时，操作温度范围较宽。Ag-Al_2O_3 上 C_3H_6 还原 NO_x 的低温活性还有待进一步提高。

3.5.4 介孔分子筛材料在汽车尾气脱硝领域的研究现状和进展

3.5.4.1 SBA 型催化剂

Liu 等[68] 采用浸渍法，以 SBA-15 为载体，制备得到 Pt-SBA-15 催化剂。C_3H_6-SCR 反应结果表明，Pt-SBA-15 催化剂在 $130\sim340℃$ 的温度区间具有良好的催化性能，催化剂存在下的 NO_x 的转化率达到 50% 以上。这归因于低温范围内 SBA-15 载体和活性组分 Pt 的相互作用，促进了 Pt 的氧化还原性能，从而增强 C_3H_6 的吸附活化和 NO_x 的吸附性，进而增强 Pt-SBA-15 催化剂的 SCR 活性。XPS 结果表明，Pt、PtO 和 PtO_2 均存在于催化剂中，而 PtO_2 可能作为 Pt-SBA-15 的主要活性中心。NO-TPD 表明，Pt 负载于 SBA-15 有利于 NO 的吸附，在 $85\sim260℃$ 的温度范围内，Pt-SBA-15 中的最低解吸量是 SBA-15 中最高解吸量的三倍（图 3-24）。同时，他们还引入 Al 助剂，反应结果表明在 $140\sim340℃$ 的温度范围内，NO_x 最大转化率达到 86%，NO_x 最大转化率提高了 6%（相对于 Pt-SBA-15）。他们认为，Pt-Al-SBA-15 催化剂中的 AlO_4 四面体配位增强了催化剂表面酸性，从而提高了催化剂的催化性能，而且催化剂易于重复使用，稳定性好。

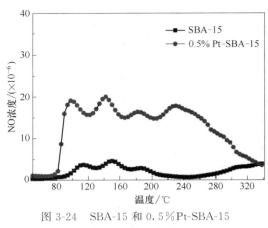

图 3-24　SBA-15 和 0.5％Pt-SBA-15
的 NO-TPD 曲线

研究结果[68-70] 表明，以介孔分子筛 SBA-15 为载体的负载型催化剂常用的活性组分为 Fe、Pt、Cu、Co。催化剂中作为助剂或多活性中心的金属通过协同作用，可以提高分子筛催化剂的 SCR 催化活性。助剂或多活性中心通过协同作用还可降低催化剂的活性温度。SBA-15 分子筛具有二维六方孔道结构，其骨架上的二氧化硅一般为无定形态。此类分子筛比表面大，孔道直径分布均一，且孔径可调变，有利于活性组分均匀地分散在载体表面上，从而增强其和活性组分之间的相互作用力，促进活性组分的氧化还原性能，进而提升催化剂的催化性能。但其骨架中的酸活性中心较少，离子交换能力差的问题比较突出，还有待进一步研究。

3.5.4.2　MCM 型催化剂

Jeon 等[71] 采用水热合成法制备了 MCM-41 分子筛，再采用浸渍法，制备得到 Pt-V-MCM-41 催化剂。C_3H_6-SCR 反应结果表明，此催化剂作用下的 NO_x 转化率在 260～480℃ 的温度范围内可达到 50％以上，尤其是在 270～340℃ 温度区间，可达到 90％的最大转化率。

研究结果[71-73] 表明，以 MCM-41 为载体的负载型催化剂负载的活性组分多为 Cu、Pt，较优的活性组分是 Pt。V 助剂通过与 MCM-41 孔壁表面的羟基键合而实现与孔壁表面的结合，可在 270～340℃ 的低温区间，显著提升 C_3H_6-SCR 催化性能。MCM-41 分子筛具有呈六方有序排列的孔道、高的比表面、大的吸附容量，有利于其和活性组分之间的协同作用，增强活性组分的氧化还原性能，促进 C_3H_6 的吸附氧化性能，从而促进产生 ONO 和 NCO 等中间体，进而增强催化剂的催化性能。而助剂的添加可进一步增强活性组分和载体的协同作用，同时促进催化剂吸附和解吸 NO_x 的活性。但以 MCM-41 为载体的催化剂存在较少的酸中心数量和较低的酸强度以及水热稳定性差等缺点，导致 NO_x 最大转化率不到 80％。介孔分子筛催化剂与微孔分子筛催化剂相比，孔径分布较为均匀并且可以调控，与大孔分子筛催化剂相比具有高比表面和大吸附容量。但介孔分子筛催化剂离子交换能力差，水热稳定性不高的问题比较突出，而通过添加助剂、改进制备工艺等方法可显著提高其催化性能。所以，对催化性能良好、温度操作范围宽的介孔分子筛催化剂的研究是当前研究的重点方向。

3.6 ◐ 分子筛催化材料在选择催化氧化领域的研究现状和进展

分子筛催化材料在选择催化氧化领域应用较多的主要是烟气脱硝、含 NH_3 废气的脱除等方面。对于烟气脱硝，近年来燃煤锅炉烟气中 NO_x 脱除技术受到广泛关注。常用的 NO 氧化方法有强氧化剂（如 $KMnO_4$）氧化法、自由基（如 O_3 等）氧化法和选择性催化氧化法（SCO 法）。由于强氧化剂氧化法和自由基氧化法运行成本高且易造成二次污染，难以被广泛应用。而选择性催化氧化法利用催化剂和烟气中的 O_2 将 NO 氧化为 NO_2，结合传统湿法吸收工艺可实现高效脱硝，此技术有望实现工业化应用。

NH_3 作为一种无色、具有刺激性恶臭气味和腐蚀性的气体，是参与形成大气气溶胶、光化学烟雾和水体富营养化等污染的主要污染物。NH_3 污染主要来自工业含 NH_3 废气的排放以及生物质燃料气化等。近年来，NH_3 选择性催化氧化法（NH_3-SCO）因产物为无害的氮气和水，且操作简便、NH_3 去除率高、反应迅速并适用于处理大量含 NH_3 废气等优点而备受关注。

3.6.1 天然沸石分子筛材料在选择催化氧化领域的研究现状和进展

天然沸石中丝光沸石的孔结构根据阳离子如 Na^+、K^+、Ca^{2+}、Mg^{2+} 等的不同，可能存在很大的差异，这些阳离子与骨架结合不紧密，因此在与别的物质接触时很容易与其他离子发生交换。这可能导致其在 NH_3-SCO 和烟气选择催化氧化脱硝两个领域的应用都非常少。

目前，研究用于烟气选择催化氧化脱硝的天然沸石分子筛主要是特定类型的沸石分子筛（如丝光沸石）。Odenbrand 等[74] 和 Brandin 等[75] 分别对脱铝丝光沸石分子筛和 H-丝光沸石分子筛选择催化氧化 NO 的性能进行了研究，结果发现，脱铝丝光沸石分子筛和 H-丝光沸石分子筛选择催化氧化 NO 的性能均受到催化剂表面铝含量的影响。此外，Brandin 等[75] 还发现通过离子交换法将 Fe^{3+} 和 Cu^{2+} 负载在丝光沸石上后，选择催化氧化 NO 的活性顺序为：H-丝光沸石分子筛催化剂＞Fe-丝光沸石分子筛催化剂＞Cu-丝光沸石分子筛催化剂。

综上，丝光沸石在脱硝反应领域的应用还有待进一步探究。

3.6.2 微孔分子筛材料在选择催化氧化领域的研究现状和进展

分子筛因具有比表面大、微孔均匀、吸附性强等特点而被应用于催化领域。用于 NO 选择催化氧化的微孔分子筛催化剂主要以 ZSM-5 分子筛居多。

Despres 等[76] 发现由于受热力学平衡影响，水蒸气的加入会使 Cu-ZSM-5 分子筛对 NO 的选择催化氧化率由 40％降至 25％。刘华彦等[77] 研究高硅铝比的 Na-ZSM-5 分子筛催化剂上 NO 和 O_2 的吸附氧化机理时发现，Na-ZSM-5 分子筛表面的 OH^- 和 Na^+ 等吸附活性位点具有催化氧化 NO 的活性。李玉芳等[78,79] 通过研究不同硅铝比的 H-ZSM-5 分子筛催化剂对 NO 的氧化性能发现，在湿气条件下，催化剂对 NO 的选择催化氧化能力随硅铝比的增加而升高，且疏水性能越来越好。

通过对 ZSM-5 微孔分子筛进行表面修饰改性，或改进制备 ZSM-5 分子筛催化剂的方法，有利于其在催化氧化领域的广泛应用。

3.6.3 大孔分子筛材料在选择催化氧化领域的研究现状和进展

Al_2O_3 型大孔分子筛材料在选择催化氧化领域应用较多。

鲁文质等[80] 发现在制备的 γ-Al_2O_3 负载型催化剂上选择催化氧化 NO 的活性顺序为 Mn＞Cr＞Co＞Cu＞Fe＞Ni＞Zn。赵清森等[81] 发现 CuO(8％)-CeO_2(2％)-Na_2O(1％)/γ-Al_2O_3 催化剂上对 NO 的氧化率在 250～450℃时可稳定在 70％以上。CeO_2 和 Na_2O 的引入可提高 CuO 在催化剂表面的分散度，促进 NO 的吸附并延缓其解吸附。李平和赵越等[82,83] 研究发现，反应体系内通入适量 SO_2 可提高 γ-Al_2O_3 催化剂的氧化活性，但当载体表面被强吸附的 SO_2 覆盖后，催化剂活性下降。

载体的种类对催化剂的活性影响较大，γ-Al_2O_3 虽然具有较大的比表面，但其抗硫性能较差。因此通过改进制备工艺或使用新方法新技术（如组合合成法）来提高大孔分子筛抗水抗硫性，有利于其在工业化生产中应用。

3.6.4 介孔分子筛材料在选择催化氧化领域的研究现状和进展

MCM-41 和 SBA-15 是广泛应用的介孔纳米颗粒。但目前，介孔分子筛在选择催化氧化领域应用较少。

在含 NH_3 废气的脱除方面，Zhang 等[84] 研究了在介孔分子筛上选择性催化氧化脱除 NH_3 反应，结果表明，Cu-SBA-15 介孔分子筛催化剂在 300℃时达到了 100% 的 NH_3 转化率，且它的 N_2 产率在 300℃处达到最高值 86%，300℃之后的 NH_3 转化率随温度的升高而急速下降。因此需要对其进行改性或进行特殊处理以便提高催化剂的选择催化氧化活性。

介孔分子筛是一类由硅基或非硅基形成的孔径分布均匀且孔道结构有序的无机多孔新材料。它的孔壁和孔径可调，孔道结构有序，多为六方形排列，且比表面大（>1000m^2/g），吸附容量较大，因此受到广泛关注。但是介孔晶体网格的缺陷、较弱的酸强度以及无定形孔壁又限制了它的发展。提高介孔分子筛的高热稳定性和水热稳定性是目前研究的重点[85-90]。

参 考 文 献

[1] 徐如人. 分子筛与多孔材料化学 [M]. 北京：科学出版社，2004.
[2] 储伟. 催化剂工程 [M]. 成都：四川大学出版社，2006.
[3] 陈万春. 沸石和磷酸盐分子筛晶体的空间生长 [J]. 硅酸盐通报，2005，24（5）：130.
[4] 桂花，白梅，谭伟，等. 天然沸石制备 4A 沸石分子筛的条件研究 [J]. 化学世界，2014，55（1）：15.
[5] 王志永，张晨，张航飞，等. 介孔-微孔复合分子筛的合成及应用研究进展 [J]. 化工新型材料，2015，34（8）：7.
[6] 董贝贝，李彩霞，李永，等. 介孔分子筛 SBA-15 的研究进展 [J]. 化学研究，2012，23（4）：97.
[7] 许俊强，张川，郭芳，等. MCM-41 介孔壳层包覆的核壳结构复合分子筛研究进展 [J]. 硅酸盐学报，2017，45（4）：592.
[8] 许俊强，张丹，郭芳，等. 新型高效高稳定 NO_x 催化还原用分子筛催化剂的研究进展 [J]. 硅酸盐学报，2015，12（2）：241.
[9] 许俊强，张强，郭芳，等. 微结构单元提高介孔 MCM-41 分子筛水热稳定性的研究进展 [J]. 硅酸盐学报，2014，42（8）：1070.
[10] 张盼艺，郭芳，许俊强，等. 基于强抗积碳的 CO_2 重整镍基催化剂的研究进展 [J]. 硅酸盐学报，2016，44（4）：620.
[11] 田宝良，张强，许俊强，等. 原位合成微结构自组装高水热稳定介孔分子筛的研究进展 [J]. 石油学报（石油加工），2016，32（2）：418.
[12] 周亭，郭芳，许俊强，等. CO_2 甲烷化 Ni 基分子筛催化剂的研究进展 [J]. 功能材料，2017，48（6）：6029.
[13] 孙爽，孙成元. 浅谈水热合成法在晶体合成中的应用 [J]. 内蒙古民族大学学报（自然汉文版），2014，29（5）：524.
[14] YU H，LV Y，MA K，et al. Synthesis of core-shell structured zeolite-A@mesoporous silica composites for butyraldehyde adsorption [J]. Journal of Colloid and Interface Science，2014，428（15）：251.
[15] 徐耀，贾红宝，张策. 溶胶凝胶法 [J]. 粉末冶金技术，2016，34（2）：100.
[16] CAO F，XIANG J，SU S，et al. The activity and characterization of MnO_x-CeO_2-ZrO_2/γ-Al_2O_3

catalysts for low temperature selective catalytic reduction of NO with NH$_3$ [J]. Chemical Engineering Journal，2014，243（1）：347.

[17] 朱玉镇，沈健. 后合成法改性 SBA-15 的研究进展 [J]. 天然气化工（C$_1$ 化学与化工），2014，39（2）：67.

[18] SULTANA A，NANBA T，HANEDA M，et al. Influence of co-cations on the formation of Cu$^+$ species in Cu/ZSM-5 and its effect on selective catalytic reduction of NO$_x$ with NH$_3$ [J]. Applied Catalysis B：Environmental，2010，101（1/2）：61.

[19] 曾国平，陈建萍. 组合化学的研究进展 [J]. 化学教育，2009，30（2）：6.

[20] SONG Y，YU J，LI G，et al. Combinatorial approach for the hydrothermal syntheses of open-framework zinc phosphates [J]. ChemInform，2002，33（45）：15.

[21] 汪国栋. 等离子体去除氮氧化物的研究进展 [J]. 轻工科技，2018（9）：107.

[22] 司伟，黄妙言，丁思齐，等. 微波法辅助合成无机纳米材料的研究进展 [J]. 硅酸盐通报，2013，32（5）：868.

[23] 钟声亮，张迈生，苏锵. 超细 4A 分子筛的超声波低温快速合成 [J]. 高等学校化学学报，2005，26（9）：1603.

[24] 闫明涛，吴刚. 超声波合成介孔分子筛 [J]. 无机化学学报，2004，20（2）：219.

[25] 李三妹，陕绍云，贾庆明，等. 分子筛改性研究进展 [J]. 材料导报，2013，27（13）：46.

[26] 李红彬，吕金钊，王一婧，等. 碱土金属改性 SAPO-34 催化甲醇制烯烃 [J]. 催化学报，2009，30（6）：509.

[27] 何锡凤，宋伟明，安红. 金属掺杂介孔分子筛 MCM-41 的合成及结构表征 [J]. 精细化工，2014，31（10）：1215.

[28] 王恒强，张成华，吴宝山，等. Ga、Zn 改性方法对 HZSM-5 催化剂丙烯芳构化性能的影响 [J]. 燃料化学学报，2010，38（5）：576.

[29] MA J，QIANG L S，WANG J F，et al. Effect of different synthesis methods on the structural and catalytic performance of SBA-15 modified by aluminum [J]. Journal of Porous Materials，2011，18（5）：607.

[30] 张少龙，李斌，张飞跃，等. 金属改性 P/HZSM-5 分子筛催化乙醇芳构化 [J]. 物理化学学报，2011，27（6）：1501.

[31] 刘宁. 沸石分子筛催化分解 N$_2$O 的研究 [D]. 北京：北京化工大学，2013.

[32] XU J，WANG H，GUO F，et al. Recent advances in supported molecular sieve catalysts with wide temperature range for selective catalytic reduction of NO$_x$ with C$_3$H$_6$ [J]. RSC Advances，2019，9（2）：824.

[33] YASHNIK S A，SALNIKOV A V，VASENIN N T，et al. Regulation of the copper-oxide cluster structure and DeNO$_x$ activity of Cu-ZSM-5 catalysts by variation of OH/Cu^{2+} [J]. Catalysis Today，2012，197（1）：214.

[34] BOIX A V，ASPROMONTE S G，MIRÓ E E. Deactivation studies of the SCR of NO$_x$ with hydrocarbons on Co-mordenite monolithic catalysts [J]. Applied Catalysis A：General，2008，341（1）：26.

[35] LI G，WANG X，JIA C，et al. An in situ Fourier transform infrared study on the mechanism of NO reduction by acetylene over mordenite-based catalysts [J]. Journal of Catalysis，2008，257（2）：291.

[36] LÓNYI F，SOLT H E，VALYON J，et al. The SCR of NO with methane over In，H- and Co，In，H-ZSM-5 catalysts：The promotional effect of cobalt [J]. Applied Catalysis B：Environmental，2012，117-118（18）：212.

[37] RICO-PÉREZ V，GARCÍA-CORTÉS J M，DE LECEA C S M，et al. NO$_x$ reduction to N$_2$ with

commercial fuel in a real diesel engine exhaust using a dual bed of Pt/beta zeolite and RhO$_x$/ceria monolith catalysts [J]. Chemical Engineering Science，2013，104（18）：557.

[38] MENDES A N，MATYNIA A，TOULLEC A，et al. Potential synergic effect between MOR and BEA zeolites in NO$_x$ SCR with methane：A dual bed design approach [J]. Applied Catalysis A：General，2015，506（5）：246.

[39] IWAMOTO M，YAHIRO H，SHUNDO S，et al. Influence of sulfur dioxide on catalytic removal of nitric oxide over copper ion-exchanged ZSM-5 zeolite [J]. Applied Catalysis，1991，69（1）：15.

[40] HELD W，KÖNIG A，RICHTER T，et al. Catalytic NO$_x$ reduction in net oxidizing exhaust gas [J]. SAE Technical Paper，1990，99（2）：209.

[41] CHOI H，HAM S W，NAM I S，et al. Honeycomb reactor washcoated with mordenite type zeolite catalysts for the reduction of NO$_x$ by NH$_3$ [J]. Industrial & Engineering Chemistry Research，1996，35（1）：106.

[42] KIM M H，NAM I S，KIM Y G. Water tolerance of mordenite-type zeolite catalysts for selective reduction of nitric oxide by hydrocarbons [J]. Applied Catalysis B：Environmental，1997，12（2）：125.

[43] WIESLAWA C B. Influence of the exchanged metal ions（Cu，Co，Ni and Mn）on the selective catalytic reduction of NO with hydrocarbons over modified ferrierite [J]. Polish Journal of Chemical Technology，2013，15（2）：10.

[44] GÜNTER T，CASAPU M，DORONKIN D，et al. Potential and limitations of natural chabazite for selective catalytic reduction of NO$_x$ with NH$_3$ [J]. Chemie Ingenieur Technik，2013，85（5）：632.

[45] LI L，GUAN N. HC-SCR reaction pathways on ion exchanged ZSM-5 catalysts [J]. Microporous and Mesoporous Materials，2009，117（1）：450.

[46] SEO C K，CHOI B，KIM H，et al. Effect of ZrO$_2$ addition on de-NO$_x$ performance of Cu-ZSM-5 for SCR catalyst [J]. Chemical Engineering Journal，2012，191：331.

[47] KOMVOKIS V G，ILIOPOULOU E F，VASALOS I A，et al. Development of optimized Cu-ZSM-5 de-NO$_x$ catalytic materials both for HC-SCR applications and as FCC catalytic additives [J]. Applied Catalysis A：General，2007，325（2）：345.

[48] WANG T，LI L，GUAN N. Combination catalyst for the purification of automobile exhaust from lean-burn engine [J]. Fuel Processing Technology，2013，108：41.

[49] PAN H，GUO Y，BI H T. NO$_x$ adsorption and reduction with C$_3$H$_6$ over Fe/zeolite catalysts：Effect of catalyst support [J]. Chemical Engineering Journal，2015，280（15）：66.

[50] GARCÍA CORTÉS J M，ILLÁN GÓMEZ M J，SALINAS MARTÍNEZ DE LECEA C. The selective reduction of NO$_x$ with propene on Pt-beta catalyst：A transient study [J]. Applied Catalysis B：Environmental，2007，74（3）：313.

[51] NEJAR N，ILLÁN GÓMEZ M J. Noble-free potassium-bimetallic catalysts supported on beta-zeolite for the simultaneous removal of NO$_x$ and soot from simulated diesel exhaust [J]. Catalysis Today，2007，119（1）：262.

[52] 吕姣龙. Cu-SAPO-34 催化剂的制备及其 C$_3$H$_6$-SCR 性能研究 [D]. 天津：天津大学，2014.

[53] ZUO Y，HAN L，BAO W，et al. Effect of CuSAPO-34 catalyst preparation method on NO$_x$ removal from diesel vehicle exhausts [J]. Chinese Journal of Catalysis，2013，34（6）：1112.

[54] 李新刚，闫惠臻，吕姣龙，等. n（硅）/n（铝）对 Cu-SAPO-34 催化剂 C$_3$H$_6$-SCR 性能的影响 [J]. 化学工业与工程，2017，34（3）：8.

[55] RAJ R，HAROLD M P，BALAKOTAIAH V. NO inhibition effects during oxidation of propylene on Cu-chabazite catalyst：A kinetic and mechanistic study [J]. Industrial & Engineering Chemistry Research，2013，52（44）：15455.

[56] KIM D J, WANG J, CROCKER M. Adsorption and desorption of propene on a commercial Cu-SSZ-13 SCR catalyst [J]. Catalysis Today, 2014, 231 (1): 83.

[57] RAJ R, HAROLD M P, BALAKOTAIAH V. Kinetic modeling of NO selective reduction with C_3H_6 over Cu-SSZ13 monolithic catalyst [J]. Chemical Engineering Journal, 2014, 254: 452.

[58] LIU Z, LI J, HAO J. Selective catalytic reduction of NO_x with propene over SnO_2/Al_2O_3 catalyst [J]. Chemical Engineering Journal, 2010, 165 (2): 420.

[59] DE LUCAS-CONSUEGRA A, DORADO F, JIMÉNEZ-BORJA C, et al. Influence of the reaction conditions on the electrochemical promotion by potassium for the selective catalytic reduction of N_2O by C_3H_6 on platinum [J]. Applied Catalysis B: Environmental, 2008, 78 (3): 222.

[60] IRANI K, EPLING W S, BLINT R. Effect of hydrocarbon species on no oxidation over diesel oxidation catalysts [J]. Applied Catalysis B: Environmental, 2009, 92 (3): 422.

[61] ZHANG R, KALIAGUINE S. Lean reduction of NO by C_3H_6 over Ag/alumina derived from Al_2O_3, AlOOH and $Al(OH)_3$ [J]. Applied Catalysis B: Environmental, 2008, 78 (3): 275.

[62] LI J, KE R, LI W, et al. A comparison study on non-thermal plasma-assisted catalytic reduction of NO by C_3H_6 at low temperatures between Ag/USY and Ag/Al_2O_3 catalysts [J]. Catalysis Today, 2007, 126 (3): 272.

[63] ZHANG X, YU Y, HE H. Effect of hydrogen on reaction intermediates in the selective catalytic reduction of NO_x by C_3H_6 [J]. Applied Catalysis B: Environmental, 2007, 76 (3): 241.

[64] GUO Y, CHEN J, KAMEYAMA H. Promoted activity of the selective catalytic reduction of NO_x with propene by H_2 addition over a metal-monolithic anodic alumina-supported Ag catalyst [J]. Applied Catalysis A: General, 2011, 397 (1): 163.

[65] PITUKMANOROM P, YING J Y. Selective catalytic reduction of nitric oxide by propene over In_2O_3-Ga_2O_3/Al_2O_3 nanocomposites [J]. Nano Today, 2009, 4 (3): 220.

[66] LUO C, LI J, ZHU Y, et al. The mechanism of SO_2 effect on NO reduction with propene over In_2O_3/Al_2O_3 catalyst [J]. Catalysis Today, 2007, 119 (1): 48.

[67] KONSOLAKIS M, DROSOU C, YENTEKAKIS I V. Support mediated promotional effects of rare earth oxides (CeO_2 and La_2O_3) on N_2O decomposition and N_2O reduction by CO or C_3H_6 over Pt/Al_2O_3 structured catalysts [J]. Applied Catalysis B: Environmental, 2012, 123-124: 405.

[68] LIU X, JIANG Z, CHEN M, et al. Characterization and performance of Pt/SBA-15 for low-temperature SCR of NO by C_3H_6 [J]. Journal of Environmental Sciences, 2013, 25 (5): 1023.

[69] ZHANG R, SHI D, ZHAO Y, et al. The reaction of $NO+C_3H_6+O_2$ over the mesoporous SBA-15 supported transition metal catalysts [J]. Catalysis Today, 2011, 175 (1): 26.

[70] SABBAGHI A, LAM F L Y, HU X. Non-precious metal catalysts supported on high Zr loaded-SBA-15 for lean NO reduction [J]. Molecular Catalysis, 2017, 440: 1.

[71] JEON J Y, KIM H Y, WOO S I. Mechanistic study on the SCR of NO by C_3H_6 over Pt/V/MCM-41 [J]. Applied Catalysis B: Environmental, 2003, 44 (4): 301.

[72] WAN Y, MA J, WANG Z, et al. Selective catalytic reduction of NO over Cu-Al-MCM-41 [J]. Journal of Catalysis, 2004, 227 (1): 242.

[73] KIM D J, KIM J W, CHOUNG S J, et al. The catalytic performance of Pt impregnated MCM-41 and SBA-15 in selective catalytic reduction of NO_x [J]. Journal of Industrial and Engineering Chemistry, 2008, 14 (3): 308.

[74] ODENBRAND C U I, ANDERSSON L A H, BRANDIN J G M, et al. Dealuminated mordenites as catalyst in the oxidation and decomposition of nitric oxide and in the decomposition of nitrogen dioxide: Characterization and activities [J]. Catalysis Today, 1989, 4 (2): 155.

[75] BRANDIN J G M, ANDERSSON L A H, ODENBRAND C U I. Catalytic reduction of nitrogen ox-

ides on mordenite some aspect on the mechanism [J]. Catalysis Today, 1989, 4 (2): 187.

[76] DESPRES J, KOEBEL M, KRÖCHER O, et al. Adsorption and desorption of NO and NO$_2$ on Cu-ZSM-5 [J]. Microporous and Mesoporous Materials, 2003, 58 (2): 175.

[77] 刘华彦, 张泽凯, 徐媛媛, 等. 高硅 Na-ZSM-5 分子筛表面 NO 的常温吸附-氧化机理 [J]. 催化学报, 2010, 31 (10): 1233.

[78] 李玉芳, 刘华彦, 黄海凤, 等. 疏水型 H-ZSM-5 分子筛上 NO 氧化反应的研究 [J]. 中国环境科学, 2009, 29 (5): 469.

[79] 李玉芳, 刘华彦, 黄海凤, 等. NO 在分子筛 ZSM-5 催化剂上催化氧化动力学研究 [J]. 中国环境科学, 2010, 30 (2): 161.

[80] 鲁文质, 赵秀阁, 王辉, 等. NO 的催化氧化 [J]. 催化学报, 2000, 21 (5): 423.

[81] 赵清森, 孙路石, 向军, 等. CuO/γ-Al$_2$O$_3$ 和 CuO-CeO$_2$-Na$_2$O/γ-Al$_2$O$_3$ 催化吸附剂的脱硝性能 [J]. 中国电机工程学报, 2008, 28 (8): 52.

[82] 李平, 赵越, 卢冠忠, 等. SO$_2$ 对 NO 催化氧化过程的影响 (Ⅱ) 载体 γ-Al$_2$O$_3$ 与 SO$_2$ 的相互作用 [J]. 高等学校化学学报, 2001, 22 (12): 2072.

[83] 赵越, 李平, 卢冠忠, 等. SO$_2$ 存在下 NO 在 NiO/γ-Al$_2$O$_3$ 催化剂上的催化氧化 [J]. 环境科学学报, 2002, 22 (2): 188.

[84] ZHANG R, PENG T. Selective catalytic oxidation (SCO) of ammonia to nitrogen over mesoporous zeolite [C]//The International Conference on Catalysis, 2014.

[85] 韩巧凤, 卑凤利. 催化材料导论 [M]. 北京: 化学工业出版社, 2013.

[86] 王尚弟, 孙俊全. 催化剂工程导论 [M]. 北京: 化学工业出版社, 2001.

[87] 王桂茹. 催化剂与催化作用 [M]. 大连: 大连理工大学出版社, 2007.

[88] 何杰, 薛茹君. 工业催化 [M]. 徐州: 中国矿业大学出版社, 2014.

[89] 季生福, 张谦温, 赵彬侠. 催化剂基础及应用 [M]. 北京: 化学工业出版社, 2011.

[90] 中国科学院. 合成化学 [M]. 北京: 科学出版社, 2016.

4.1 ⟳ 引言

　　金属氧（硫）化物因其特殊的结构性质常被用作催化剂，金属氧化物和金属硫化物催化剂是常用的催化剂体系，特别是过渡金属氧化物，是工业催化剂中很重要的一类催化剂，主要用于氧化还原型催化反应。就金属氧化物催化剂来说，常为复合氧化物，即多组分的氧化物，一般至少有一种为过渡金属，且组分与组分间常存在相互作用。如 Bi_2O_3-MoO_3[1]、V_2O_5-MoO_3[2]、TiO_2-V_2O_5-P_2O_5、V_2O_5-MoO_3-Al_2O_3[3] 及 MoO_3-Bi_2O_3-Fe_2O_3-CoO-K_2O-P_2O_5-SiO_2[4] 等均为常用的复合氧化物催化剂体系。

　　不同金属氧化物有不同的功能，可以被用作活性组分，也可被用作改性的助剂，还可以被用作催化剂载体。如 Bi_2O_3-MoO_3 体系中的 MoO_3 即为主催化剂，可以单独起催化作用，而 Bi_2O_3 则为助剂，当其单独存在时不能起催化作用，但它可以起到增强活性的作用[1]。

　　金属氧化物催化剂可以在多种催化工程中使用，如烃类的选择性氧化、氮氧化物的还原、烃类的歧化与聚合等，其中烃类的选择性氧化反应是金属氧化物催化剂应用最多的反应，该反应具有如下特点：a. 反应为高放热反应，有效传热、传质十分重要，要考虑到反应中催化剂的飞温问题；b. 存在反应爆炸区，在操作条件上存在"燃烧过剩型"和"空气过剩型"两种；c. 该类反应的产物相对于原料或中间产物而言相对稳定，有所谓的"急冷措施"来防止其进一步反应或分解；d. 常在低转化率水平操作或用第二反应器及原料循环等以保持高的产物选择性[5]。

　　作为氧化用的氧化物催化剂可分为三种类型：a. 过渡金属氧化物，属于非化学计量化合物，容易从晶格中传递出氧给反应物分子，组成含有两种以上且价态可变的阳离子，晶格中的阳离子常常能够交叉互融，从而形成相当复杂的结构；b. 金属氧化物，用于氧化的活性组分为化学吸附态型含氧物种，吸附态可以是分子态、原子态甚至间隙氧；c. 原子态不是氧化物而是金属，但其表面会吸附氧形成氧化层，如 Ag 对甲醇的氧化和对乙烯的氧化、Pt 对氨的氧化等均是如此[6]。

4.2 ⟳ 金属氧化物催化材料的特征与分类

4.2.1　金属氧化物催化材料的特征

　　金属氧化物中的过渡金属氧化物常用作工业催化剂，用于催化氧化还原反应，表 4-1 列出了一些典型氧化物催化剂的工业应用。

表 4-1　氧化物催化剂的工业应用[7]

反应类型	催化主反应式	催化剂	主催化剂	助剂
选择氧化及氧化	$C_3H_6+O_2 \longrightarrow$ 丙烯酸	MoO_3-Bi_2O_3-P_2O_5（Fe、Co、Ni 氧化物）	MoO_3-Bi_2O_3	P_2O_5(Fe、Co、Ni 氧化物)
	$C_4H_8+2O_2 \longrightarrow$ $2CH_3COOH$	Mo+W+V 氧化物+适量 Fe、Ti、Al、Cu 等氧化物	Mo+W+V 氧化物	适量 Fe、Ti、Al、Cu 等氧化物
	$SO_2+1/2O_2 \longrightarrow SO_3$	V_2O_5+K_2SO_4+硅藻土	V_2O_5	K_2SO_4+硅藻土
氨氧化	$C_3H_6+NH_3+3/2O_2 \longrightarrow$ $CH_2 \!=\! CH \!-\! CN+3H_2O$	MoO_3-Bi_2O_3-P_2O_5-Fe_2O_3-Co_2O_3	MoO_3-Bi_2O_3	P_2O_5-Fe_2O_3-Co_2O_3
氧化脱氢	$C_4H_{10}+O_2 \longrightarrow$ $C_4H_6+2H_2O$	P-Sn-Bi 氧化物	Sn-Bi 氧化物	P_2O_5
加氢	$CO+2H_2 \longrightarrow CH_3OH$	ZnO-CuO-Cr_2O_3	ZnO-CuO	Cr_2O_3

由表 4-1 可见，主要是过渡金属元素中的第四至第八副族及第一、二副族元素的氧化物被用作金属氧化物催化剂。多数催化剂均由两种或两种以上氧化物组成，为复合氧化物催化剂。这些氧化物催化剂因其具有半导体性质又被称为半导体催化剂，其氧化还原性能与金属氧化物的电子结构特性有关[7]。过渡金属氧化物自身具有一定的特性，具体如下。

① 过渡金属氧化物中金属阳离子的 d 电子轨道容易失去或得到电子，具有较强的氧化还原性能。因为过渡金属氧化物中阳离子的最高占据轨道和最低未占轨道均是 d 轨道和 f 轨道，或者它们参与的杂化轨道。当这些轨道未被电子占有时，过渡金属氧化物对反应物分子具有亲电性，可起氧化作用；相反，这些轨道被电子占有时，过渡金属氧化物对反应物分子具有亲核性，可以起还原作用。此外，这些轨道如与反应物分子轨道匹配时，还可以对反应物空轨道进行电子反馈，从而削弱反应物分子的化学键。

② 过渡金属氧化物具有半导体性质。因为过渡金属氧化物受气氛和杂质的影响，容易生成偏离化学计量的化合物，或者由于引入其他杂质原子或离子使其具有半导体性质。其中有些半导体氧化物可以提供空穴能级，接受被吸附反应物的电子；有些半导体氧化物则可以提供电子能级，供给反应物电子，从而进行氧化还原反应。

③ 过渡金属氧化物中金属离子内层轨道保留原子轨道特性，当与外来轨道相遇时可重新分裂，组成新的轨道，在能级分裂过程中产生的晶体场稳定化能可对化学吸附做出贡献，从而影响催化反应。

④ 过渡金属氧化物催化剂比过渡金属催化剂更具优越性，虽然二者都可以催化氧化还原反应，但前者的抗热性、抗毒性更强，且过渡金属氧化物还具有光敏性、热敏性、杂质敏感性，从而有利于催化剂的调变。

4.2.2　金属氧化物催化剂的类型

根据金属氧化物晶体结构的主要特征，可以将金属氧化物分为如下几种类型[8]。

4.2.2.1　单一金属氧化物

单一金属氧化物是由一种金属元素和氧元素形成的金属氧化物，其具体的结构特性可见表 4-2，表中所列的各项都是对催化剂性能有较大影响的结构因素。

表 4-2　单一金属氧化物的晶体结构与实例[9]

结构类型	组成式	配位数		晶体结构	例子
		M	O		
立体结构	M_2O	4	8	反萤石型	Li_2O、Na_2O、K_2O、Rb_2O
		2	4	Cu_2O 型	Cu_2O、Ag_2O

续表

结构类型	组成式	配位数		晶体结构	例子
		M	O		
立体结构	MO	6	6	NaCl 型	MgO,CaO,SrO,BaO,TiO,VO,MnO
		4	4	纤锌矿型	BeO,ZnO
		4	4	β-BeO 型	BeO(高温型)
		4①	4①	NbO 型	NbO
		4①	4	PdO 型	PdO,PtO,CuO,AgO
	M_2O_3	6	4	刚玉型	Al_2O_3,Ti_2O_3,V_2O_3,Fe_2O_3,Cr_2O_3,Rh_2O_3
		7	4	A-M_2O_3	4f,5f 氧化物
		7,6	4	B-M_2O_3	4f,5f 氧化物
		6	4	C-M_2O_3	M_2O_3,Sc_2O_3,Y_2O_3,In_2O_3
		6	4	复杂 M_2O_3 型	B_2O_3(α相、β相、γ相)
		4	2	B_2O_3 型	B_2O_3
	MO_2	8	4	萤石型	ZrO_2,HfO_2,CeO_2,ThO_2,UO_2
		6	3	金红石型	TiO_2,VO_2,CrO_2,MoO_2,WO_2,MnO_2
		4	3	硅石型	TiO_2,GeO_2
	MO_3	6	2	ReO_3 型	ReO_3,WO_3
层状结构	M_2O	3②	6	反碘化镉型	Cs_2O
	MO	4③	4	PbO(红色)型	PbO(红色),SnO
	M_2O_3	3	2	As_2O_3 型	As_2O_3
	M_2O_5	5	1,2,3		V_2O_5
	MO_3	6	1,2,3		MoO_3
链状结构	—	—			HgO,SeO_2,CrO_3,Sb_2O_3
分子结构	—	—			RuO_4,OsO_4,Tc_2O_7,Sb_4O_6

① 平面四配位。

② 三角锥三配位。

③ 正方锥四配位。

（1）立体结构[10,11]

① M_2O 型氧化物。M_2O 型氧化物包括反萤石型、Cu_2O 型和反碘化镉型三种晶体结构。第一副族元素 Cu 和 Ag 的氧化物是具有较多共价键成分的 Cu_2O 晶体结构，金属配位数是直线型二配位（sp 杂化），而 O 的配位数是四面体型的四配位（sp^3 杂化）结构。离子性较强的碱金属氧化物除 Cs_2O 为反碘化镉型外，其余的均为反萤石结构。

② MO 型氧化物。此类氧化物的代表性结构是 NaCl 型和纤锌矿型。形成哪一种晶型主要取决于结合键是离子键还是共价键，也与阳离子同阴离子半径比有关。NaCl 型是离子键结合，M^{2+} 和 O^{2-} 的配位数都是 6，为正八面体结构。纤锌矿型为四面体形的四配位结构，4 个 M—O 键不一定等价。过渡金属氧化物中的 VO、FeO、CoO、MnO 及 NiO 等属于 NaCl 型晶体结构。纤锌矿型过渡金属氧化物有 ZnO、CuO、PdO、PtO 及 NbO。

③ M_2O_3 型氧化物。此类氧化物的代表性结构为刚玉型和 C-M_2O_3 型两个结构。其中刚玉型结构中氧原子呈密排六方结构，氧原子层 2/3 的八面体间隙被 Al^{3+} 占据，Al_2O_3、V_2O_3、Fe_2O_3、Ti_2O_3、Cr_2O_3 均属于此类构型，基本上是尖晶石结构。C-M_2O_3 型结构与 γ-Bi_2O_3 一样，也同萤石结构密切相关。

④ MO_2 型氧化物。MO_2 型氧化物根据阳离子 M^{4+} 与氧离子 O^{2-} 的半径比 $\dfrac{r(M^{4+})}{r(O^{2-})}$ 不

同，分别为萤石型、金红石型和硅石型三种主要结构。$\dfrac{r(M^{4+})}{r(O^{2-})}$ 比值大的是萤石型结构，其次是金红石型，小的为硅石型结构。硅石型结构为相当强的共价晶体，在常压下有三种晶体结构。过渡金属氧化物主要为萤石型和金红石型。金红石型包括 TiO_2、MoO_2、VO_2、WO_2、CrO_2 和 MnO_2 等，萤石型包括 ZrO_2、CeO_2 等。

MO_2 型氧化物常有几种晶体变态，如 TiO_2 除金红石型结构外还有锐态矿型和板态矿型两种变态，ZrO_2 的晶体变态则更为有趣。

（2）层状结构 M_2O_5 型和 MO_3 型

① M_2O_5 型氧化物。V_2O_5、Nb_2O_5 和 Ta_2O_5 均属于 M_2O_5 型氧化物。其中，层状结构的 V_2O_5 是最重要的多相选择氧化催化剂，见图 4-1。

② MO_3 型氧化物。如图 4-2 所示，ReO_3 是最简单的空间晶格，每个 MO_6 八面体通过共点与周围 6 个八面体连接起来。WO_3 和 MoO_3 均属于此类氧化物，常用作选择氧化催化剂。

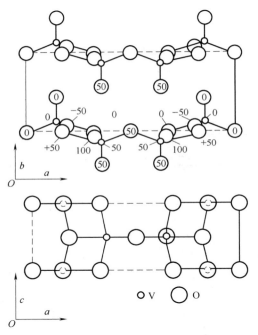

图 4-1　V_2O_5 晶体结构

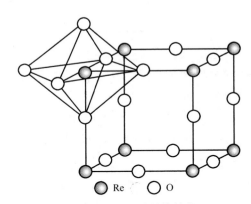

图 4-2　ReO_3 的晶体结构

4.2.2.2　ABO_2 型氧化物

常用的氧化物催化剂多数是两种以上氧化物组合成的多组分复合氧化物。ABO_2 型氧化物多数都以 NaCl 型作为基本结构，$LiInO_2$ 即为 NaCl 型结构，NaCl 中 Na^+ 的位置被 Li^+ 和 In^{3+} 交替置换。ABO_2 型复合金属氧化物的结构与实例见表 4-3。

表 4-3　ABO_2 型复合金属氧化物的结构与实例[9]

金属原子的配位	结构	例子
四配位（四面体配位）	闪锌矿型超结构	$LiBO_2$（高压变态）
	纤锌矿型	$LiGaO_2$
	β-BeO	γ-$LiAlO_2$

金属原子的配位	结构	例子
六配位(六面体配位)	岩盐型超结构 立方晶系 菱面体晶系	$LiFeO_2$,$LiInO_2$,$LiScO_2$,$LiEuO_2$ $LiNiO_2$,$LiVO_2$,$NaFeO_2$,$NaInO_2$
M^{111} 六配位(八面体配位)	$HNaF_2$	$CuCrO_2$,$CuFeO_2$

4.2.2.3　ABO_3 型氧化物

ABO_3 型氧化物又称为钙钛矿型氧化物,这类氧化物晶体结构为立方晶系,典型结构见表 4-4,它大体可分为两类:a. A 和 B 大小相当,同时填入由氧的密排面形成的八面体空隙;b. A 较大,与 O^{2-} 一起构成密排面 AO_3[12]。

20 世纪 70 年代初,Weadoweroft 报道了具有钙钛矿结构的 $LaCoO_3$ 有与铂相近的催化氧化活性,自此,在世界范围内掀起了一股研究钙钛矿型金属氧化物催化剂的热潮。钙钛矿型金属氧化物催化剂被广泛用于催化燃烧,氧化脱氢,光催化,NO_x、SO_x 的还原,汽车尾气净化及石油炼制加工中。 $La_{1-x}Sr_xCoO_3$、 $LaMn_{1-y}Cu_yO_3$、 $BaTiO_3$、 $SrPdO_3$、 $La_{1-x}Sr_xCo_{1-y}Mn_yO_3$、 $La_{1-x}Sr_xCrO_3$、 $La_{1-x}Sr_xFeO_3$、 $La_{1-x}Sr_xCo_{1-y}Fe_yO_3$、 $La_{1-x}Sr_xCo_{1-y}Ni_yO_3$、 $La_{1-x}Ce_xCoO_3$ 等均是典型的燃烧催化剂[13]。 $LaTiO_3$ 是较好的脱硫催化剂[13]。

表 4-4　ABO_3 型复合金属氧化物的结构与实例[9]

配位数(A:B)	结构	例子
6:6	$C-M_2O_3$	$ScTiO_3$,$ScCVO_3$
	刚玉型不规则分布($A^{3+}B^{3+}O_3$)	$FeVO_3$,$MnFeO_3$,$TiVO_3$,$FeCrO_3$
	刚玉型超结构:钛铁矿($A^{2+}B^{4+}O_3$)LiN-bO$_3$($A^+B^{5+}O_3$)	$FeTiO_3$,$CoMnO_3$,$CoVO_3$,$NiTiO_3$,$CdTiO_3$,$LiNbO_3$
	$LiSbO_3$	$LiSbO_3$
	烧绿石	$PbReO_3$,$BiYO_3$ 等
12:6	AO_3 最密填充	—

4.2.2.4　ABO_4 型氧化物

ABO_4 型氧化物是结构与白钨矿 $CaWO_4$ 类似的一类化合物,其结构与实例见表 4-5。其阳离子 B 和氧呈四面体配位,因此这个结构可以看作由阳离子 A^{n+} 和阴离子 $(BO_4)^{n-}$ 所组成,阳离子 A 和 8 个四面体的 8 个氧配位,AO_8 和 BO_4 多面体呈共顶点连接,其对称性是体心四面体,但结构可看作准立方体,所有阳离子 A 和 B 以及氧都是等当量。

表 4-5　ABO_4 型氧化物的结构与实例[9]

配位数	结构	例子
4:4	类硅石	BPO_4,$BeSO_4$
6	$CrVO_4$ α-$MnMoO_4$	$CrVO_4$,$ZnCrO_4$ α-$MnMoO_4$
8	氟镁石($CaWO_4$) 褐钇铌矿 锆石($ZrSiO_4$) 硬石膏($CaSO_4$)	$CaWO_4$,$CaMoO_4$ $M^{111}NbO_4$,$M^{111}TaO_4$ $CaCrO_4$,YVO_4
12	重晶石($BaSO_4$)	—
6:6	金红石(统计分布) 黑钨矿 $CoMoO_4$	$CrVO_4$(高压相),$AlAsO_4$ $FeVO_4$(高压相),$FeWO_4$,MnO_4,$NiWO_4$ $CoMoO_4$
4:8	缺陷氟镁石	$Bi_2(MoO_4)_3$,$Eu_2(WO_4)_3$

4.2.2.5 AB$_2$O$_4$ 型氧化物

AB$_2$O$_4$ 型氧化物为尖晶石型复合氧化物，原硅酸盐、钨酸盐等含氧酸盐均属于 AB$_2$O$_4$ 型氧化物，AB$_2$O$_4$ 型氧化物属立方晶系，几种实例见表 4-6。其根据 A 和 B 的配位数不同又可以分为几类，一般 A 离子为二价，B 离子为三价，但这并非是尖晶石型结构的决定条件，也可以有 A 离子为四价，B 离子为二价的结构，主要应满足 AB$_2$O$_4$ 通式中 A、B 离子的总价数为 8。尖晶石晶体结构属立方晶系 $Fd3m$ 空间群。尖晶石类型中有强磁性的物质具有反尖晶石结构，如 NiFe$_2$O$_4$、CoFe$_2$O$_4$ 和 MnFe$_2$O$_4$ 等。尖晶石的特殊结构性质使其在催化领域得到广泛应用，如 MgAl$_2$O$_4$、ZnAl$_2$O$_4$、NiAl$_2$O$_4$、MgCr$_2$O$_4$、FeCr$_2$O$_4$ 等都具有很高的热稳定性，铝系尖晶石表现出一定的酸碱性[14]。

表 4-6 AB$_2$O$_4$ 型氧化物的结构与实例[1]

配位数 A	配位数 B			
	4	6	8	9~10
4	硅铍石(Be$_2$SiO$_4$)	橄榄石[(Mg,Fe)$_2$SiO$_4$] 尖晶石(MgAl$_2$O$_4$)	K$_2$WO$_4$	β-K$_2$SO$_4$
6	—	—		K$_2$NiF$_4$
8	—	CaFe$_2$O$_4$,CaTi$_2$O$_4$		

4.2.2.6 硅酸盐

硅酸盐以 SiO$_4$ 四面体为基本单位，四面体之间通过共有氧原子以各种方式互相连接，形成不同结构。铝硅酸盐中有长石、方钠石、沸石等。在硅酸盐中，金属离子容易被外来的电荷和大小相似的离子置换，从而形成了复杂的结构。尤其沸石这一类具有奇异的孔隙结构的化合物，孔穴内的阳离子很容易同外来阳离子互相交换[15,16]。

二组分化合物 Al$_2$O$_3$-SiO$_2$，有多铝红柱石 3Al$_2$O$_3$-2SiO$_2$ 等结构。而 Al$_2$O$_3$-SiO$_2$ 化合物有夕线石、红柱石、蓝晶石三种变态，但在常温下不稳定。

4.3 金属氧化物催化材料的合成方法

4.3.1 浸渍法

4.3.1.1 定义

浸渍法是指一种或多种目标活性物通过浸渍负载到载体上。一般是用载体与金属盐溶液接触，使金属盐吸附或贮存于载体之中。通过加入碱液除去多余的盐溶液，再经过干燥、烧结制得催化剂[17]。浸渍法是以浸渍操作为基础的工业催化剂制备方法，是操作比较简捷的一种方法，广泛应用于催化剂尤其是金属催化剂的制备中。

4.3.1.2 浸渍法的基本原理

浸渍法的基本原理[18] 是，多孔性固体的孔隙与液体接触时具有毛细管现象和催化剂活性组分在多孔性载体表面产生吸附作用。浸渍法中常采用的多孔载体有氧化铝、氧化硅、活性炭、硅藻土、分子筛等，它们大多都很容易被水溶液浸湿，在浸渍过程中，毛细管作用力可确保浸渍液体被吸入到整个多孔载体的孔中，从而使活性组分均匀分布在载体表面。

4.3.1.3 浸渍法分类

（1）等体积浸渍法[19]

预先测定载体吸入溶液的能力，然后加入正好使载体完全浸渍所需的溶液，这种方法称为等体积浸渍法[20]，又称喷洒法或干法。此法虽然省去了除去过剩液体的操作，但是增加了测定载体吸附能力的步骤。实际操作中通常采用喷雾法，即把配好的溶液喷洒在不断翻动的载体上，达到浸渍的目的。工业上可以在转鼓式搅拌机中进行，也可以在流化床中进行。

该方法可以间歇和连续操作，设备投资少，生产能力大，能精确调节吸附量，工业上广泛采用，但此法制得的催化剂活性组分的分散度不如过量浸渍法制得的均匀。付睿峰等[21]用等体积浸渍法制备了一系列负载在 ZrO_2 上的铜系催化剂，考察其在甘油气相氢解制 1,2-丙二醇反应中的性能，用预备实验筛选了几种载体，发现 SiO_2 活性和选择性最佳，但很快失活，ZrO_2 活性次之，而选择性较差。

（2）过量浸渍法[22]

过量浸渍法又称浸没法或湿法，是将事先处理好的载体浸泡于过量的活性组分溶液中，经过一定时间吸足浸渍液后取出，然后沥去过剩溶液，再经干燥、焙烧、活化使溶液蒸发且盐类分解后制得催化剂成品。工业上铂铼重整催化剂就是采用这种方法制备[9]。

这种浸渍法常用于颗粒状载体的浸渍，或用于活性组分负载量较高的多组分催化剂的分段浸渍。该法通常是借助调节浸渍液的浓度和体积控制负载量。负载量的计算有下述两种近似方法。一种方法是从载体结构考虑，令载体对某一活性组分的比吸附量为 W_a（即载体对活性组分有吸附时，每克载体的吸附量），由于载体颗粒的孔径大小不一，活性组分只能进入大于某一孔径的孔隙中，以 θ_1 代表这部分孔隙的体积，设 c 为活性组分在溶液中的浓度，当浸渍吸附达到平衡时，载体上活性组分的负载量 W_i 可由下式计算：

$$W_i = \theta_1 c + W_a \tag{4-1}$$

如果吸附量很小，则：

$$W_i = \theta_1 c \tag{4-2}$$

另一种计算方法是从浸渍液考虑，活性组分的负载量等于浸渍前溶液的体积与浓度之乘积减去浸渍后溶液的体积与浓度之乘积。

（3）多次浸渍法[23]

为了制备活性组分含量高的催化剂，可通过多次浸渍、干燥（或焙烧）操作，以达到载体负载活性组分含量高的要求。

采用多次浸渍的原因有：a. 配置浸渍的金属盐或化合物的溶解度小，一次浸渍时载体负载量小，需重复多次浸渍；b. 载体的孔体积小，一次负载量过多时，易造成活性组分分布不均；c. 多组分溶液浸渍时，由于各活性组分在载体上的吸附能力不同，吸附能力强的组分易富集于孔口，而吸附能力弱的组分则分布在孔内，也会造成分布不均。采用多次浸渍法时，第一次浸渍后将载体干燥（或焙烧），使吸附的活性组分固定下来而成为不可溶性物质，从而防止第二次浸渍时又将第一次浸渍的组分溶解下来，既可提高活性组分负载量，又提高其负载均匀性。例如，用于裂解汽油加氢的 Mo-Co-Ni/Al_2O_3 催化剂，Mo、Co、Ni 等活性组分含量（以氧化物计）高达 23%。氧化铝载体孔体积为 0.3mL/g 左右，如采用一次浸渍，难以达到所要求的活性组分含量，这时若通过多次浸渍法则可制得活性组分负载量达到要求的催化剂。

多次浸渍法的主要缺点是工艺过程复杂，生产周期长，成本高，损耗率增大，不是特别需要应尽量少用这种制备工艺。此外，还应注意，随着浸渍次数增加，每次的负载量将会递减，浸渍液的浓度应适时调整。

（4）浸渍沉淀法[24]

浸渍沉淀法是在浸渍的基础上进行沉淀制备催化剂，是制备某些负载型贵金属催化剂的常用方法。在浸渍液中预先配入某种沉淀剂母体，待浸渍液被载体吸附达到饱和，浸渍过程完成后，加热升温使浸渍在载体表面的组分发生沉淀，从而制备出催化活性组分分布比较均匀的负载型催化剂。

Zhang 等[25] 用浸渍沉淀法制备了负载在 CeO_2-ZrO_2-La_2O_3-Al_2O_3（CZLA）复合氧化物上的钯催化剂，并进行了低温 N_2 吸附脱附、XRD、H_2-TPR、NH_3-TPD 和 TEM 等测试。用 X 射线光电子能谱（XPS）表征了制备方法对催化剂物理化学性能的影响，并对催化剂的催化性能进行了研究。催化活性结果表明，BaO 的加入对所有污染物的转化率都有积极的影响，浸渍沉淀法的效果最好，发光温度分别降低了 43℃、31℃、45℃ 和 35℃。XRD 分析表明，BaO 的加入对 C_3H_8 的转化率和 NO 的转化率有显著影响。H_2-TPR 和 XPS 结果证实，浸渍沉淀法引入 BaO 主要通过表面改性方式，强化 Pd-Ce 界面间的相互作用，改善催化剂的还原性能，进而提高催化剂的低温活性；而共沉淀法则是通过结构改性方式增加 CeO_2 晶格缺陷，加速活性氧物种的流动，Ce^{3+} 浓度的增加是促使 CO 氧化活性显著提高的主要原因。

（5）蒸气相浸渍法[26]

除了溶液浸渍之外，亦可借助浸渍化合物的挥发性，以蒸气相的形式将它附载到载体上。这种方法首先应用于正丁烷异构化过程中的催化剂[27]，催化剂为 $AlCl_3$/铁矾土。在反应器内先装入铁矾土载体，然后以热的正丁烷气流将活性组分 $AlCl_3$ 气温升高，而有足够的 $AlCl_3$ 沉淀在载体铁矾土上后气化，并使 $AlCl_3$ 微粒与丁烷一起通过铁矾土载体的反应器，当附载量足够时，便转入异构化反应。用此法制备的催化剂，在使用过程中活性组分也容易流失。为了维持催化性能稳定，必须连续补加浸渍组分。适用于蒸气相浸渍法的活性组分沸点通常比较低。

4.3.1.4　活性组分在载体上的分布与控制

浸渍时溶解在溶剂中含活性组分的盐类（溶质）在载体表面的分布，与载体对溶质和溶剂的吸附性能有很大的关系。

Maatman 等[28] 曾提出活性组分在孔内吸附的动态平衡过程模型，如图 4-3 所示。图中列举了可能出现的四种情况，为了简化起见，用一个孔内吸附情况来说明。

浸渍时，如果活性组分在孔内的吸附速率快于它在孔内的扩散速率，则溶液在孔中向前渗透的过程中，活性组分就被孔壁吸附，渗透至孔内部的液体就完全不含活性组分，这时活性组分主要吸附在孔口近处的孔壁上，见图 4-3（a）。如果分离出过多的浸渍液，并立即快速干燥，则活性组分只负载在载体颗粒孔口与载体颗粒外表面，分布显然不均匀。图 4-3（b）是达到图 4-3（a）的状态后，马上分离出过多的浸渍液，但不立即进行干燥，而是静置一段时间，这时孔中仍充满液体，如果被吸附的活性组分能以适当的速率进行解吸，则由于活性组分从孔壁上解吸下来，增大了孔中液体的浓度，活性组分从浓度较大的孔的前端扩散到浓度较小的末端液体中去，使末端的孔壁上也能吸附上活性组分，这样活性组分通过脱附和扩散实现再分配，最后活性组分就均匀分布在孔的内壁上。图 4-3（c）是让过多的浸渍液留在孔外，载体颗粒外面的溶液中的活性组分通过扩散不断补充到孔中，直到达到平衡为止，这时吸附量将更多，而且在孔内呈均匀分布。图 4-3（d）表明，当活性组分浓度低时，如果在到达均匀分布前，颗粒外面溶液中的活性组分已耗尽，则活性组分的分布仍可能不均匀[29]。

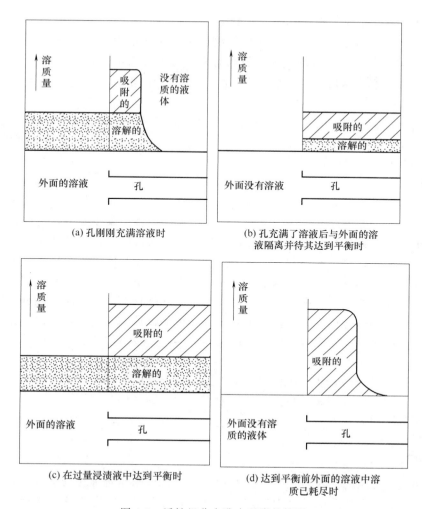

图 4-3 活性组分在孔内吸附的情况

4.3.2 沉淀法

4.3.2.1 定义

所谓沉淀是指一种化学反应过程，在过程进行中参与反应的离子或分子彼此结合，生成沉淀物从溶液中分离出来[30]。沉淀法制备催化剂是使某些化合物溶液（主要是水溶液）在一定条件下生成不溶性氢氧化物、碳酸盐、硫酸盐或有机盐等沉淀，再经老化、过滤、洗涤、干燥、焙烧、成型、活化等工序制得催化剂或催化剂载体。其广泛用于制备高含量的非贵金属、（非）金属氧化物催化剂或催化剂载体。

4.3.2.2 基本原理

沉淀的形成是一个复杂的过程，并有许多副反应发生，一般情况下沉淀的形成会经过晶核形成和晶核长大两个过程，首先构晶离子经过成核作用形成晶核，然后晶核长大形成沉淀微粒，而形成的沉淀微粒如果定向排列生长则形成晶形沉淀，如果沉淀微粒相互凝聚则形成无定形沉淀[31]。

（1）晶核形成

溶液达到一定的过饱和度时，固相生成速率大于固相溶解速率，（诱导期后）瞬间生成

新型催化材料

大量晶核。晶核形成又分为均相成核与异相成核，具体如下。

① 均相成核：当溶液呈过饱和状态时，构晶离子由于静电作用，通过缔合而自发形成晶核的过程。例如 $BaSO_4$ 晶核的生成一般认为是在过饱和溶液中，Ba^{2+} 与 SO_4^{2-} 首先缔合为 $Ba^{2+}SO_4^{2-}$ 离子对，然后再进一步结合 Ba^{2+} 及 SO_4^{2-} 而形成离子群，当离子群大到一定程度时便形成晶核。

② 异相成核：是溶液中的微粒等外来杂质作为晶种诱导沉淀形成的过程。例如，由化学纯试剂所配制的溶液，每毫升大概至少有 10 个不溶性的微粒，它们就能起到成核的作用。这种异相成核在沉淀形成的过程中总存在。

（2）晶核长大

晶核形成之后，构晶离子就可以向晶核表面运动并沉积下来，使晶核逐渐长大，最后形成沉淀微粒。生成沉淀是晶形还是无定形，取决于沉淀过程中聚集速度及定向速度的相对大小。所谓聚集速度是指构晶离子聚集成晶核，进一步积聚成沉淀微粒的速度，也称为晶核生成速度；定向速度是在聚集的同时，构晶离子按一定顺序在晶核上进行定向排列的速度，也称为晶核长大速度。如果晶核生成速度大，晶核长大速度小，离子很快聚集成大量晶核，溶液的过饱和度迅速下降，溶液中没有更多的离子聚集到晶核上，于是晶核就迅速聚集成细小的无定形颗粒，得到无定形沉淀，甚至是胶体；如果晶核长大速度大，晶核生成速度小，溶液中最初形成的晶核不多，有较多的离子以顺序为中心，按一定的顺序定向排列而成为颗粒较大的晶形沉淀。

沉淀影响因素复杂。在实际操作中，应根据催化剂性能对结构的不同要求，选择合适的沉淀条件，控制沉淀的类型和晶粒大小，以便得到预定的结构和理想的催化性能。这是沉淀法制备催化剂的研究重点。

4.3.2.3 沉淀法分类

（1）单组分沉淀法[32]

单组分沉淀法是通过沉淀剂的作用，将单一组分沉淀来制备催化剂的方法，其沉淀物只有一个组分，因此，操作和过程控制相对比较简单，是制备单组分催化剂或催化剂载体常用的方法。如常用该方法制备氧化铝载体。

（2）多组分共沉淀法[33]

多组分共沉淀法是将两个或两个以上催化剂活性组分同时沉淀制备催化剂的方法，可用于制备多组分催化剂或催化剂载体，其特点是一次沉淀操作可同时获得多个组分，并且各个组分之间的比例较为恒定，各组分之间的分布也比较均匀。如制备纳米陶瓷粉体所用的共沉淀法是在含有多种阳离子的溶液中加入沉淀剂，使所有金属离子完全沉淀的方法。

4.3.2.4 沉淀剂的选择[34]

目前工业上所用的催化剂绝大多数是金属氧化物、非金属氧化物或金属（由金属氧化物还原制得）。常以硝酸盐或有机酸盐溶液与沉淀剂反应生成沉淀，经过一系列后续处理制得催化剂。选择硝酸盐是因为绝大多数硝酸盐都溶于水，且容易得到。

常用的沉淀剂有氨水、碳酸铵、乙酸铵、草酸等，因为它们在沉淀后的洗涤和热处理中容易除去且不留残余。如果催化剂中引入少量 Na^+、K^+ 等金属离子不会影响催化剂的性能时，可选用 $NaOH$、KOH、Na_2CO_3 等。Na_2CO_3 廉价易得，且形成的沉淀通常为晶体，便于洗涤。

选用沉淀剂通常遵循以下几项原则。

① 沉淀物便于洗涤和过滤，尽量选用能形成晶形沉淀的沉淀剂。晶形沉淀夹带的杂质

也较少。盐类沉淀剂如（NH_4）$_2CO_3$、Na_2CO_3 原则上可形成晶形沉淀，而碱类沉淀剂一般都会生成无定形沉淀，沉淀粒子较细，比较难以洗涤过滤。

② 沉淀剂溶解度要大，这样才可以使可能被沉淀物吸附的量减少，洗涤残余沉淀剂才会容易，也可以制成较浓的溶液而提高沉淀设备利用率。沉淀物的溶解度应很小，沉淀物溶解度越小沉淀反应越完全，原料消耗越少，生产原料成本越低，尤其是那些稀有金属。金、钯、铂等贵金属不溶于硝酸，但可溶于王水，形成王水溶液后，加热除去硝酸，得到相应氯化物，这些氯化物的浓盐酸溶液即为对应的氯金酸、氯钯酸、氯铂酸等，并以这种特殊的形态提供对应的阴离子。这些贵金属溶液可用于浸渍沉淀法制备负载型催化剂。将载体先浸入溶液，而后加碱沉淀。在浸渍沉淀反应完成后，贵金属阳离子转化为氢氧化物而成为沉淀，而氯离子可用水洗去。

③ 沉淀剂必须无毒。

④ 尽可能使用易于分解挥发的沉淀剂。

4.3.3 溶胶凝胶法

4.3.3.1 定义

溶胶是指微小的固体颗粒悬浮分散在液相中，并且不停地进行布朗运动的体系[9]。根据粒子与溶剂间相互作用的强弱，通常将溶胶分为亲液型和憎液型两类。由于界面原子的吉布斯自由能比内部原子高，溶胶是热力学不稳定体系。若无其他条件限制，胶粒倾向于自发凝聚，达到低比表面状态。若上述过程为可逆过程，则称为絮凝；若不可逆，则称为凝胶化。

凝胶是指胶体颗粒或高聚物分子互相交联，形成空间网状结构，在网状结构的孔隙中充满了液体（在干凝胶中的分散介质也可以是气体）的分散体系[9]。并非所有的溶胶都能转变为凝胶，凝胶能否形成的关键在于胶粒间的相互作用力是否足够强，以致克服胶粒与溶剂间的相互作用力。

4.3.3.2 基本原理

对于热力学不稳定的溶胶，增加体系中粒子间结合所须克服的能垒，可使之在动力学上稳定。增加粒子间能垒的 3 个途径是[35]：使胶粒带表面电荷、利用空间位阻效应和利用溶剂化效应。溶胶颗粒的表面电荷来自胶粒的一种晶格离子的选择性电离，或选择性吸附溶剂中的离子。对金属氧化物水溶胶，一般优先吸附 H^+ 或 OH^-。胶粒表面呈电中性时的 pH 值称为零电点（PZC）。当 pH＞PZC 时，胶粒表面带负电荷；反之，则带正电荷。带电胶粒周围的溶剂中有等量的反电荷形成扩散层，胶粒的扩散层重叠产生排斥力。在胶粒间距一定的情况下，任何一种减少排斥力的措施，如减少表面电荷或增加扩散层中反离子浓度等，都会降低能垒的高度，导致凝聚，形成凝胶。利用空间位阻效应，如使胶粒表面吸附短链聚合物，也可使溶胶稳定化，这主要有两方面的原因：首先，当胶粒相互靠近时，吸附的聚合物构象熵减少，体系自由能增加，这与胶粒间产生排斥力是等效的；其次，胶粒间聚合物层重叠部分浓度增加，产生浓度差，使胶粒互斥。

由溶胶制备凝胶的具体方法[36] 有：a. 使水、醇等分散介质挥发或冷却溶胶，使之成为过饱和液，形成凝胶；b. 加入非溶剂，如在果胶水溶液中加入适量酒精后，即形成凝胶；c. 将适量的电解质加入胶粒亲水性较强（尤其是形状不对称）的憎液型溶胶中，即可形成凝胶 [例如 $Fe(OH)_3$ 在适量电解质作用下可形成凝胶]；d. 利用化学反应产生不溶物，并控制反应条件可得凝胶。

4.3.3.3 溶胶凝胶过程分类[37,38]

溶胶凝胶过程常分为两类：金属盐在水中水解成胶粒，含胶粒的溶胶凝胶化后形成凝胶；金属醇盐在溶剂中水解缩合形成凝胶。

（1）水-金属盐生成的溶胶凝胶体系

在这类体系中，第一步是形成溶胶，伴随着金属阳离子的水解：

$$M^{n+} + nH_2O \longrightarrow M(OH)_n + nH^+ \tag{4-3}$$

制备方法有浓缩法和分散法两种。浓缩法是在高温下，控制胶粒慢速成核和晶核长大。分散法是使金属在室温下于过量水中迅速水解。图4-4是分散法和浓缩法流程示意图，两法最终都使胶粒带正电荷。

第二步为凝胶化，它包括脱水凝胶化和碱性凝胶化两类过程。在脱水凝胶化过程中，胶粒脱水，扩散层中电解质浓度增加，凝胶化能垒逐渐降低。碱性凝胶化过程较复杂，反应可用下式概括：

$$xM(H_2O)_n^{z+} + yOH^- + aA^- \longrightarrow M_xO_u(OH)_{y-2u}(H_2O)_n A_a^{(xz-y-a)+} + (xn+u-n)H_2O \tag{4-4}$$

式中，A^-为胶溶过程中所加入的酸根离子。当$x=1$时，形成单核聚合物；当$x>1$时，形成多核聚合物。M^{z+}可通过O^{2-}、OH^-、H_2或A^-与配体桥联。碱性凝胶化的影响因素主要是pH值（受x和y影响），其次还有温度、$M(H_2O)_n^{z+}$浓度及A^-的性质。简言之，随着pH值的增加，胶粒表面正电荷减少，能垒高度降低。

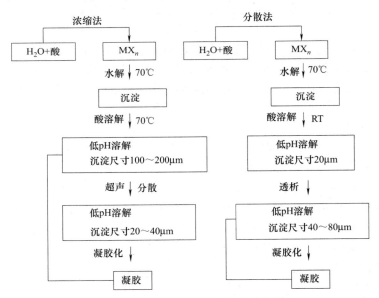

图4-4 分散法和浓缩法流程示意图

（2）醇-金属醇盐生成的溶胶凝胶体系

金属醇盐的化学通式为$M(OR)_n$，$M(OR)_n$可与醇类、羰基化合物、水等亲核试剂反应。$M(OR)_n$的溶胶凝胶过程通常是往醇-金属醇盐中加入水，其反应通常包括水解反应[式（4-5）]和脱水-缩合反应[式（4-6）～式（4-8）]。

$$M(OR)_n + xH_2O \longrightarrow M(OH)_x(OR)_{n-x} + xROH \tag{4-5}$$

$$2(RO)_{n-1}MOH \longrightarrow (RO)_{n-1}M-O-M(OR)_{n-1} + H_2O \tag{4-6}$$

$$m(RO)_{n-2}M(OH)_2 \longrightarrow [(OR)_{n-2}M-O]_m + mH_2O \qquad (4-7)$$

$$m(RO)_{n-3}M(OH)_3 \longrightarrow [O-M(OR)_{n-3}]_m + mH_2O + mH^+ \qquad (4-8)$$

此外，羟基与烷氧基之间也可以缩合：

$$(OR)_{n-x}(HO)_{x-1}MOH + ROM(OR)_{n-x-1}(OH)_x \longrightarrow$$

$$(OR)_{n-x}(HO)M-O-M(OR)_{n-x-1}(OH)_x(OH)_x + ROH \qquad (4-9)$$

显然，式 (4-7) 可生成线型聚金属氧化物，式 (4-8) 则生成体型缩合产物，而式 (4-9) 可生成线型或体型缩合产物。因此，$M(OR)_n$ 的水解缩合反应是十分复杂的，在这里无明显的溶胶形成过程，而是水解和缩合同时进行，形成凝胶，最后在高温下煅烧形成金属氧化物陶瓷材料。

4.3.3.4 优点及不足[39]

（1）溶胶凝胶法的优点

溶胶凝胶法的优点主要有：a. 起始原料首先被分解在溶剂中形成低黏度的溶液，因此在很短时间内就可以获得分子水平上的均匀性，在形成凝胶时，反应物之间很可能是在分子水平上均匀地混合，从而能制备均匀的材料；b. 所制备的材料具有较高的纯度；c. 反应时温度比较低；d. 材料组成成分较好控制，尤其适合制备多组分材料；e. 可以控制孔隙度；f. 具有流变特性，可用于不同用途材料的制备。

（2）溶胶凝胶法的不足

溶胶凝胶法的不足主要有：a. 原料成本较高；b. 存在残留小孔；c. 反应时间较长；d. 热处理时温度处理不当，可能会导致残留的碳；e. 有机溶剂对人体有一定危害。

4.3.4 水热合成法

4.3.4.1 定义

水热合成法是指在特定的密闭容器中，采用高温高压、水环境为反应体系。多种功能材料可以在此体系中被合成，其中应用最广的是水热结晶法[40]。水热法的优点有：粒子纯度高、分散性好、成本低、晶形好[17]。张一兵等[41] 采用水热法在玻璃基板上成功制得 TiO_2 微米球。于爱敏等[42] 采用水热法制得 B-TiO_2，光照 5h 可将苯酚完全降解。

4.3.4.2 水热合成法分类

（1）按研究目的分类[43,44]

按研究目的的不同，水热合成法可分为水热晶体生长（用来生长各种单晶）、水热反应（用来制备各种功能陶瓷粉体）、水热处理反应（完成某些有机反应或对一些危害人类生存环境的有机废弃物进行处理）、水热烧结反应（在相对较低的温度下完成对某些陶瓷材料的烧结）等。

（2）按反应方式分类[45,46]

① 水热氧化。高温高压水、水溶液等溶剂与金属或合金可直接反应生成化合物。例如：$M+[O] \longrightarrow M_xO_y$，其中 M 为铬、铁及合金等。

② 水热沉淀。某些化合物在通常条件下无法或很难生成沉淀，而在水热条件下却能够生成新的化合物沉淀。例如：$KF+MnCl_2 \longrightarrow KMnF_2$。

③ 水热合成。可允许在很宽的范围内改变参数，使两种或两种以上的化合物起反应，合成新的化合物。例如：$FeTiO_3 + KOH \longrightarrow K_2O \cdot TiO_2$。

④ 水热还原。一些金属类氧化物、氢氧化物、碳酸盐或复盐用水调浆，无需或只需极

少量试剂,控制适当温度和氧分压等条件,即可制得超细金属粉体。例如：$Me_xO_y + H_2 \longrightarrow xMe + yH_2O$,其中 Me 为银、铜等。

⑤ 水热分解。某些化合物在水热条件下分解成新的化合物,进行分离得到单一化合物超细粉体。例如：$ZrSiO_4 + NaOH \longrightarrow ZrO_2 + Na_2SiO_3$。

⑥ 水热结晶。可使一些非晶化合物脱水结晶。例如：$Al(OH)_3 \longrightarrow Al_2O_3 \cdot H_2O$。

（3）按反应设备分类

① 釜式间歇水热反应。以反应釜作为反应容器,间歇性投料和获取产品,属于非稳态反应。

② 管式连续水热反应。以金属列管作为反应容器,仪器控制连续投料并获取产品。

（4）按反应条件分类

① 中温中压。反应条件为 100~240℃、1~20MPa。

② 高温高压。反应条件为大于 240℃、大于 20MPa。

4.3.4.3 水热合成法应用实例

水热合成法用于合成纳米材料始于 1982 年。由于其方法简单,易操作,对环境友好,出现伊始就掀起了水热合成纳米材料的热潮,已成为合成纳米材料的最重要的方法之一[40]。

以水热合成纳米材料应用于锂离子电池[47]为实例,分析水热合成的特点。尖晶石型 $LiMn_2O_4/C$ 复合材料是通过将锰氧化物/碳（MO/C）复合材料的前驱体在 0.1mol/L LiOH 溶液中于 180℃进行水热处理 24h 而合成出来的,该前驱体是通过用乙炔黑还原高锰酸钾（AB）制得的。前驱体中的 AB 用作水热过程中合成 $LiMn_2O_4$ 的还原剂。过量的 AB 残留在水热产物中,形成 $LiMn_2O_4/C$ 复合材料,剩余的 AB 有助于改善复合材料的电子导电性。复合材料中 $LiMn_2O_4$ 和 C 之间的接触要好于物理混合的。$LiMn_2O_4/C$ 复合材料提供了 83mAh·g^{-1} 的高容量,并在 2A·g^{-1} 的电流密度下,经过 200 次循环后仍保持了其初始容量的 92%,表明其具有出色的倍率性能以及良好的循环性能。

4.3.5 离子交换法

4.3.5.1 定义

离子交换法是液相中的离子和固相中离子间进行的一种可逆性化学反应,当液相中的某些离子较易被离子交换固相所吸引时,便会被离子交换固体吸附,为维持溶液的电中性,离子交换固体必须释放出等价离子到溶液中[48]。

4.3.5.2 原理

离子交换法是用圆球形树脂（离子交换树脂）过滤原溶液,溶液中的离子会与固定在树脂上的离子交换。离子交换树脂中含有一种（或几种）化学活性基团,即交换官能团,在水溶液中能离解出某些阳离子（如 H^+ 或 Na^+）或阴离子（如 OH^- 或 Cl^-）,同时吸附溶液中原来存有的其他阳离子或阴离子,即树脂中的离子与溶液中的离子互相交换,从而将溶液中的离子分离出来。树脂中化学活性基团的种类决定了树脂的主要性质和类别[49]。

4.3.5.3 离子交换树脂的类别 [50]

离子交换树脂一般呈现多孔状或颗粒状,其大小约为 0.1~1mm。离子交换树脂的类别依其交换能力特征可分为以下两种。

① 强酸型阳离子交换树脂。主要含有强酸性的反应基团,如磺酸基（—SO_3H）,此离子交换树脂可以交换所有的阳离子。

② 弱酸型阳离子交换树脂。具有较弱的反应基团如羧基（—COOH）,此离子交换树脂

仅可交换弱碱中的阳离子如 Ca^{2+}、Mg^{2+}。

应用离子交换树脂要根据工艺要求和物料的性质选用适当的类型和品种。

4.3.5.4　离子交换法交换剂类别 [51]

（1）无机离子交换剂

常用的无机离子交换剂主要是合成分子筛，其中硅铝分子筛的通式为：

$$M^{n+} \cdot [(SiO_2)_x(Al_2O_3)_y] \cdot zH_2O \tag{4-10}$$

式中　M——n 价的阳离子，常见的碱金属、碱土金属等；

x，y，z——分别是分子筛中 SiO_2、Al_2O_3、H_2O 等组成单元的分子数。

该通式中 SiO_2、Al_2O_3 等结构单元相对稳定，M^{n+} 和 H_2O 不太稳定，特别是在水溶液中，M^{n+} 很容易发生离子交换反应。

利用分子筛中 M^{n+} 可交换的性质，通过离子交换反应就可将其他阳离子交换到分子筛中，制备出催化剂。常用的离子交换法是在水溶液中进行的，有时也用热压水溶液或气相交换法。在水溶液交换中，交换反应的温度可在室温到 100℃ 之间，交换反应的时间从数分钟到数小时不等，交换次数可以是一次，也可以是多次，这些可由交换量的多少来确定。交换反应完成后，经过过滤、焙烧、活化即可制得所需的催化剂。

Yang 等[52] 通过浸渍 $Mg(OH)_2$ 溶胶、$M(OH)_2$ 粉末、MgO400 粉末和通过离子交换获得的 MgO800 粉末，制备含有质量分数为 0.8% Pt、3% CeO_2 和 3% ZrO_2 的 Pt-CeO_2-ZrO_2/MgO 催化剂。将 $HgPtCl_6 \cdot 6H_2O$ 溶液中的 MgO（纯度 > 99.9%）在使用前于 1073K 下煅烧 6h，在室温下，引入 $Ce(NO_3)_3$ 和 $Zr(NO_3)_4$ 的混合水溶液（纯度 ≥ 99.0%）。在配备磁力搅拌器的水蒸发器上缓慢加热混合物以除去溶剂后，将样品在 393 K 真空干燥 24h，然后在 1073K 于流动的氮气（纯度 > 99.99%）中煅烧 6h。制备的催化剂分别记为 Pt-CZ/MOH-IE、Pt-CZ/MOH（GD）-IE、Pt-CZ/MO400-IE、Pt-CZ/MO800-IE 和 Pt-CZ/MO800。

（2）有机离子交换剂

有机离子交换剂通常指以聚苯乙烯、聚丙烯酸等高聚物为基本骨架的离子交换树脂，可分为阳离子交换树脂和阴离子交换树脂两大类。典型的阳离子交换树脂是在树脂骨架中含有作为阳离子交换基团的磺酸基（—SO_3H）和羧基（—COOH）。典型的阴离子交换树脂是指在骨架中含有阴离子交换基团的季铵基、叔胺基或伯胺基的树脂。

Xu 等[53] 为新型球形金属有机复合材料的原位组装开发了一种简便的离子交换方法。螯合树脂和离子交换树脂上的官能团（—NH_2、—COOH 和—SO_3H）对改善金属位点的均匀分布和金属-载体的相互作用具有显著作用。锰基金属有机复合材料不添加任何过氧化氢即可实现废金属离子的回收，并在低电流密度（7.53mA·cm^{-2}）和 3.0g·L^{-1} 催化剂用量下，于 150min 内表现出对亚甲基蓝（MB）电芬顿降解的高活性［脱色率为 97.8%，总有机碳（TOC）去除率为 54.7%］。对不同活性中心（Fe^{2+}、Mn^{2+}、Co^{2+}、Ce^{3+} 和 Cu^{2+}）和载体的性能分析可以清楚地表明，Mn^{2+} 和有机载体的协同作用在电化学氧化中起关键作用。其动力学速率常数为 0.037min^{-1}，转换频率为 0.23h^{-1}，比无机负载型催化剂好得多，这是由于分子内电子转移大大促进了 Mn^{2+}/Mn^{3+} 自催化循环。同时，通过对氧化中间产物的分析，作者提出了 MB 可能的降解途径。这得益于金属有机复合材料优异的性能和毫米级的尺寸结构，可以在宽 pH 范围（2.0～9.0）内使用，并且在工业应用中易于分离。

4.4 ▶ 金属氧化物催化材料的表面改性

4.4.1 金属助剂修饰

添加助剂改性金属氧化物催化剂，可调整金属氧化物催化剂表面酸碱性，增强金属与载体相互作用，提高活性组分的分散度，调变金属原子的电子密度，从而增强催化剂催化性能。对于重整 Ni 基催化剂来说，稀土金属助剂可促进 CO_2 的吸附和解离，从而促进表面 O 的生成，有利于消除积炭。碱金属和碱土金属既可促进 CO_2 的吸附和解离，也可以减小 Ni 粒子的粒径，从而抑制积炭。另外，金属助剂覆盖了部分 Ni 的表面，增强了金属与载体的相互作用，增强了 CO_2 的吸附能力，并在催化剂表面生成了有助于消除积炭的前驱体。Ni 与载体的强相互作用能够有效地抑制在催化剂焙烧、还原和重整反应等高温过程中 Ni 粒子的迁移，使 Ni 粒子均匀地分散在载体表面。

（1）稀土金属

Khajenoori 等[54] 用浸渍法制备了 Ni-Ce/MgO 催化剂，结果发现 Ni-Ce/MgO 在反应 300h 后仍然具有很高的稳定性。SEM 表征显示添加 Ce 和未添加 Ce 的催化剂表面都有积炭，但是添加了 Ce 以后，催化剂表面的积炭明显减少。因此添加 Ce 的 Ni-Ce/MgO 催化剂具有较高的抗积炭性，这可能是由于 Ce 的添加增大了 Ni 的电子云密度，因此提高了 Ni 的分散度。

（2）碱土金属

碱土金属的添加有利于改变催化剂表面的酸碱性，增加 CO_2 的表面吸附量，提高催化剂的抗积炭性能。尚丽霞等[55] 研究了添加碱土金属对催化剂的改性，实验证实了催化剂抗积炭的顺序为：$Ni-BaO/CaO-Al_2O_3$ > $Ni-SrO/CaO-Al_2O_3$ > $Ni-MgO/CaO-Al_2O_3$ > $Ni/CaO-Al_2O_3$。作者得出结论，碱土金属的添加有利于 Ni 晶粒的分散和 CO_2 的吸附，并提出催化剂吸附 CO_2 的能力增强顺序与抗积炭的顺序一致。傅利勇等[56] 研究了添加 K、Cu、CaO 等对催化剂性能的影响，指出 K、Cu、CaO 的添加削弱了活性组分与载体 Al_2O_3 的相互作用，增加了 Ni 的核外电子密度，使得 CO 和 H_2 更易脱附，并且在某种程度上抑制了 CH_4 的深度裂解和 CO 的歧化积炭反应。

（3）过渡金属

Huang 等[57] 研究了一系列 Ni-Mo/SBA-15（Mo 与 Ni 原子比＝0、0.3、0.5）的催化性能。他们发现当 Mo 与 Ni 原子比＝0、0.3、0.5 时的失重率分别为 10.03%、0.4%、0.07%。因此在镍钼双金属催化剂中加入 Mo 可以有效地减少积炭量，尤其是壳状积炭量。正是由于 Mo 的加入，双金属催化剂中 Ni 粒径变小，Ni 的分散度增强，同时增强了活性组分 Ni 与载体的相互作用，使得 Ni-Mo/SBA-15 催化剂拥有更好的抗积炭性。

在 CO_2/CH_4 重整反应中，过渡金属氧化物也是较多的一类引入催化剂中的助剂。王君霞等[58] 研究发现，磁铅石型复合氧化物 $LaNi_{0.5}M_{0.5}Al_{11}O_{19+\delta}$（M＝Co、Fe、Mn、Cu）催化剂体系具有相同的晶体结构和相似的还原稳定性。对不同过渡金属取代的催化剂来说，$LaNi_{0.5}Co_{0.5}Al_{11}O_{19+\delta}$ 催化剂具有最好的重整反应活性。而对于 $LaNi_xCo_{1-x}Al_{11}O_{19+\delta}$ 系列催化剂，当 $x \leqslant 0.375$ 时，随 x 值的增大，催化剂的催化活性明显提高，但在 $0.375 \leqslant x \leqslant 1.0$ 范围内，催化活性几乎保持不变。少量 V 助剂[59] 的添加能使比表面急剧增加，仅产生少量的积炭，但当 V 的负载量过高时，会促进 CH_4 的解离，使积炭大量增加。添加 Mn 助剂[60]也有提高催化剂的稳定性的作用。其原因主要是 Ni 的部分表面被 MnO_x 所覆盖，并且 Mn 可促进催化剂对 CO_2 的解离吸附，形成具有活性的碳酸盐物质，这两方面都抑制了积炭的形成。

在催化剂中，助剂的添加量较少，是催化剂的辅助成分，其本身没有活性或者活性很小，但它却可以调变催化剂的化学和物理性质。对于 CO_2/CH_4 重整反应，结构型助剂能提高活性组分的分散性和热稳定性，而电子型助剂可改变催化剂的电子结构，增加催化剂活性和选择性。不同的元素产生的助剂功能不同，但不是绝对划分的。文献更多报道的是助剂的电子效应（如 Ce、K、Mg 等），因为它能从根本上改变活性组分的电子密度，影响催化剂对原料的解离活化和对反应产物的脱附。当然，助剂作为催化剂中的一部分，除了考察其与活性组分间的作用外，还需结合载体效应开展研究。

（4）过滤金属氧化物

赵欣等人将不同的过滤金属通过浸渍改性在 TiO_2 上的基于 V_2O_5 的催化剂（MV，M＝Cu、Fe、Mn、Co），以便用 NH_3 选择性还原 NO。引入的金属引起钒物种中的高度分散和钒酸盐在 TiO_2 载体上的形成，并增加了表面酸性位点的数量和这些酸的强度。强酸性位点可能是高温下较高的 N_2 选择性的原因。在这些催化剂中，$Cu-V/TiO_2$ 在 $225\sim375℃$ 下表现出最高的活性和 N_2 的选择性。X 射线光电子能谱、NH_3 程序升温脱附和原位漫反射红外傅里叶变换光谱法的结果表明，性能的提高可能是表面活性氧种类更多和表面强酸性位所致。$Cu-V/TiO_2$ 具有出色的活性、稳定性和 SO_2/H_2O 耐久性，在固定烟气脱氮方面具有较大的应用前景。

4.4.2 表面修饰改性

（1）表面光敏化

将光活性化合物化学吸附或物理吸附于光催化剂表面，从而扩大激发波长范围，增加光催化反应的效率，这一过程称为催化剂表面光敏化作用。常用的光敏剂有赤藓红 B[61]、硫堇[62]、$Ru(byp)_3^{2+}$[63]、荧光素衍生物[62]等，这些光活性物质在可见光下有较大的激发因子，只要活性物质激发态电势比半导体导带电势更低，就可能将光生电子输送到半导体材料的导带，从而扩大激发波长范围。光敏化中电荷传输过程如图 4-5 所示。

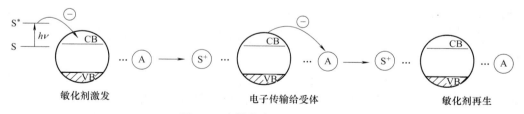

敏化剂激发　　　　　　　　电子传输给受体　　　　　　　　敏化剂再生

图 4-5　光敏化中电荷传输过程

（2）表面螯合及表面衍生作用

表面衍生作用及金属氧化物在表面的螯合作用也能影响光催化的活性。Uchihara 等[63]报道，含硫化合物、OH^-、乙二胺四乙酸（EDTA）等螯合剂能影响一些半导体的能带位置，使导带移向电势更低的位置。在非水溶液中氧化 2-甲基苯乙烯过程中，正辛基衍生 TiO_2 光催化效率比 Pt/TiO_2 体系高 2.3 倍[64]。

（3）表面活性剂改性

表面活性剂是指加入少量能使溶液体系的界面状态发生明显变化的物质。表面活性剂具有固定的亲水亲油基团,在溶液的表面能定向排列。表面活性剂的分子结构具有两亲性:一端为亲水基,另一端为亲油基。亲水基常为极性基团,如羧酸、磺酸、硫酸、胺基及其盐(铵盐),羟基、酰胺基、醚键等也可作为极性亲水基;而亲油基常为非极性烃链,如 8 个碳原子以上的烃链。表面活性剂分为离子型表面活性剂(包括阳离子表面活性剂与阴离子表面活性剂)、非离子型表面活性剂、两性表面活性剂、复配表面活性剂、其他表面活性剂等。据文献 [65] 报道,一些表面活性剂可以包裹金属氧化物中的金属阳离子,降低催化剂的失活率。Xu 等[66] 使用表面活性剂 $(EO)_{20}(PO)_{70}(EO)_{20}$ 三嵌段共聚物(P123)作为蒸发诱导自组装的软模板来制备 Ni-Mg-Al(O) 催化剂。Tan 等[67] 使用表面活性剂 P123、聚乙烯吡咯烷酮(PVP)、十六烷基三甲基溴化铵(CTAB)辅助共沉淀法制备了用于 CO_2/CH_4 重整反应的 Ni-Mg-Al 固体碱性催化剂。研究了表面活性剂在 Ni(111) 和 Ni(200) 晶面上的优选取向。Liu 等[68] 用 α-环糊精和 γ-环糊精对 Ni/SBA-15 催化剂进行表面改性。

(4)酸碱改性

常用的酸碱改性介质有 H_2SO_4、H_3PO_4、HNO_3、$NaOH$、$NH_3 \cdot H_2O$ 等[69,70]。用酸(碱)对催化剂进行改性能增强其表面酸(碱)性。刘寒冰等[71] 分别用 H_2SO_4、H_3PO_4、HNO_3、$NaOH$、$NH_3 \cdot H_2O$ 浸渍法对活性炭进行改性,并对酸改性活性炭进行碱溶液二次改性处理。结果表明酸改性使催化剂比表面、微孔面积、微孔体积减小,表面酸性官能团增加,而碱改性呈相反的理化性质。韩海波等[72] 以不同浓度的 NaOH 溶液对 HZSM-5 分子筛进行碱处理改性,所得多级孔 ZSM-5 分子筛作为活性组分来制备甲醇制芳烃催化剂。结果表明,通过合适浓度的 NaOH 溶液处理后,HZSM-5 分子筛在保持微孔骨架结构的同时,可以调变晶内介孔孔道结构以及酸性质。随着 NaOH 溶液浓度升高,HZSM-5 分子筛的酸量、介孔孔体积、介孔表面积都增加,孔体积分布变宽,催化剂的活性和稳定性等催化性能得以改善。

4.5 金属氧化物催化材料在烟气脱硫领域的应用

4.5.1 烟气脱硫催化剂

烟气中 SO_2 是造成环境污染的重要因素之一,除了对人体健康和生态环境造成严重危害之外,我国每年因 SO_2 排放而导致严重的经济损失,因此烟气脱硫技术已成为当前的热点研究领域[73]。

催化技术用于烟气脱硫工艺中是十分必要的。催化氧化吸附法脱硫工艺就是利用催化剂使烟气中的 SO_2 和烟气中的 O_2 反应,并同催化剂生成硫酸盐,然后再利用还原剂将催化剂上硫酸盐还原再生[74]。该工艺按催化剂的类型不同主要分为单金属氧化物催化氧化吸附脱硫和复合氧化物催化氧化吸附脱硫。其中,单金属氧化物催化氧化吸附脱硫所用催化剂为金属氧化物负载在载体上构成的。常用的单金属氧化物为氧化铜,催化剂载体多采用氧化铝、二氧化硅、活性炭等[73]。复合氧化物催化氧化吸附脱硫主要是采用类水滑石复合氧化物。而催化还原脱硫技术则是利用还原剂,如 CO、H_2、CH_4、C 等,通过催化方法直接将烟气中的二氧化硫还原为单质硫的工艺。该工艺不但可以克服目前常规烟气脱硫技术中脱硫过程产生的二次污染、废弃物无法处理、设备腐蚀和投资及运行成本过高的问题,还可以解决催化氧化吸附脱硫工艺中催化剂再生活性下降和再生过程中废气的产生等问题。

采用直接催化还原脱硫不但没有废物处理的问题，同时还可以得到硫黄这一宝贵资源。这样不但可以使脱硫成本大大降低，还可以变废为宝，符合可持续发展战略对环境资源的要求。根据所用还原剂的不同，人们开发了多种相应体系的催化剂。以氢气和烃类为还原剂时，多采用 γ-Al_2O_3 负载过渡金属氧化物作为催化剂，而用 CO 还原时，发现复合金属氧化物催化剂具有较好的性能[75]。

4.5.2　负载型金属氧化物催化剂

用于 SO_2 脱除的负载型金属氧化物催化剂多以 Al_2O_3 为载体，负载 Co、Ni、Mo、Cu、Fe 等的金属氧化物。阮桂色等[76] 采用浸渍沉淀法分别将活性组分 MnO_x、Fe_2O_3 及 CuO 浸渍于多孔的 γ-Al_2O_3 上，制得负载型金属氧化物催化剂 MnO_x/γ-Al_2O_3、Fe_2O_3/γ-Al_2O_3 和 CuO/γ-Al_2O_3，失活的催化剂经碱浸泡、洗涤、干燥、活化后即可恢复活性。其活性顺序为：CuO/γ-Al_2O_3 > MnO_x/γ-Al_2O_3 > Fe_2O_3/γ-Al_2O_3。Zhuang 等[77] 研究了 Co、Mn、Fe、CoMo、FeMo 等一系列催化剂对脱硫反应的催化性能，CoMo/Al_2O_3 催化剂比其他催化剂具有更高的催化活性和稳定性。张蕾等[78] 以活性炭（AC）为载体，选用 8 种不同金属（K、Ca、Cr、Fe、Co、Ni、Cu、Zn）的硝酸盐作为浸渍液，采用等体积浸渍法制备负载型金属氧化物催化剂。以脱硫效果较好的 Fe_2O_3/AC 为例，研究人员研究了不同焙烧温度、金属负载量以及焙烧时间对催化剂脱硫性能的影响。实验结果表明，Fe_2O_3/AC 催化剂脱硫率随着金属负载量的增加呈递增趋势，最优金属负载量为 10%；脱硫率随着焙烧温度的增加显著提高，最优焙烧温度为 350℃；脱硫率随着焙烧时间的增加而提高，最优焙烧时间为 3.0h。

4.5.3　复合金属氧化物催化剂

复合金属氧化物催化剂多种活性组分之间的相互作用以及它们对反应的共同作用，使其在还原 SO_2 的过程中逐渐受到人们的重视。根据催化剂组成结构的不同，复合金属氧化物催化剂可分为钙钛矿型、萤石型和金红石型等类型。

（1）钙钛矿型复合金属氧化物催化剂

钙钛矿型复合金属氧化物（ABO_3，其中 A 为碱土金属或稀土金属，B 为过渡金属）由于其特殊的晶体结构和电子结构，已经被广泛应用于催化领域[79]。应用于烟气还原脱硫催化剂研究的钙钛矿催化剂主要有 $LaCoO_3$、$LaMnO_3$[80] 以及 $La_{1-x}Sr_xCoO_3$。钙钛矿型复合金属氧化物催化剂虽然具有突出的选择性，但其还存在如抗水蒸气中毒能力低等一些问题有待改进。周伟国等[81] 以分子筛为载体，以硝酸镧和硝酸锰为主要原料，通过溶胶凝胶法制备了锰酸镧钙钛矿型高温脱硫剂。结果表明，与 Al_2O_3 及纳米 SiO_2 载体相比，分子筛负载锰酸镧钙钛矿型脱硫剂穿透硫容更大，脱硫精度更高。

（2）萤石型复合金属氧化物催化剂

萤石型复合金属氧化物催化剂，如 CeO_2-Co_2O_4 催化剂，催化剂的 Ce 可以以 +4 价和 +3 价存在，而且在不同的氧化还原气氛下，其氧化态可在 Ce^{4+} 与 Ce^{3+} 之间相互转化，因此具有较高的储氧能力。它还易于形成氧空位，且这些氧空位具有较高的流动性和易还原性[82]。Bazes 等[83] 通过实验得到的萤石型 CeO_2-Co_2O_4 催化剂活性高于钙钛矿 $LaCoO_3$ 和 $CuCo_2O_4$，主要是因为在 CeO_2 中的氧具有流动性，活化能较低。

（3）金红石型复合金属氧化物催化剂

金红石型复合金属氧化物催化剂也较多用于烟气脱硫反应中。Paik 等[84] 使用了复合金属氧化物催化剂 CoS_2-TiO_2，在 350℃ 条件下，CoS_2-TiO_2 复合金属氧化物的催化活性是 TiO_2 单独作为催化剂时活性的 10 多倍，CoS_2 自身不存在催化还原 SO_2 为单质硫的活性，这说明在反应过程中两种氧化物具有某种协同效应。首先 CoS_2 与 CO 反应得到中间产物 CoS，而 CoS 具有良好的性能使 TiO_2 产生氧缺位，在氧缺位的作用下 SO_2 转变为单质硫。这种氧化还原反应的机理其实是中间产物机理与氧缺位理论的结合。

总体来说，复合金属氧化物催化剂各组分之间的协同效应是催化剂具有优良性能的关键，但这种协同作用是经验性的，从理论上很难作出准确的预测和设计，虽然提出很多多种组分的协同作用及反应机理，但都缺乏客观证据。因此，为进一步开发更加适用、有效的催化剂，必须进一步加强实验手段和对反应机理的探讨。

参 考 文 献

[1] LING C D，WITHERS R L，SCHMID S，et al. A review of bismuth-rich binary oxides in the systems Bi_2O_3-Nb_2O_5，Bi_2O_3-Ta_2O_5，Bi_2O_3-MoO_3，and Bi_2O_3-WO_3 [J]. Journal of Solid State Chemistry，1998，137 (1)：42.

[2] CASAGRANDE L，LIETTI L，NOVA I，et al. SCR of NO by NH_3 over TiO_2-supported V_2O_5-MoO_3 catalysts：Reactivity and redox behavior [J]. Applied Catalysis B：Environmental，1999，22 (1)：63.

[3] HIRASHIMA H，WATANABE Y，YOSHIDA T. Switching of TiO_2-V_2O_5-P_2O_5 glasses [J]. Journal of Non-Crystalline Solids，1987，95-96 (1)：825.

[4] YATSKIN M M，ZATOVSKY I V，STRUTYNSKA N Y，et al. Phase formation in the flux systems K_2O-P_2O_5-Fe_2O_3-$M^{II}O$-MoO_3 [C]//IEEE International Conference on Oxide Materials for Electronic Engineering，2013.

[5] 葛善海. V-Mg-O 催化剂上丁烷氧化脱氢及惰性无机膜反应器中低碳烃类选择氧化的研究 [D]. 大连：大连理工大学，2000.

[6] 张舒. 负载型过渡金属氧化物催化剂在海水烟气脱硫中的应用基础研究 [D]. 青岛：中国海洋大学，2011.

[7] JONGSOMJIT B，NGAMPOSRI S，PRASERTHDAM P. Application of silica/titania mixed oxide-supported zirconocene catalyst for synthesis of linear low-density polyethylene [J]. Industrial & Engineering Chemistry Research，2005，44 (24)：9059.

[8] MIYAZAKI T，TOKUBUCHI N，ARITA M. Catalytic combustion of carbon by alkali metal carbonates supported on perovskite-type oxide [J]. Energy & Fuels，1997，11 (4)：832.

[9] 季生福，张谦温，赵彬侠. 催化剂基础及应用 [M]. 北京：化学工业出版社，2011.

[10] KAWAI M，TSUKADA M，TAMARU K. Surface electronic structure of binary metal oxide catalyst ZrO_2/SiO_2 [J]. Surface Science Letters，1981，111 (2)：716.

[11] VASSILEVA M，MOROZ E，DANCHEVA S，et al. Structure of metal-metal oxide Pd-V_2O_5/Al_2O_3 catalyst for complete oxidation of hydrocarbons [J]. Applied Catalysis A：General，1994，112 (2)：141.

[12] TANG W. Relationships between composition，structure and performance of nanostructured metal/metal oxide catalyst systems [D]. Berkeley：University of California，2010.

[13] PARK H W，LEE D U，ZAMANI P，et al. Electrospun porous nanorod perovskite oxide/nitrogen-doped graphene composite as a bi-functional catalyst for metal air batteries [J]. Nano Energy，2014，10 (1)：192.

[14] BUSCA G，LORENZELLI V，RAMIS G，et al. Surface sites on spinel-type and corundum-type metal oxide powders [J]. Langmuir，1993，9 (6)：1492.

[15] KATO S，YOSHIZAWA T，KAKUTA N，et al. Preparation of apatite-type-silicate-supported precious metal catalysts for selective catalytic reduction of NO_x [J]. Research on Chemical Intermediates，2008，4 (8/9)：703.

[16] ZHANG L，SUN T，YING J Y. Oxidation catalysis over functionalized metalloporphyrins fixated within ultralarge-pore transition metal-doped silicate supports [J]. Chemical Communications，1999，22 (12)：1103.

[17] 谢艳招，林瑞君，赵林，等. 复合 TiO_2 光催化剂的制备及光催化性能研究进展 [J]. 江西化工，2014 (2)：5.

[18] ZDRAŽIL M. Supported MoO_3 catalysts：Preparation by the new "slurry impregnation" method and activity in hydrodesulphurization [J]. Catalysis Today，2001，65 (2)：301.

[19] KONG L，LI G，WANG X，et al. Oxidative desulfurization of organic sulfur in gasoline over Ag/TS-1 [J]. Energy & Fuels，2006，20 (3)：896.

[20] 王红，秦玉才，范跃超，等. CuHY 分子筛吸附剂的等体积浸渍法制备及其脱硫性能考察 [J]. 石油化工高等学校学报，2014，27 (3)：11.

[21] 付睿峰，李怀有，段伟杰，等. Modification of Cu/ZrO_2 catalysts for catalytic hydrogenolysis of glycerol to 1,2-propanediol [J]. 精细化工，2015，32 (5).

[22] TAO M，XIN Z，MENG X，et al. Impact of double-solvent impregnation on the Ni dispersion of Ni/SBA-15 catalysts and catalytic performance for the syngas methanation reaction [J]. RSC Advance，2016，6 (42)：35875.

[23] 李霞，余厚咏，周颖，等. 多次交替浸渍法构筑簇状 ZnO 的 PAN 复合纳米纤维膜及其光催化性能 [J]. 功能高分子学报，2016，29 (4)：404.

[24] 翟建荣，张艳敏，莫文龙，等. 制备方法对煤焦油模型化合物裂解催化剂 Ni/Al_2O_3 结构及性能的影响 [J]. 燃料化学学报，2018，46 (9)：1063.

[25] ZHANG X Q，TIAN H Q，YE Z X，et al. BaO modified Pd-based catalysts：Synthesis by impregnation/Co-precipitation and application in gasoline-methanol exhaust purification [J]. Chinese Journal of Inorganic Chemistry，2015，31 (1)：166.

[26] YOSHIDA R，SUN D，YAMADA Y，et al. Stable $Cu-Ni/SiO_2$ catalysts prepared by using citric acid-assisted impregnation for vapor-phase hydrogenation of levulinic acid [J]. Molecular Catalysis，2018，454 (12)：70.

[27] ENCARNACIÓN GÓMEZ C，VARGAS GARCÍA J R，TOLEDO ANTONIO J A，et al. Pt nanoparticles on titania nanotubes prepared by vapor-phase impregnation-decomposition method [J]. Journal of Alloys and Compounds，2010，495 (2)：458.

[28] MAATMAN R W. The inhibition of cumene cracking on silica-alumina by various substances [J]. Advances in Catalysis，1957：531.

[29] 白慧慧，武玉飞，高晓明，等. 分步浸渍法制备 $CoMoAg/\gamma-Al_2O_3$ 催化剂及其脱硫性能的研究 [J]. 化学与生物工程，2011，28 (3)：36.

[30] 唐磊. $Cu-SAPO-34$/堇青石整体式催化剂用于柴油机尾气净化的研究 [D]. 太原：太原理工大学，2011.

[31] 林海莉，曹静，罗邦德，等. 新型 $AgBr/BiOBr$ 光催化剂的沉积-沉淀法制备、活性与机理 [J]. 科学通报，2012，57 (15)：1309.

[32] WU Z，TANG N，XIAO L，et al. MnO_x/TiO_2 composite nanoxides synthesized by deposition-precipitation method as a superior catalyst for NO oxidation [J]. Journal of Colloid and Interface Science，2010，352 (1)：143.

[33] HORVÁTH D，TOTH L L，GUCZI L. Gold nanoparticles：Effect of treatment on structure and catalytic activity of Au/Fe$_2$O$_3$ catalyst prepared by co-precipitation [J]. Catalysis Letters，2000，67(2)：117.

[34] ZHONG K，WANG X. The influence of different precipitants on the copper-based catalysts for hydrogenation of ethyl acetate to ethanol [J]. International Journal of Hydrogen Energy，2014，39(21)：10951.

[35] 黄传真，艾兴. 溶胶-凝胶法的研究和应用现状 [J]. 材料导报，1997，11 (3)：8.

[36] KIM P，JOO J B，KIM H，et al. Preparation of mesoporous Ni-alumina catalyst by one-step sol-gel method：Control of textural properties and catalytic application to the hydrodechlorination of o-dichlorobenzene [J]. Catalysis Letters，2005，104 (3/4)：181.

[37] KRÜNER G，FRISCHAT G H. Some properties of n-containing lithium borate glasses prepared by different sol-gel methods [J]. Journal of Non-Crystalline Solids，1990，121 (1)：167.

[38] BECK H P，EISER W，HABERKORN R. Pitfalls in the synthesis of nanoscaled perovskite type compounds. Part Ⅱ：Influence of different sol-gel preparation methods and characterization of nanoscaled mixed crystals of the type Ba$_{1-x}$Sr$_x$TiO$_3$（0≤x≤1）[J]. Journal of the European Ceramic Society，2001，21 (13)：2319.

[39] 杨南如，余桂郁. 溶胶-凝胶法简介第一讲——溶胶-凝胶法的基本原理与过程 [J]. 硅酸盐通报，1992 (2)：56.

[40] 施尔畏，夏长泰，王步国，等. 水热法的应用与发展 [J]. 无机材料学报，1996 (2)：193.

[41] 张一兵，江雷. 含 N 添加剂对水热法合成 TiO$_2$ 微米球的影响 [J]. 硅酸盐通报，2009，28(1)：54.

[42] 于爱敏，武光军，严晶晶，等. 水热法合成可见光响应的 B 掺杂 TiO$_2$ 及其光催化活性 [J]. 催化学报，2009，30 (2)：137.

[43] LOURENÇO J P，FERNANDES A，HENRIQUES C，et al. Al-containing MCM-41 type materials prepared by different synthesis methods：Hydrothermal stability and catalytic properties [J]. Microporous and Mesoporous Materials，2006，94 (1)：56.

[44] KIM J R，Lee K Y，SUH M J，et al. Ceria-zirconia mixed oxide prepared by continuous hydrothermal synthesis in supercritical water as catalyst support [J]. Catalysis Today，2012，185 (1)：25.

[45] 张立德，牟季美. 纳米材料和纳米结构 [M]. 北京：科学出版社，2001.

[46] AN Y，FENG S，XU Y，et al. Hydrothermal synthesis and characterization of a new potassium phosphatoantimonate，K$_8$Sb$_8$P$_2$O$_{29}$·8H$_2$O [J]. Chemistry of Materials，1996，8 (2)：356.

[47] YUE H，HUANG X，LV D，et al. Hydrothermal synthesis of LiMn$_2$O$_4$/C composite as a cathode for rechargeable lithium-ion battery with excellent rate capability [J]. Electrochimica Acta，2009，54(23)：5363.

[48] 左永权. 制备方法对 CuSAPO-34 脱除柴油车尾气中 NO$_x$ 的影响 [D]. 太原：太原理工大学，2013.

[49] DĄBROWSKI A，HUBICKI Z，PODKOŚCIELNY P，et al. Selective removal of the heavy metal ions from waters and industrial wastewaters by ion-exchange method [J]. Chemosphere，2004，56(2)：91.

[50] 赵风娟. 新型离子交换树脂的发展及应用前景 [J]. 净水技术，2002，5 (1)：88.

[51] 李孟璐，胡书红，崔跃男. 离子交换法的发展趋势及应用 [J]. 广东化工，2014，41 (14)：112.

[52] YANG M，GUO H，LI Y，et al. Study on methane conversion to syngas over nano Pt-CeO$_2$-ZrO$_2$/MgO catalysts：Structure and catalytic behavior of catalysts prepared by using ion exchange resin method [J]. Journal of Environmental Sciences，2011，23：S53.

[53] XU Z H，QIN L，ZHANG Y F，et al. In-situ green assembly of spherical Mn-based metal-organic

composites by ion exchange for eliectrochemical oxidation of organic pollutant [J]. Journal of Hazardous Materials, 2014, 37 (6): 957.

[54] KHAJENOORI M, REZAEI M, MESHKANI F. Characterization of CeO_2 promoter of a nanocrystalline Ni/MgO catalyst in dry reforming of methane [J]. Chemical Engineering & Technology, 2014, 37 (6): 957.

[55] 尚丽霞, 谢卫国, 吕绍洁, 等. 碱土金属对甲烷与空气制合成气 Ni/CaO-Al_2O_3 催化剂性能的影响 [J]. 燃料化学学报, 2001, 29 (5): 422.

[56] 傅利勇, 吕绍洁, 谢卫国, 等. 助剂对 CH_4, CO_2 和 O_2 制合成气反应催化剂性能的影响 [J]. 燃料化学学报, 1999, 27 (6): 511.

[57] HUANG T, HUANG W, HUANG J, et al. Methane reforming reaction with carbon dioxide over SBA-15 supported Ni-Mo bimetallic catalysts [J]. Fuel Processing Technology, 2011, 92 (10): 1868.

[58] 王君霞, 刘延, 程铁欣, 等. 磁铅石型复合氧化物 $LaNi_xCo_{1-x}Al_{11}O_{19}^{+\delta}$ 催化剂上 CH_4 和 CO_2 重整反应的研究 [J]. 化学学报, 2002, 60 (7): 1197.

[59] VALENTINI A, CARREÑO N L V, PROBST L F D, et al. Role of vanadium in Ni: Al_2O_3 catalysts for carbon dioxide reforming of methane [J]. Applied Catalysis A: General, 2003, 255 (2): 211.

[60] NANDINI A, PANT K K, DHINGRA S C. K−, CeO_2−, and Mn-promoted Ni/Al_2O_3 catalysts for stable CO_2 reforming of methane [J]. Applied Catalysis A: General, 2005, 290 (1/2): 166.

[61] FORD W E, RODGERS M A J. Kinetics of nitroxyl radical oxidation by Ru $(bpy)_3^{3+}$ following photosensitization of antimony-doped tin dioxide colloidal particles [J]. Journal of Physical Chemistry B, 1997, 101 (6): 930.

[62] 袁锋, 黎甜楷. 荧光素衍生物 LB 膜对 TiO_2 电极的光敏化作用 [J]. 物理化学学报, 1995, 11 (6): 526.

[63] UCHIHARA T, MATSUMURA M, ONO J, et al. Effect of EDTA on the photocatalytic activities and flatband potentials of cadmium sulfide and cadmium selenide [J]. Journal of Physical Chemistry, 1990, 94 (1): 415.

[64] LINSEBIGLER A L, LU G, YATES J T. Photocatalysis on TiO_2 surfaces: Principles, mechanisms, and selected results [J]. Chemical Reviews, 1995, 95 (3): 735.

[65] SZEJTLI J. Past, present and future of cyclodextrin research [J]. Pure & Applied Chemistry, 2009, 76 (10): 1825.

[66] XU L, SONG H, CHOU L. Carbon dioxide reforming of methane over ordered mesoporous NiO-MgO-Al_2O_3 composite oxides [J]. Applied Catalysis B: Environmental, 2011, 108-109: 177.

[67] TAN P, GAO Z, SHEN C, et al. Ni-Mg-Al solid basic layered double oxide catalysts prepared using surfactant-assisted coprecipitation method for CO_2 reforming of CH_4 [J]. Chinese Journal of Catalysis, 2014, 35 (12): 1955.

[68] LIU H M, LI Y M, WU H, et al. Effects of α- and γ-cyclodextrin-modified impregnation method on physichemical properties of Ni/SBA-15 and its catalytic performance in CO_2 reforming of methane [J]. Chinese Journal of Catalysis, 2015, 36 (3): 283.

[69] LI L, LIU S, LIU J. Surface modification of coconut shell based activated carbon for the improvement of hydrophobic VOC removal [J]. Journal of Hazardous Materials, 2011, 192 (2): 683.

[70] 张梦竹, 李琳, 刘俊新, 等. 碱改性活性炭表面特征及其吸附甲烷的研究 [J]. 环境科学, 2013, 34 (1): 39.

[71] 刘寒冰, 杨兵, 薛南冬. 酸碱改性活性炭及其对甲苯吸附的影响 [J]. 环境科学, 2016, 37 (9): 3670.

[72] 韩海波, 王有和, 付春峰, 等. 碱处理改性对 Zn/HZSM-5 分子筛催化剂性能的影响 [J]. 硅酸盐

通报，2018，37（2）：1618.

［73］ 张杨帆，李定龙，王晋. 我国烟气脱硫技术的发展现状与趋势［J］. 环境科学与管理，2006，31（4）：128.

［74］ 许丽. 烟气催化氧化法脱硫及尾液生物处理技术研究［D］. 成都：四川大学，2005.

［75］ 张敬，宋光武，闫静，等. 6t/h燃煤锅炉烟气臭氧氧化还原吸收法同时脱硫脱硝应用研究［C］//环境工程2018年全国学术年会，2018.

［76］ 阮桂色，冯先进，宫为民. 负载型金属氧化物烟气脱硫剂的研究［J］. 矿冶，2000，9（1）：100.

［77］ ZHUANG S X，MAGARA H，YAMAZAKI M，et al. Catalytic conversion of CO，NO and SO_2 on the supported sulfide catalyst：Ⅰ. Catalytic reduction of SO_2 by CO［J］. Applied Catalysis B：Environmental，2000，24（2）：89.

［78］ 张蕾，张磊，金大瑞，等. 金属负载型催化剂对烟气脱硫性能的影响［J］. 环境污染与防治，2013，35（5）：68.

［79］ 贾佩云，钱晓良，刘石明，等. 烟气还原脱硫催化剂的研究进展［J］. 化学与生物工程，2001，18（6）：11.

［80］ 杨桔材，刘源. 钙钛矿型稀土复合氧化物超细粒子对CO还原SO_2的催化性能［J］. 化工科技，1999，7（4）：19.

［81］ 周伟国，刘东京，吴江. 锰酸镧钙钛矿型脱硫剂的制备及其性能评价［J］. 同济大学学报（自然科学版），2016，44（2）：303.

［82］ 张继军，刘英骏，李能，等. CO催化氧化中氧化铜对CeO_2的调变作用［J］. 物理化学学报，1999，15（1）：15.

［83］ BAZES J G I，CARETTO L S，NOBE K. Catalytic reduction of sulfur dioxide with carbon monoxide on cobalt oxides［J］. Product R&D，1975，14（4）：264.

［84］ PAIK S U，JUNG M G. Rapid microwave-assisted copper-catalyzed nitration of aromatic halides with nitrite salts［J］. Bulletin- Korean Chemical Society，2012，33（2）：689.

5.1 ⟳ 引言

光催化（photocatalysis，PC）技术是 20 世纪 70 年代兴起的一种去除有机污染物的高级氧化技术，因其反应活性极高、对目标污染物无选择性、处理彻底且无二次污染、反应条件温和、降解快和催化剂材料易得等优点而得以迅速发展。光催化技术是一种在能源和环境领域有着重要应用前景的绿色技术。目前，该技术在大气污染治理、有机污染物降解和饮用水的深度处理等诸多领域有广泛应用。

1972 年，Fujishima 和 Honda 首次发现金红石型 TiO_2 单晶电极能在常温常压下光催化分解水[1]，随后，来自化学、物理、材料、环境和能源等领域的学者对 TiO_2 的光催化行为进行了深入的研究。1976 年，Carey 等[2] 报道了 TiO_2 在紫外光照射下，可使难降解有机化合物多氯联苯脱氯，中间产物中没有联苯，开辟了光催化技术在环境污染治理领域的应用。许多国家尤其是经济发达的西方工业国家，开始重视以太阳能的化学转换和储存为主的新能源和新技术的研究开发。

近年来，光催化以其独有的特性正在逐步形成一个独立的研究领域。目前，TiO_2 是应用最为广泛的半导体光催化剂之一，它具有以下三条优点。

① 半导体禁带宽度（3.0～3.2eV）适中。可以被 387.5nm 波长以下的光激发，可以通过改性扩展其光响应波长，利用太阳光作激发光源。

② 光催化效率高。价带上的空穴和导带上的电子具有很强的氧化还原能力，可分解绝大部分有机污染物。

③ 无毒，稳定性好，原料易得，价格便宜。

TiO_2 光催化技术能在环境污染治理领域引起广泛关注，是因为纳米 TiO_2 受光激发产生的羟自由基（·OH）有极强的氧化能力，足以使有机物迅速氧化而被降解，并最终矿化为 CO_2 和 H_2O。通常，氧化剂的氧化能力可以用氧化剂的标准电极电位来表示，常见氧化剂的标准电极电位见表 5-1[3]。从表中数据得知，·OH 的氧化能力仅次于 F_2。

表 5-1　常见氧化剂的标准电极电位

氧化剂	标准电极电位/V	氧化剂	标准电极电位/V
F_2	2.87	$HClO_4$	1.63
·OH	2.80	ClO_2	1.50
O_3	2.07	Cl_2	1.36
H_2O_2	1.77	$Cl_2O_7^{2-}$	1.33
MnO_2	1.68	O_2	1.23

虽然纳米 TiO_2 粉体在研究中已被证实是一种高效、无毒、热稳定性好的光催化材料，但由于粉体 TiO_2 的颗粒细微，在水溶液中分散后，很难实现催化剂的回收和再利用，给实际应用带来了一定的困难。将光催化剂固定，即制备负载型 TiO_2，既可以解决催化剂分离回收的难题，还可以克服悬浮相催化剂稳定性差和容易中毒的缺点，是应用活性组分和载体的各种功能组合来设计光催化反应器的理想途径。1982 年，Ward 等[4] 首次将 TiO_2 膜作为电极并加一阳极偏压，将光生电子不断转移到阴极，从而减少光生电子和空穴的复合，提高了光催化效率，光电催化（photoelectrocatalysis，PEC）由此诞生。自此，环境工作者在光电催化降解有机污染物方面做了大量的工作[5-9]，其光电催化降解有机污染物比单纯的光催化和光降解效果好得多，开拓了光催化氧化技术更广阔的应用前景。此外，对 TiO_2 光催化材料和光催化反应过程进行的深入研究，还有助于解决诸如光分解水制氢、新物质的合成、太阳能的化学转化与储能等重大科学问题，因此一直备受人们关注。

5.2 ◎ 光催化材料的结构与分类

5.2.1 光催化材料的能带结构

半导体材料之所以能作为催化剂，与其自身的光电特性有关。半导体粒子具有能带结构，一般由填满电子的低能价带（VB）和空的高能导带（CB）构成，价带和导带之间存在禁带（图 5-1）。当用光子能量等于或大于禁带宽度的光照射半导体时，价带上的电子（e^-）激发跃迁到导带，并在价带上产生相应的空穴（h^+）。与金属不同的是，半导体粒子的能带间缺少连续区域，因而电子-空穴的寿命比较长。由于半导体的光吸收值与带隙有公式 $\lambda = 1240/E_g$ 的关系，因此常用的宽带隙半导体的光吸收值大部分在紫外区[3]。

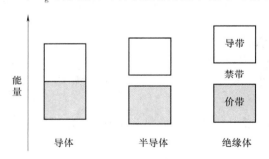

图 5-1 导体、半导体和绝缘体的能带结构

半导体的光催化活性主要取决于导带与价带的氧化还原电位，价带的氧化还原电位越正，导带的氧化还原电位越负，则光生电子和空穴的氧化还原能力就越强，光催化活性也就越高。常见半导体在 pH＝1 水溶液中的能带如图 5-2 所示[3]。对于纳米半导体材料，由于量子尺寸效应很显著，电荷载体显示出量子行为，导带和价带变成分离能级，能隙变宽，价带电位更正，导带电位更负，增强了光生电子和空穴的氧化还原能力，提高了半导体材料的光催化活性。另外，纳米催化剂在光催化过程中，光生电子和空穴从粒子内部扩散到表面的时间短，光生电子和空穴复合概率小，分离效率高，从而导致光催化活性的提高。此外，纳米催化剂比表面大，对反应物的吸附能力强，亦可增强光催化活性。

5.2.2 光催化材料的分类

目前，常见的光催化剂有 TiO_2、ZnO、CdS、WO_3、ZrO_2、Fe_2O_3、PbS、SnO_2、In_2O_3、SiO_2、SiC、ZnS、$SrTiO_3$、$BiVO_4$、$LaCoO_3$、Ag_3PO_4、$g\text{-}C_3N_4$、Bi_2WO_6、Bi_2MoO_6 等几十种，大多数光催化剂为半导体材料，其中 TiO_2、ZnO 和 CdS 的催化活性最高，但 ZnO 和 CdS 在光照时不稳定，常因光腐蚀而产生 Cd^{2+}、Zn^{2+}，对生物产生毒害。

在众多光催化剂中，TiO$_2$具有良好的化学稳定性、生物稳定性和光稳定性，且没有毒性、催化活性高、价格合理、使用寿命长，被公认为是最佳的光催化剂[10]。

光催化剂按成分可分为金属氧化物光催化剂（如 TiO$_2$、ZnO）、金属硫化物光催化剂（如 CdS、ZnS）和复合氧化物光催化剂（如 SrTiO$_3$、LaCoO$_3$）。按光响应波长范围，光催化剂可分为紫外光光催化剂（如 TiO$_2$、ZnO、WO$_3$ 和 SiC）和可见光光催化剂（如

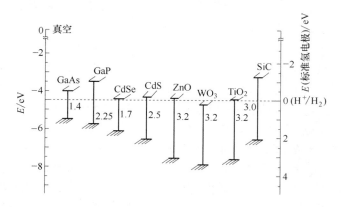

图 5-2　常见半导体在 pH＝1 水溶液中的能带示意图

Ag$_3$PO$_4$、BiVO$_4$、g-C$_3$N$_4$、Bi$_2$WO$_6$ 和 Bi$_2$MoO$_6$）。半导体光催化剂根据载流子特性可分为 n 型半导体光催化剂和 p 型半导体光催化剂。半导体中有两种载流子，即价带中的空穴和导带中的电子，以电子导电为主的半导体称之为 n 型半导体，与之相对的，以空穴导电为主的半导体称为 p 型半导体。"n"表示负电的意思，取自英文 negative 的第一个字母。在这类半导体中，参与导电的（即导电载体）主要是带负电的电子，这些电子来自半导体中的施主。凡掺有施主杂质或施主数量多于受主的半导体都是 n 型半导体。例如，含有适量五价元素砷、磷、锑等的锗半导体或硅半导体等。常见的光催化剂如 TiO$_2$、SnO$_2$、WO$_3$、In$_2$O$_3$等都属于 n 型半导体光催化剂。"p"表示正电的意思，取自英文 positive 的第一个字母。在这类半导体中，参与导电的主要是带正电的空穴，这些空穴来自半导体中的受主。因此，凡掺有受主杂质或受主数量多于施主的半导体都是 p 型半导体。过渡金属氧化物如 CuO、NiO、CoO 等都是 p 型半导体光催化剂。由于 n 型半导体和 p 型半导体中正电荷量与负电荷量相等，故 n 型半导体和 p 型半导体均呈电中性。但 n 型半导体的自由电子主要由杂质原子提供，空穴由热激发形成，掺入的杂质越多，自由电子浓度就越高，导电性能就越强。而 p 型半导体的空穴主要由杂质原子提供，自由电子由热激发形成，掺入的杂质越多，空穴浓度就越高，导电性能就越强。将不同类型的半导体材料复合可制得不同类型的复合光催化剂，主要复合类型有 n-n 型、p-p 型和 p-n 型。其中 p-n 结不但能够通过光敏化作用拓展宽带隙半导体的波长范围，而且能够通过内建电场抑制载流子复合，大幅度提高材料的光催化性能，因此备受国内外研究者的关注。

5.2.3　TiO$_2$ 光催化反应的基本过程

与其他光催化剂相比，TiO$_2$具有很多优点，如不发生光腐蚀，热稳定性好，对生物无毒，来源丰富，能隙大，氧化性强，因此，TiO$_2$是光催化材料的代表物质。

锐钛矿 TiO$_2$ 在 pH 为 1 的溶液中的带隙能为 3.2eV，对应光波长为 387.5nm。也就是说，当入射光波长小于 387.5nm 时就可以使 TiO$_2$价带电子跃迁至导带，即在价带留下带正电的空穴，导带是带负电的电子，产生所谓的光生电子-空穴对。对于纳米级的 TiO$_2$，光激发产生的电子-空穴对可很快从体内迁移到表面。空穴是强氧化剂，可以将吸附在 TiO$_2$表面的氢氧根离子（OH$^-$）和水（H$_2$O）氧化为羟自由基（·OH），而导带电子是强还原

剂，其被吸附在 TiO_2 表面的溶解氧俘获而形成超氧离子自由基（$O_2^-\cdot$），部分超氧离子自由基可继续通过链式反应生成羟自由基。生成的超氧离子自由基和羟自由基具有较强的氧化性，可与污染物分子发生一系列的氧化还原反应，使染料[11-15]、表面活性剂、农药[16-20]及难以生物处理的卤代有机物等逐步矿化，最终生成 CO_2、H_2O 及其他无机离子。

在催化过程中，要经过多个变化途径，电子和空穴才能够在电场作用下或通过扩散的方式运动，与吸附在催化剂表面的物质发生氧化还原反应，或者被表面晶格缺陷俘获。另外，光生电子和空穴在 TiO_2 粒子内部或表面也可能直接复合 [图 5-3（a）]。由于纳米材料中存在大量的缺陷和悬键，这些缺陷和悬键能俘获光生电子或空穴并阻止光生电子和空穴的重新复合。这些被俘获的光生电子和空穴分别扩散到微粒的表面，从而产生了强烈的氧化还原电位。光生电子能将微粒表面的氧化性物质还原，而光生空穴能将表面的还原性物质氧化，即价带的空穴是良好的氧化剂，导带的电子是良好的还原剂。一般来说，电子具有还原性，而空穴具有氧化性。但能否实现氧化还原反应还要看光生电子、空穴的电位与反应物的氧化还原电位的相对位置。催化理论指出，半导体催化剂对反应物产生催化活性的先决条件是反应物的氧化还原电位必须处在半导体的带隙能 E_g 区间。价带的氧化还原电位越正，导带的氧化还原电位越负，则光生电子的还原能力和光生空穴的氧化能力就越强。在大多数情况下，光催化反应都离不开空气和水，空穴与表面吸附的 H_2O 或 OH^- 反应生成具有强氧化性的 $\cdot OH$。$\cdot OH$ 活性很高，能够无选择地氧化多种有机物并使之矿化，通常认为是光催化反应体系中主要的氧化剂。光生电子也能够与表面吸附的 O_2 反应，形成 $O_2^-\cdot$ 等活性氧类物质。这些自由基都具有很强的氧化性，能将各种有机物直接氧化成 CO_2、H_2O 等无机物分子而矿化。上述过程如图 5-3（b）所示，可用如下反应式表示[21,22]：

$$TiO_2 + h\nu \longrightarrow TiO_2(e^-, h^+) \tag{5-1}$$

$$e^- + h^+ \longrightarrow 热量或 h\nu \tag{5-2}$$

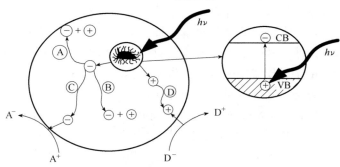

(a) 光生电子和空穴的产生与复合

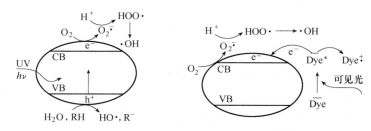

(b) 光生电子和空穴进一步反应生成自由基　　(c) 光催化染料敏化

图 5-3　半导体 TiO_2 光催化氧化反应机理示意图

$$h^+ + OH^- \longrightarrow \cdot OH \tag{5-3}$$

$$h^+ + H_2O \longrightarrow \cdot OH + H^+ \tag{5-4}$$

$$e^- + O_2 \longrightarrow O_2 \cdot^- \tag{5-5}$$

·OH 能与电子给体（D）作用将其氧化，e^- 能够与电子受体（A）作用将其还原，同时 h^+ 也能够直接与有机物作用将之氧化。

$$\cdot OH + D \longrightarrow D \cdot^+ + H_2O \tag{5-6}$$

$$e^- + A \longrightarrow A \cdot \tag{5-7}$$

$$h^+ + D \longrightarrow D \cdot^+ \tag{5-8}$$

光生电子-空穴对的捕获和复合是对光催化反应影响很大的两个相互竞争的过程。光催化反应的量子效率低是其难以实用化的最关键因素之一，而量子效率取决于载流子的复合概率。载流子的复合过程主要取决于两个因素：载流子在催化剂表面的俘获过程和表面电荷的迁移过程。增加载流子的俘获或提高表面电荷的迁移速率能够抑制载流子复合，提高光催化反应的效率。

光生电子和空穴的复合速率很快，在 TiO_2 表面其速率在 10^{-9} s 以内，而载流子被俘获的速率则相对较慢，通常在 $10^{-8} \sim 10^{-7}$ s。所以为了有效俘获光生电子或空穴，俘获剂在催化剂表面的预吸附是十分重要的。催化剂的表面形态、晶粒大小、晶相结构以及表面晶格缺陷均会影响载流子复合及电荷迁移过程。如果反应中存在一些电子受体能够及时与电子作用，通常能够抑制光生电子与空穴的复合，如 Rengaraj 等[22] 发现溶液中含 10^{-3} mol/L 的 Ag^+ 时，催化剂的光催化效率得到提高，原因在于 Ag^+ 作为电子受体与电子反应生成 Ag，从而减少了光生电子和空穴复合的概率。尽管通常认为光生电子被俘获的过程相对于载流子复合要慢得多，但 Rabani 等[23] 发现，当光强很弱时，在 ns 时间范围内，电子吸收主要取决于电子在催化剂表面的俘获，而在 fs 到 ps 范围以及 ms 以上时，电子吸收则取决于载流子的复合，即在 ns 时间范围内电子被俘获的过程相对于电子与空穴复合的过程更具有优势。如果没有空穴俘获剂的存在，数 ns 后仍能测到电子的存在。

光催化氧化反应体系的主要氧化剂究竟是·OH 还是空穴，一直存在争论，许多学者认为·OH 起主要作用[24-26]。电子自旋共振（ESR）的研究结果证实了在光催化反应中·OH 及一些活性氧自由基的存在[27]，Chhor 等[28] 则证实了氯乙烷的降解速率限制步骤是·OH 对 C—H 键的攻击过程。但空穴对有机物的直接氧化作用在适当的情形下也非常重要，特别是一些气相反应，空穴的直接氧化作用可能是其反应的主要途径。不同情形下空穴与羟自由基能够同时作用，有时溶液的 pH 值也决定了是·OH 还是空穴起主要作用[29]。Assabane 等[30] 研究了 1,2,4-三羧基苯甲酸光催化的降解，认为·OH 与空穴的作用是一个互相竞争的过程。但是也有许多学者认为空穴的作用更为重要[31]。Ishibashi 和 Fujishima 等[32] 通过测定反应过程中·OH 和空穴的量子产率来推测它们在反应中所起的作用，结果发现·OH 的量子产率为 7×10^{-5}，空穴的量子产率为 5.7×10^{-2}，而一般光催化反应的量子产率在 10^{-2} 这一数量级，由此他们认为空穴是光催化反应的主要物质。

光催化反应发生的位置是在催化剂表面还是在溶液中也存在争论。从许多光催化反应动力学符合 Langmuir-Hinshelwood（L-H）机理，以及反应物在催化剂表面的吸附符合 Langmuir 吸附等温式来看，有理由认为反应发生在催化剂的表面[33]。但由于电子受体只有在吸附发生后才能有效与电子作用而抑制载流子复合，那么反应动力学符合 L-H 机理只能说明·OH 的生成速率与表面吸附的相关性，而不能充分说明反应发生的位置是否在催化剂表面。Turchi 等[34] 观察到·OH 在溶液中能扩散几个 Å 的距离，如果反应的确是由·OH 而不是空穴起决定作用，那么反应的位置应该是在催化剂表面及近表面的溶液附近。Yang 等[35] 则根据反应物吸附从 50% 下降到近于 0，而总反应速率只下降了一部分的实验现象，提出两条相互独立的反应路径：一条为表面反应，另一条为溶液反应。

染料类化合物还存在另一条途径，即由可见光激发而降解其反应机理与上述有所不同。在可见光的照射下，染料化合物吸收光子能量形成激发单线态（^{1}dye*）或激发三线态（^{3}dye*），激发态的染料分子能够向 TiO_2 导带注入一个电子而自身生成碳正自由基。注入导带的电子与吸附在 TiO_2 表面的 O_2 作用后形成 O_2^-·，并进一步形成 HOO· 等活性氧自由基。这些活性氧自由基进攻染料碳正自由基，形成羟基化产物，再经一系列氧化还原反应最终生成 CO_2、H_2O 等无机小分子。上述过程见图 5-3（c），反应式如下：

$$dye + h\nu \longrightarrow {}^1dye^* \text{ 或 } {}^3dye^* \tag{5-9}$$

$$^1dye^* \text{（或} {}^3dye^* \text{）} \longrightarrow dye^{\cdot} + e^- \tag{5-10}$$

$$dye^{\cdot} + O_2(O_2^-·,·OH) \longrightarrow \text{产物} \tag{5-11}$$

Zhao 等[36-40] 对罗丹明 B 等多种染料化合物进行一系列研究后证实了这一过程。他们用耐热玻璃滤去 470nm 以下的光作为激发光源，由于 470nm 以上的光不能直接使 TiO_2 激发，这样确保反应的完成不是通过 TiO_2 的直接激发来进行的。他们还发现，当染料褪色以后，即使继续光照，溶液的化学需氧量（COD）也不再降低，由此进一步证明了光降解过程确实是由发色团对可见光的吸收引起的。Stylidi 等[41] 对染料 AO7 降解进行研究后，提出了与此一致的观点。染料化合物对可见光的这种响应特性，可以用来延长催化剂的响应波长，此即催化剂的光敏化。

Stark 等[42] 报道了光催化反应中光生电子的链式反应机理。他们发现在光催化对 CCl_4 的脱氯反应过程中，如果没有甲醇作为·OH 的猝灭剂，生成 Cl^- 的量子效率非常低，而甲醇浓度为 $0.2 \sim 12$mol/L 时，其量子效率达 6 左右，由此提出如下反应机理：

$$e^-_{TiO_2} + CCl_4 \longrightarrow CCl_3· + Cl^- \tag{5-12}$$

$$CCl_3· + TiO_2 + OH^- \longrightarrow e^-_{TiO_2} + CCl_3OH \tag{5-13}$$

$$CCl_3· + CCl_3· \longrightarrow C_2Cl_6 \tag{5-14}$$

在没有·OH 猝灭剂时，式（5-13）反应不足以与载流子复合过程竞争，当用甲醇猝灭·OH 后，由以上反应所引发的链式反应使得生成 Cl^- 的量子效率比一般的光催化反应量子效率高。

5.3 ▶ 光催化材料的制备方法

纳米光催化材料的制备方法可以分为两大类：物理方法和化学方法。化学方法是通过适当的化学反应，从分子、原子角度出发制备所需的纳米光催化材料，该方法除具有设备简单、条件温和的优点外，还可制备出物理方法无法获得的一些形态复杂的纳米材料。光催化材料的制备主要有溶胶凝胶法、化学气相沉积法、水热法、沉淀法、微乳液法、模板法、阳极氧化法、热胶黏合法和直接氧化法等方法。

5.3.1 溶胶凝胶法

溶胶凝胶法（sol-gel method）是湿化学制备材料中新兴起的一种方法。根据分散介质，溶胶凝胶法分为水介质和醇介质两种制备体系。金属醇盐在水和醇介质中，通过溶液、溶胶和凝胶的递变过程形成复合材料。溶胶凝胶法制备纳米 TiO_2 粉体的原理是：以钛醇盐或钛的无机盐为原料，经水解和缩聚得到溶胶，再进一步缩聚得到凝胶，凝胶经干燥、焙烧转变为纳米 TiO_2 粉体[43]。此法也可制备纳米 TiO_2 膜电极，一般以钛醇盐及无水乙醇为原料，加入少量水及不同的酸或有机聚合物添加剂，经搅拌、陈化制成稳定的溶胶凝胶，再将其涂渍附着在载体上焙烧。

国外从 20 世纪 90 年代初便开始了光电催化降解水中有机污染物的研究，Vinodgo-pal[43-45]、Kim[46]、Kesselman 等[47] 先后采用溶胶凝胶法在导电玻璃上制得光电极，分别研究了光电催化对 3-氯苯酚、甲酸、对苯二酚等有机物的降解过程，考察了膜厚、偏压、氧气、无机电解质对光电催化降解有机物的影响。结果表明，光电催化反应的降解速率随 TiO_2 膜厚、偏压增加而增加，氧与无机电解质的存在与否对光电催化反应没有明显影响。相对于化学气相沉积法，溶胶凝胶法的操作温度低，膜厚可控制。姚清照、李景印等[48,49]以钛酸四丁酯、无水乙醇等为原料，以镀铂或镀锡铟导电玻璃为衬底材料，采用溶胶凝胶法制得的 TiO_2/导电玻璃薄膜，膜层均匀，粒度达到纳米级，晶型为锐钛矿型。

5.3.2 化学气相沉积法

化学气相沉积（Chemical Vapor Deposition，CVD）法是以挥发性金属化合物或有机金属化合物等的蒸气为原料，通过化学反应生成所需物质，在保护气体环境下快速冷凝，从而制备纳米颗粒或薄膜[49]。通常采用 $TiCl_4$ 在高温下氧化制备 TiO_2。这种方法制备出来的纳米 TiO_2 比表面大，在高温下制备的复合中心少，并存在混晶效应，因此具有较高的活性。Hitchman 等[50] 以叔丁醇钛（TTB）为前驱体用低压 CVD 法制备了光电催化电极，比较了光催化与光电催化降解 3-氯酚（3-CP）的效果，考察了不同薄膜厚度对降解效果的影响。

5.3.3 水热法

水（溶剂）热法是指在一个特制的封闭反应釜内，通过水或溶剂作为反应的介质，对反应釜进行加热，得到一个高温、高压的反应环境，使所有反应原料能充分溶解再重结晶，从而制备出所需的产物[50]。水热法采用的装置为反应釜。该方法一般仅用于 TiO_2 粉体的制备，不适合制备 TiO_2 膜电极。言文远等[51] 采用两步水热法制备了 RGO/纳米 TiO_2 复合材料：第 1 步合成了暴露高活性晶面的纳米 TiO_2；第 2 步将合成的纳米 TiO_2 与氧化石墨烯（Graphene Oxide，GO）复合，制得 RGO/纳米 TiO_2 复合材料。他们对其进行了表征，并评价了其光催化性能。在紫外光照射下，两步水热法合成的 RGO/纳米 TiO_2 复合材料具有很好的光催化性能，其光催化性能明显优于商用 TiO_2（P25）和纳米 TiO_2，说明 TiO_2 暴露的晶面对光催化活性有影响。

5.3.4 沉淀法

沉淀法是在原料溶液中添加适当的沉淀剂，使得原料溶液中的阳离子形成各种形式的沉淀物（其颗粒大小和形状由反应条件控制），然后经过过滤、洗涤、干燥，有时还需要经过加热分解等工艺得到纳米颗粒。沉淀法具有制备工艺简单、成本低、能够细化催化剂晶粒、增大催化剂比表面等优点[52]。沉淀法分为直接沉淀法、共沉淀法、均匀沉淀法和水解法。Jiang 等[53] 采用非水沉淀工艺制备了锐钛矿型纳米 TiO_2。在冰乙酸的催化作用下，钛酸丁酯在乙醇中发生非水解反应。冰乙酸的引入增加了钛酸丁酯中 Ti—O 键和 C—O 键的极性，进而促进其在乙醇溶剂中发生非水解脱醚缩聚反应，形成 Ti—O—Ti 键。经过 80℃回流 24h，Ti—O—Ti 键重排形成锐钛矿型纳米 TiO_2，其粒径为 5～20nm，比表面为 $169.4m^2/g$。该催化剂在紫外光照 2h 时对甲基橙的降解率达 99.81%。

5.3.5 微乳液法

微乳液是热力学稳定、透明的水滴在油中（W/O）或油滴在水中（O/W）形成的单分散体系，其微结构的粒径为 5～70nm，分为 O/W 型和 W/O（反相胶束）型两种，是表面活性剂分子在油-水界面形成的有序组合体。在此体系中，两种互不相溶的连续介质被表面活性剂双亲分子分割成微小空间，形成微型反应器，其大小可控制在纳米级范围，反应物在体系中反应生成固相粒子。微乳液法是制备单分散纳米粒子的重要手段[54]。

若能将微乳液法与溶胶凝胶法结合，在微乳液中进行溶胶凝胶过程，势必可以达到微粒制备过程中反应物初始反应速率可控的目的。另一方面，溶胶凝胶过程在水核"纳米反应器"中进行，可以有效地控制产物的一次粒径，得到的 TiO_2 前驱体表面包裹着表面活性剂，可以阻止煅烧过程中发生团聚，从而使制备的 TiO_2 微粒达到粒径小、形貌规整、分布窄等要求。张刚等[54] 以 TritonX-100/正己醇/环己烷/水和 CTAB/正己醇/水两种微乳液体系制备了纳米 TiO_2/SiO_2 复合粉体催化剂，对 TiO_2/SiO_2 复合粉体催化剂进行了表征及活性评价，并对两种微乳液体系进行了比较。

5.3.6 模板法

模板法作为一种制备纳米材料的有效方法，其主要特点是，不管是在液相中还是气相中发生的化学反应，都是在有效控制的区域内进行的。模板法通常用来制备特殊形貌的纳米材料，如纳米线、纳米管、纳米带、纳米丝和片状纳米材料。其优点为：a. 以模板为载体能精确控制纳米材料的尺寸、形状、结构和性质；b. 实现纳米材料合成与组装一体化，同时可以解决纳米材料的分散稳定性问题；c. 合成过程相对简单，适合批量生产。李薇等[55] 以天然纤维素西府海棠叶片和箬竹叶片为天然模板，钛酸丁酯为钛源，制备了具有特殊形貌的高光催化活性 TiO_2 光催化剂，应用于模拟有机污染物亚甲基蓝溶液的处理。他们对两种叶片为模板制得的异形 TiO_2 光催化剂的光催化性能进行了对比，发现用箬竹叶片为模板，硝酸用量为 20mL，经 600℃热处理后所制得的异形 TiO_2 光催化剂具有较强的吸附性和光催化活性，其明显优于以西府海棠叶片为模板制得的异形 TiO_2 光催化剂。

5.3.7 阳极氧化法

阳极氧化法是以钛片作为阳极，铜板作为阴极，于一定浓度的 H_2SO_4 溶液中电解，在基底钛表面生成 TiO_2 薄膜的方法，适合制备 TiO_2 薄膜。李芳柏、刘惠玲等[56-58] 用钛网作基底，采用阳极氧化法成功制备了 Ti/TiO_2 光电极，电极表面 TiO_2 以锐钛矿结构为主，表面粗糙而多孔，具有良好的光催化活性，能有效地进行光电催化氧化，降低腐殖酸溶液中的 TOC，对罗丹明 B 的降解效果良好，并发现其表面性质与光电催化活性受电解电压与电流密度的影响显著，在电解电压与电流密度分别为 160V 和 $1100A/m^2$ 时可获得最佳光电催化活性。

5.3.8 热胶黏合法

直接采用加热法或黏结剂将分散均匀的悬浮态 TiO_2 粉末喷涂在基材上使其成膜的方法

叫作热胶黏合法。此法工艺简单，膜的牢固性也可以，适合制备 TiO_2 薄膜。冷文华、刘鸿等[59,60] 以聚乙烯醇 124 为黏结剂，以单面泡沫镍网为载体，采用刮浆工艺制得光电极。在整个实验过程中，未发现粉末 TiO_2 脱落。另外由于 TiO_2 的阻挡保护，镍的腐蚀性大大降低。TiO_2/Ni 的物理化学性质较稳定，使用碳酸钠浸泡可完全恢复催化活性，连续使用 80h 未发现催化活性明显降低。

5.3.9 直接氧化法

直接氧化法是先将钛板于 HNO_3 与 HF 溶液中刻蚀，经表面处理后再高温加热处理来制备 TiO_2 薄膜的方法。Waldner 等[61] 将钛板用 2mL HNO_3（体积分数为 65% 水溶液）、0.5mL HF（体积分数为 50% 水溶液）和 10mL H_2O 混合溶液处理后，在氧气环境中 600℃ 下加热 1h 制得 TiO_2 薄膜。直接氧化法制备的 TiO_2 膜较薄，且不均匀，可控性差，光催化活性往往不理想。

5.4 ▶ 光催化材料的表面改性

光催化材料的表面改性目的主要是降低光生载流子的复合概率和提高光催化剂的光响应性能，采用的手段主要包括调变光生载流子的复合概率、光响应性能以及催化剂表面对有机物的吸附性能等参数。

5.4.1 金属离子掺杂

金属离子掺杂的目的之一是降低光生载流子的复合。从化学观点看，金属离子掺杂可以在半导体晶格中引入缺陷位置或改变结晶度等。金属离子是电子的有效受体，可捕获导带中的电子，减少 TiO_2 表面光生电子 e^- 和光生空穴 h^+ 的复合，从而使 TiO_2 表面产生更多的 ·OH 和 $O_2^- \cdot$，提高催化剂的活性，或成为电子或空穴的陷阱而延长载流子的寿命，为空穴将 TiO_2 表面的 OH^- 和 H_2O 氧化为羟自由基或与 TiO_2 表面有机物发生氧化还原反应提供时间和空间。

金属离子掺杂的目的之二是扩展催化剂的光响应波长。通常情况下，金属离子进入 TiO_2 内部后，将在 TiO_2 的价带和导带之间插入一个附加能级，其既可作为电子给体受光照射向导带发射电子，也可作为电子受体吸收价带跃迁的电子，可以说在一定程度上改变了 TiO_2 电子能级的结构分布，降低了带隙能，使 TiO_2 能被除紫外光以外的光照射激发出电子，从而扩展其光响应波长。金属离子的掺杂浓度不能过高，否则可能会成为电子和空穴的复合中心而加快电子和空穴的复合。一般而言，金属离子掺杂有一个最佳浓度。

1990 年，Ileperuma 等[62] 最先发现在半导体中掺杂不同价态的金属离子后，半导体的催化性质发生改变。此后，Choi 等[63] 研究了 21 种溶解金属离子对量子化 TiO_2 粒子的掺杂效果，以氯仿氧化和四氯化碳还原为模型进行反应。结果表明，掺杂 0.5%（摩尔分数）Fe^{3+} 的效率最佳，其量子效率分别提高 18 倍和 15 倍。同时结果还表明，具有闭壳层电子构型的金属如 Li^+、Mg^{2+}、Al^{3+}、Zn^{2+}、Ga^{3+}、Zr^{4+}、Nb^{5+}、Sn^{4+}、Sb^{5+} 和 Ta^{5+} 等的掺杂影响很小，而 Co^{2+}、Cr^{3+} 的掺杂，会使电子被深度俘获，从而降低 TiO_2 的光催化活性。Takeuchi 和 Anpo[64,65] 的研究小组采用金属离子注入法对 TiO_2 光催化剂进行了改性。研究发现，通过高压加速注入的过渡金属如 V、Cr、Mn、Fe 和 Ni 可以使 TiO_2 的吸收带边不同程度地向可见光区域移动，而注入 Ar、Mg、Na 或 Ti 的 TiO_2 的吸收带边没有移动。于晓彩等[66] 选用 Li 对 TiO_2 进行掺杂，研究其对海产品深加工废水的降解效率。Li 的掺杂能显著提高 TiO_2 的结晶度，但也会略微增加晶粒的粒径。研究表明，当 Li 掺杂量为 5% 时，光催化剂具有锐钛矿型和金红石型的混合晶型，具有较高的光催化活性。此外，Li 的掺入使 TiO_2 的导带和价带中产生了一个达姆表面能级，使禁带宽度变窄，从而能吸收波长较长的光，提高可见光的利用率。Low 等[67] 采用过氧化钛酸溶胶回流的方法，制备了石墨烯/Fe^{3+}-TiO_2 催化剂，发现 Fe^{3+} 掺杂获得了比石墨烯-TiO_2 催化剂更好的光催化效果，原因可能是其阻碍了光生电子和空穴的复合。Yamashita 等[68] 研究了用过渡金属 V、Mn 和 Fe 分别掺杂 TiO_2 后对太阳光的响应情况，发现三者均可使 TiO_2 的光吸收范围从紫外光区延长至可见光区，其中 V 能够将 TiO_2 吸收波长拓展到橙光区域，这是因为 V 能使光生电子更容易生成，使电子传递到表面的速率加快。

尽管金属离子的掺杂能够使 TiO_2 的光催化性能得到许多改善，但是能够避免电子-空穴对的复合，实现光生电子俘获的金属较少，而且金属离子掺杂的有效浓度过大时，会在表面形成新的复合中心，反而增大了光生电子与空穴的复合概率，导致 TiO_2 的光催化性能随着金属离子有效掺杂浓度的增大而先增大后减小[69,70]。因此，人们对于掺杂材料的探索还有待深入。

5.4.2 贵金属沉积

贵金属沉积是指贵金属以原子状态沉积在 TiO_2 的表面。贵金属沉积的目的是扩展催化剂光响应波长和降低光生载流子的复合概率。不论是前四周期的金属还是非金属，它们能够改性 TiO_2 的主要原因一方面是能改变 TiO_2 晶格的结构，另一方面是能生成新的能级。TiO_2 表面沉积贵金属提高 TiO_2 光催化活性的普遍解释是：当半导体 TiO_2 表面和贵金属接触时，载流子能重新分布，光电子从费米能级较高的 n 型半导体 TiO_2 转移到费米能级较低的惰性金属上，直到它们的费米能级相同，从而形成肖特基势垒（Schottky barrier）。即在 TiO_2 表面沉积的贵金属形成了电子捕获阱，促进了光生电子与空穴的分离，延长了空穴的寿命，从而提高了光催化氧化活性。贵金属沉积可以改变 TiO_2 体系表面的电子分布，从而提高 TiO_2 对太阳光的利用率及光催化性能[71]。TiO_2 的表面覆盖率往往是很小的，贵金属在 TiO_2 表面的沉积一般并不是形成一层覆盖物，而是形成原子簇，聚集尺寸一般为纳米级。最常用的沉积贵金属是 Pt[72]，其次是 Pd[73]、Ag[74]、Au[75] 和 Ru[76] 等。光生电子和空穴的分离是提升光催化效率的关键。贵金属如 Ag、Au 和 Pt 引入 TiO_2 中会增加电子-空穴对的寿命，因为它们的表面电子集体振荡会产生表面等离激元共振[77]。其中，金属纳米粒子充当 TiO_2 表面产生的光生电子存储和运输的媒介。沉积贵金属有如下优势[78]：a. 金属-半导体界面形成势垒，延迟电子和空穴的复合；b. 独特的表面等离激元共振吸附特性使催化剂对光的吸收发生红移；c. 光催化剂表面性质的改性；d. —OOH 与氧反应产生羟自由基。贵金属沉积的缺点[79] 主要是金属离子浓度过高会产生金属簇，阻塞半导体的表面，进而减少光的吸收，降低光催化效率。此外，不利的金属离子会成为空穴的俘获位点。因此，合适的金属离子掺杂数量是制备高效的贵金属/TiO_2 光催化材料的关键。贵金属中，Ag 是一种理想的掺杂金属，其显示出强烈的表面等离激元共振效应，位于 $320\sim450nm$ 之间，这与 TiO_2 吸收能带很接近，掺杂时会极大地降低光生电子和空穴的复合率[80]。因此，Ag 成为研究掺杂 TiO_2 可见光光催化剂的最广泛的贵金属。直接模板法是一种复杂的、多步骤制备 Ag 掺杂 TiO_2 催化剂的方法，包括金属离子前驱体存在的反应、干燥、煅烧和金属离子光化学还原[81] 成金属单质附着到活化催化剂上。必须指出的是，设计合理的结构是获得高光催化效率的 Ag 掺杂 TiO_2 纳米粒子的关键所在，控制的关键点包括 Ag 的掺杂位置和几何形态。将 Ag 纳米粒子封装在 TiO_2 壳中，不仅比团聚显示出更好的稳定性，而且可以在应用中避免不必要的腐蚀和分解[82]。Ag 掺杂 TiO_2 光催化剂形成一维纳米线、纳米管或多维纳米结构等纳米材料，能够大幅度减小材料尺寸，增大表面积/体积的比率，从而促进光生电子和空穴在催化剂表面复合之前的快速扩散和分离[83]。一般而言，Ag-AgX-TiO_2 的制备过程主要包括：将 AgX 复合在 TiO_2 上，然后再将 AgX 经还原转换成 Ag 附在 TiO_2 纳米粒子上。开发简易高效、低成本的 Ag-AgX-TiO_2 复合材料制备方法是未来研究的方向。将 Ag 纳米粒子负载到 TiO_2 的常用方法是光化学沉积法，其可利用光生电子还原 Ag 纳米粒子，这会在 TiO_2 表面产生 "还原中心"[84]。但是，这种方法很难弄清 Ag 纳米粒子的尺寸和负载如何影响 Ag/TiO_2 的光催化效果，因为该制备方法和 Ag 纳米粒子在 TiO_2 上的负载效果都会影响催化剂性能。在该制备方法中，阻止 Ag 纳米粒子的团聚，获得 TiO_2 和负载可控反应是获得高效 Ag/TiO_2 复合光催化剂的关键。于濂清等[85] 通过阳极氧化法制备 TiO_2 纳米管阵列样品，再将 Ag 沉积在样品上形成 Ag-TiO_2 纳米管阵列。TiO_2 是先进行热处理再沉积 Ag 的，使 Ag 只能沉积于晶格表面，保持了 TiO_2 晶格的完整性。Ag 能吸引电子并以光电流或电流信号的形式传出，降低光生电子与空穴的相遇概率，从而使催化剂具有良好的光催化性能。虽然贵金属沉积能够提高光催化性能，但 TiO_2 改性后红移效果不佳，太阳光的利用率也比较低。此外，贵金属价格较贵，且分散不够均匀，重复利用率也较低。

5.4.3 非金属元素掺杂

虽然金属离子掺杂能够在一定程度上拓展 TiO_2 对太阳光的响应范围，但也相应带来了缺陷[86-88]：a. TiO_2 本身的热稳定性很好，金属离子的掺杂可能会对其造成影响；b. 金属离子掺杂可能为电子和空穴的复合提供了良好的复合中心；c. 部分金属离子掺杂缺少廉价的注入设备。这些问题使人们转而对通过非金属元素特别是氮、碳和硫的掺杂而进行 TiO_2 能带窄化的研究产生了浓厚的兴趣。非金属掺杂会在 TiO_2 能带中形成一种 "中间带" 来作为电子的给体和受体，这会很好地降低能带和增强 TiO_2 在可见光下的吸收[89]。

对 TiO_2 进行掺杂的非金属元素主要为前三周期的元素，如 B、C、N 和 S 等，其中，N 由于离子半径与氧最相近而被广泛研究。非金属元素的掺杂主要机理是 TiO_2 中的 O2p 轨道和非金属元素中与其能量相近的 p 或 2p 轨道发生杂化，形成能量较高的能级，使 TiO_2 的价带上移，禁带宽度相对减小，光生载流子增多，从而提高其光催化活性[90]。Asahi 等[91] 基于态密度 (DOS) 计算出锐钛矿型 TiO_2 晶格中掺入 N、C、S、P 和 F 原子的结果，认为 N 掺杂可使 TiO_2 能带通过 N2p 和 O2p 的混合而窄化。在 N_2 气氛下溅射或高温煅烧的 TiO_2 膜的光响应波长能够扩展到高于 500nm，这与位于 TiO_2 价带上方的 N 掺杂态一致，该结果由在可见光 (低于 500nm) 照射下的光催化实验结果所证实。

Asahi 等[91] 首次采用非金属元素 N 掺杂 TiO_2 并验证其具有优异的可见光活性，为掺杂 TiO_2 的研究开辟了新思路。氮原子与氧原子具有相当的尺寸、较小的电离能以及较高的稳定性，被认为是一种很有前景的掺杂元素。N 掺杂过程中，N 进入 TiO_2 晶格中代替晶格氧原子而形成 Ti—N 或 O—Ti—N 键，这会在 TiO_2 中形成新的能带，位于导带和价带之间。但是，这种理论还存在争议。Emeline 等[92] 认为氧空位被 N 占据后作为活性位点引发可见光响应。Triantis 等[93] 认为 N 掺杂后在 TiO$_2$ 中形成的能量状态解释了能带的红移和光催化效率的提高。但是目前还没有出现 NH$_x$ 序列存在的直接证据，关于这方面的机理研究有待加强。

通过硫掺杂可使 TiO$_2$ 能带窄化[94]。TiS 粉末在 600℃ 煅烧可形成包含嵌入硫元素的锐钛矿型 TiO$_2$，这已由归属于 Ti—S 键的弱 XPS 峰证实。催化剂的吸收光谱向可见光区的移动相对较小（约到 430nm），硫掺杂样品仍呈白色，这些都很难支持最初由从头计算获得的能带结构宽窄化的结论[95]。硫掺杂的 TiO$_2$ 对甲基蓝脱色显示出可见光光催化活性[95]，但由于甲基蓝本身可吸收可见光，脱色是由于甲基蓝光解还是硫掺杂 TiO$_2$ 的可见光光催化活性所致引起了争议。

在所有非金属掺杂 TiO$_2$ 改善其可见光光催化活性的工作中，碳掺杂是研究得最深入的[96-103]，尤其是在分解水的应用中[104-107]。碳元素具有较好的金属导电能力以及价电子存储能力，可以吸收裸露电子而提升光生电子和空穴的分离速率。碳对可见光的吸收和有机污染物的吸附能力都很强，这可以促进光催化剂的界面反应。在碳掺杂过程中，碳元素渗透进 TiO$_2$ 层状结构中代替氧原子，形成 O—Ti—C 键，产生的杂化轨道位于导带和价带之间，这会增强其对可见光的吸收。Sakthivel 和 Kisch[98] 通过 TiCl$_4$ 和四丁基氢氧化铵水解，于 400℃ 空气中煅烧制得碳掺杂 TiO$_2$。其光吸收波长扩展至近红外区，高于 700nm，作者将这归因于在带隙内高于 O2p 价带的位置存在定域的表面态。该催化剂在光催化降解 4-氯酚、雷马素红等污染物时显示出较高的可见光活性。碳掺杂 TiO$_2$ 也可用于制备薄膜，作为光电极检测其在分解水和氧化甲酸方面的活性[102]。碳掺杂 TiO$_2$ 的结构和性质由于制备方法的不同而显著不同，经过 400℃ 煅烧处理的锐钛矿型 TiO$_2$ 粉末，碳以碳酸盐的形式存在[98]，即以正氧化态的形式存在。Khan 等[100] 通过在 850℃ 天然气火焰中热解钛金属制备的碳掺杂 TiO$_2$ 膜，经 XPS 分析含碳约 15%，相应的化学组成为 TiO$_{2-0.15}$C$_{0.15}$，说明碳原子部分取代了氧原子。该碳掺杂膜的吸收光谱显示存在两个阈值，一个在紫外区（2.8eV），另一个在可见光区（2.3eV）。如其他研究者讨论的[104-107]，在没有相关光电转化效率数据时，还不清楚该碳掺杂 TiO$_2$ 膜的吸收光谱中哪一部分可以转化为可见光分解水的光电流。制备碳掺杂 TiO$_2$ 的方法包括使用含碳前驱体的溶胶凝胶法和 TiC 的氧化热解法等[77]。Lin 等[108] 报道了一种简便的制备功能性碳掺杂 TiO$_2$ 纳米材料的方法，该方法主要是利用天然气在硝酸中回流形成碳源，再通过水热法与钛酸异丁酯水解合成的。因为该方法对碳源的要求很苛刻且碳源也很容易发生团聚，故该方法还需要进一步改善。

其他非金属元素，如 F、P、S 和 O 等也可作为 TiO$_2$ 的掺杂剂。研究表明，F 掺杂不会改变 TiO$_2$ 的能带，却可以改善材料的表面性质，可能的原因是 F$^-$ 会与 Ti^{4+} 发生反应，形成 Ti^{3+}，这有利于光生电子和空穴的分离而提高光催化效率。P 和 S 掺杂对于可见光响应 TiO$_2$ 的制备也有积极效果。根本原因在于，掺杂过程中，一种位于导带和价带之间的"中间带"的形成会极大地降低能带宽度（<3.2eV），这种"中间带"会延长光生电子和空穴的寿命，降低二者的复合率而增强材料的可见光响应[109]。必须指出的是，富氧改性[110] 作为一种新的技术得到了人们的研究。这种催化剂是由过氧化物-TiO$_2$ 复合物直接通过原位热分解得到的，具有优良的可见光光催化能力。通过提高 TiO$_2$ 价带的最大值而减小能带宽度，并且通过增强 Ti—O—Ti 的键强度而增大可见光吸收。典型的 2H$_2$O$_2$-TiO$_2$ 和 16H$_2$O$_2$-TiO$_2$ 的能带宽度分别降低到 3.04eV 和 2.86eV，这会极大地提升催化剂的可见光响应效果。

5.4.4 稀土元素掺杂

镧系稀土元素的离子（La^{3+}、Dy^{3+}、Ce^{3+}、Pr^{3+} 和 Yb^{3+}）具备独特的 4f 电子层结构、独特的光学性质以及活泼的化学活性。在对 TiO_2 光催化剂进行改性时，因稀土元素丰富的能级结构，容易产生多电子组态，氧化物晶型也比较多，可对 TiO_2 能带结构、晶体结构以及光吸收性能等方面产生影响，抑制光生载流子的复合，有效提高 TiO_2 的光催化效率。

刘丽静[111,112] 采用溶胶凝胶法制备了稀土元素 La^{3+} 和 Dy^{3+} 分别掺杂 TiO_2 的复合光催化剂，得出掺杂后的催化剂能细化晶粒，且具有较高的热稳定性，在高温时能抑制 TiO_2 晶型的转变。Saif 等[113] 通过溶胶凝胶法分别制备了用镧系元素的离子 Nd^{3+}、Sm^{3+}、Eu^{3+}、Gd^{3+}、Dy^{3+} 和 Er^{3+} 掺杂的 TiO_2 光催化剂，催化剂的催化活性高，可用于实际污水的处理。徐晓虹等[114] 采用溶胶凝胶法制备了 Y^{3+} 掺杂的 TiO_2 纳米粉体，发现少量 Y^{3+} 进入 TiO_2 的晶格，取代部分氧原子，在 Y 周围出现氧空位，在受到 TiO_2 的束缚后形成新的杂质能级，降低了禁带宽度，光响应波长出现红移现象。此外，TiO_2 的平均粒径随着 Y^{3+} 掺杂量的增加而减小。与金属、非金属掺杂相比较，稀土元素掺杂细化晶粒的效果更好。

5.4.5 复合半导体

TiO_2 复合半导体，是以浸渍法或混合溶胶法等方法制备的 TiO_2 二元或多元复合半导体。半导体复合的主要目的是降低光生载流子的复合概率。半导体复合是提高光催化效率的有效手段。二元复合半导体光催化活性的提高可归因于不同能级半导体之间光生载流子的运输与分离[115]。以 TiO_2-CdS 复合体系为例，如图 5-4（a）所示，当用足够能量的光激发时，CdS 与 TiO_2 同时发生电子带间跃迁。由于导带和价带能级的差异，光生电子将聚集在 TiO_2 的导带上，而空穴则聚集在 CdS 的价带上，光生载流子得到分离，从而提高了量子效率。另一方面，如图 5-4（b）所示，当照射光的能量较小时，只有 CdS 发生带间跃迁，CdS 产生的激发电子运输到 TiO_2 导带而使光生载流子得到分离，从而使催化活性提高。对 TiO_2 而言，由于 CdS 的复合，激发波长得到了扩展[115]。

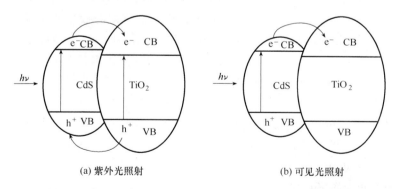

(a) 紫外光照射   (b) 可见光照射

图 5-4 载流子在 TiO_2 与 CdS 复合半导体中的运输与分离

近年来人们对 CdS/TiO_2[116]、$CdSe/TiO_2$[117]、SnO_2/TiO_2[118]、WO_3/TiO_2[119] 等体系的研究均表明，复合半导体比单个半导体具有更高的催化活性。如 SnO_2/TiO_2 降解染料的效率较 SnO_2 和 TiO_2 大大提高，WO_3/TiO_2 降解 1,4-二氯苯时也表现出比 TiO_2 和 WO_3 更高的活性。通过半导体复合可以提高系统的电荷分离效果，扩展其光吸收范围。颜秀茹等[120] 采用包覆法制备了 SnO_2/TiO_2 包覆型复合光催化剂，比单一的 TiO_2 或 SnO_2 催化剂的催化活性高，这是由于包覆型复合半导体粒子是以核-壳式的几何结构存在的，其催化活性的提高归因于不同能级半导体之间光生载流子的运输与分离。SnO_2 的导带能级 $E_{CB}=0V$(vs. NHE，pH=7)，TiO_2 的导带能级 $E_{CB}=-0.5V$(vs. NHE，pH=7)，二者的差异导致 SnO_2 与 TiO_2 接触后，光生电子易从 TiO_2 表面向 SnO_2 转移，使电子在 SnO_2 上富集，减少了 TiO_2 表面电子的密度，也就减少了电子与空穴在 TiO_2 表面的复合概率，提高了复合半导体粒子的光催化活性。另外，颜秀茹等所制得的 SnO_2/TiO_2 包覆型样品粒径小，导致样品的量子尺寸效应且具有较大的比表面，有利于光催化活性的提高。复合半导体有以下优点：a. 通过改变粒子的大小，易于调节半导体的带隙和光吸收范围；b. 半导体的光吸收波长得到扩展，有利于太阳光的有效利用；c. 通过粒子的表面改性可增强其光稳定性。

5.4.6 多元素共掺杂

研究表明单元素的掺杂对 TiO_2 改性的着重点不同，要同时使 TiO_2 的光吸收范围、光催化性能以及热稳定性都得到提高，多种元素的共掺杂是一个理想的解决方法[121]。共掺杂是由两种或多种非金属或金属联合的掺杂方法，是一种制备高效、稳定、可见光响应的 TiO_2 基光催化剂的有效方法，可分为金属与金属、金属与非金属、金属与稀土元素、非金属与非金属、非金属与稀土元素共掺杂等。

5.4.6.1 金属与金属共掺杂

杨志怀等[122] 以密度泛函数理论为基础，采用第一原理赝势平面波方法，比较了 Co 和 Cr 分别单掺杂和共掺杂金红石型 TiO_2 在能带结构和光学性质方面的不同。Co、Cr 的单掺杂主要是 Co 和 Cr 的 3d 轨道与 Ti 的 3d 轨道杂化后形成杂质能级，使导带和价带都向低能级迁移，而 Co 和 Cr 的共掺使导带向低能级迁移，价带向高能级迁移，相较单掺杂而言，大大地减小了禁带宽度，提高了对太阳光的利用率。此外，单掺杂和共掺杂都造成了 TiO_2 晶格不同程度的扭曲，但共掺杂形成的晶格对称性更好，所以它的稳定性也更好。支晨琛等[123] 通过从头计算得出，与 W、Bi 单掺杂相比，两者共掺杂使带隙更窄，光吸收带边红移效果更明显，光催化性能更佳，但对细化晶粒没有明显的效果。唐泽华等[124] 采用溶胶凝胶法制备了 Cu、Zn 共掺杂 TiO_2 薄膜，对亚甲基蓝污染物进行光催化降解。其中，主要是 Cu 离子吸收边红移起作用，而促进 TiO_2 相的转变、细化晶粒、抑制光生电子与空穴的复合是两者协同作用的结果。由此可见，金属共掺杂的效果比单掺杂的效果更好。双金属掺杂 TiO_2，如 $Au/In-TiO_2$、$Au/Ag-TiO_2$、$Au/Pt-TiO_2$，显示出很高的催化活性和稳定性[125]。但是，催化效果尚未达到实际需求水平，这些掺杂剂的存在会使 TiO_2 晶格产生各种缺陷，如位错缺陷、氧缺陷和钛缺陷等，会对催化剂的其他性能产生影响[126]。因此，开发具有较高的比表面、较低的载流子复合率、超高的光催化效率和稳定性的金属掺杂 TiO_2 光催化材料显得尤为急迫。

5.4.6.2 金属与非金属共掺杂

赵鑫等[127] 利用溶胶凝胶法制备了 Co、N 和 S 三种元素共掺杂的 TiO_2 纳米光催化剂，结果显示，无论 Co、N 和 S 是单掺杂还是两两共掺杂，对紫外光区和可见光区的吸收都不及三者共掺杂的好，三者共掺杂不但使吸收边红移至 900nm 处，大大地提高了对太阳光的利用率，且细化了晶粒，使催化剂具有更大的比表面。此外，这种掺杂型光催化剂的稳定性较好，但总的回收率还有待提高。Fe、Co 和 N 共掺杂能得到比单一掺杂更好的光催化效果。张玉玉等[128] 采用溶胶凝胶法将 TiO_2 制成透明溶胶，再用浸渍法依次将 Fe 和 N 掺入其中，制备了 Fe、N 共掺杂 TiO_2 光催化剂。在相同的条件下，Fe、N 共掺杂 TiO_2 光催化剂比单掺杂和未掺杂 TiO_2 光催化剂的降解效果要好得多，当 $n_{Fe}:n_N:n_{Ti}$ 为 0.1% : $4.8\%:1$ 时，罗丹明 B 的降解率可达 99.68%。B 和 Au 共掺杂也可以通过增强载流子分离效率来提升 TiO_2 纳米粒子在可见光下的光催化能力，因为 B 掺杂会引入较低的能带，而 Au 纳米颗粒能提高载流子分离效率。与其他元素共掺杂相比，金属与非金属掺杂也是维持体系电荷平衡的重要手段，因为金属掺杂能提供更多的正电荷来弥补非金属掺杂所带来的负电荷[127]。

5.4.6.3 金属与稀土元素共掺杂

张浩[129] 通过正交试验法和极差分析法相结合，研究了过渡金属 Cu 与稀土金属 Ce 共掺杂 TiO_2 光催化剂的性能。Cu、Ce 的单掺杂极易造成光催化剂的团聚，而两者的共掺杂使光催化剂的粒径减小且分布均匀。此外，光催化剂的吸附能力更强，抑制了表面光生电子和空穴的复合，提高了光催化效率。士丽敏等[130] 通过溶胶凝胶法制备了 La 与 Fe 共掺杂 TiO_2 光催化剂，La 的掺杂使催化剂的粒径尺寸显著减小，而两者共掺杂进一步细化了晶粒，使催化剂具有更高的催化活性。此外，催化剂中均匀分散的 La 与 Fe 会增加 TiO_2 表面氧化位和表面缺陷位置，进而增强表面的吸附能力，且循环稳定性更好。

5.4.6.4 非金属与非金属共掺杂

B、N 分别掺杂都能扩展光响应波长，虽然其吸附和光催化效果还是不理想，但是 N、B 共掺杂 TiO_2 显示出更高的紫外和可见光催化效率，原因可能在于 N 与 B 之间产生了协同作用，在其表面形成 Ti—B—N 结构[131]。陈寒玉[132] 采用溶胶凝胶法制备了 S、N 共掺杂 TiO_2 胶体，再将其负载在粉煤灰浮选出的磁性空心微珠上，通过低温烧结制备出具有磁性的悬浮型光催化剂。虽然该催化剂具有磁性，易于回收，但催化剂重复利用率低，多次使用会降低其光催化活性。陈汉林等[133] 先用阳极氧化法制得 TiO_2 纳米管阵列，再用超声辅助沉积法将 C、N 掺杂到纳米管阵列中，C、N 的掺杂没有破坏其阵列结构，且增强了纳米管阵列的结晶度和稳定性，增强了其光催化活性。在酸性条件下，该纳米管阵列对甲基橙的降解率能达到 100%，在降解污染物的同时还能产氢。

5.4.6.5 非金属与稀土元素共掺杂

徐清艳[134] 采用溶胶凝胶法制备了 La 和 B 共掺杂 TiO_2 催化剂，用于降解苋菜红。与纯 TiO_2 催化剂比较，La 的掺入对苋菜红的降解影响较大，在一定条件下，苋菜红的脱色率与 La 的掺杂量成正比，而适量掺杂 B 会增加催化剂的表面缺陷，增强其吸附能力，有利于延长光生电子和空穴的复合时间，加快降解速率。在最合理的条件下，该催化剂的光催化降解率达到 99.6%。刘增超等[135] 将共沉淀和浸渍法相结合，制备了稀土元素 La 和非金属元素 S 共掺杂 TiO_2 光催化剂，在最佳条件下，该催化剂对酸性红的降解率达到 95% 以上。共掺杂不仅进一步提高了 TiO_2 光催化剂的稳定性和对太阳光的利用率，还在一定程度上通过协同作用使晶粒细化且分散均匀，具有更大的比表面，从而增强了其吸附能力。

5.5 ▷ 光催化材料在环保领域的应用

5.5.1 光催化材料在大气污染治理领域的应用

光催化技术在空气净化领域的应用正在不断扩展。空气净化的主要产业化产品是空气净化器。现在很多厂家制作光催化空气净化器，从家用的到专业应用的，种类繁多。空气净化包括室内空气净化和室外空气净化两方面[136]。

在室内空气净化方面，室内空气的污染是指因为建筑使用的材料、装饰物品、家具、生活用品等排放出对人体有害的化学物质、生物因子以及物理因子，从而危害人的身心健康。因此，有必要采用相应的手段来控制室内空气污染的扩散，此时，光催化产品就显现出了其优势。因为光催化剂自身的独特性和简明的作用原理，其在室内装修中的应用也较为广泛，它可以分解由室内新装修产生的对人体或者社会环境有害的有机物或者一部分无机物，使这些有害物质可以分解成无害的成分，从而达到室内空气净化的作用[136]。例如，经过实验证明，在 $120m^2$ 的室内喷涂纳米级光催化剂，甲醛的含量会由 $0.57mL \cdot m^{-3}$ 降到 $0.05mL \cdot m^{-3}$，净化空气的效率高达 99% 以上，具有高的净化率[136]。在室内装饰材料中添加强吸附性材料和光催化剂，可结合吸附材料的强吸附性和光催化剂的强氧化性，净化室内空气。如在室内装饰材料中添加无机多孔矿物，如海泡石、坡缕石黏土、硅藻土、沸石等，可以增加材料的吸附性，使甲醛等空气污染物得到一定程度的富集。以硅藻土为主要原材料的内墙环保装饰壁材，如市售的硅藻泥等，具有吸附甲醛、净化空气、调节湿度、杀菌除臭等功能，但这种材料只具有吸附作用，不能将污染物降解无害化，且对甲醛等小分子物质的吸附效果有限。一旦对污染物吸附达到饱和，就很难再发挥作用，如遇环境温度升高，还可解吸释放污染物造成二次污染。人们选用对甲醛等小分子污染物具有良好吸附效果的海泡石和具有光催化效果的纳米 TiO_2 作为主要的功能材料，制备了干粉状光催化空气净化灰泥产品[136-141]，该产品同时具有吸附和光催化分解作用，可有效去除室内甲醛等小分子污染物，可应用于水泥、腻子、涂料、木材等不同基材表面。王静等[138] 对研发的新型净化功能粉体材料、涂料进行了净化甲醛实验室评价和实地房间评价，通过实验室模拟检测，稀土激活空气净化材料对甲醛24h净化效率达 88.84%，稀土激活空气净化涂料对甲醛24h净化效率达 92.10%，通过实地房间检测，涂刷稀土激活空气净化涂料的房间一周内甲醛净化效率最高可达 80.80%。大量研究[136-141,143,144] 表明，光催化剂在对苯、甲醛类污染物降解方面有巨大的应用前景。如利用直通孔的多层结构窝状整体净化网，主要由支撑体、活性炭和 TiO_2 光催化剂组成，经过实践应用表明，净化网对甲苯、甲醛以及氨的净化都超过95%，效果非常好[143]。Obee 等[144] 专门研究了室内有害气体光催化清除情况，探讨了空气温度及有害气体浓度对降解速率的影响。

光催化能够清洁狭小空间或室内的空气，那对于室外的大气污染处理呢？汽车尾气排放出来的氮氧化物（NO_x）污染大气，已经成为全球环境的大问题。在车道的路面和人行道的水泥预制板表面负载光催化剂、在建筑外墙涂上光催化剂涂层等方法均可实现大气污染的治理。目前室外空气净化的产品有：NO_x 除去板、防污顶棚、防污隧道照明装置等。

尽管光催化应用于消除空气中微量有害气体的研究起步较晚，但由于它在消除人类生活和工作环境中的空气污染（所谓小环境污染）方面突出的特点，TiO_2 光催化环境净化技术在空气净化方面的应用潜力非常大。

5.5.2　光催化材料在污水处理领域的应用

在饮用水处理方面，传统工艺不能有效地去除水源中的微量有机物，且氯化消毒又产生"三致"物质，严重威胁人类健康。部分自来水是取自地表水源，经常规净化可除去悬浮物及其他有毒物质，但对于一些易溶杂质及细菌则不能进行深度处理，使水质标准不高，影响人体健康。纳米 TiO_2 具有降解有机物和无机物的能力，同时还具有杀死细菌的功能。李田等[142] 固定 TiO_2 于玻璃纤维网上形成催化膜，深度净化饮用水。结果表明，自来水中有机物总量去除率在 60% 以上，细菌总数也明显降低，全面提高了水质（见表 5-2）[142]。研究表明[145-148]，利用 TiO_2 光催化技术深度净化饮用水，有害物质在光催化过程中先羟基化，再脱卤，逐步降解，直至矿化为 CO_2 和 H_2O 等，从而有效去除上述有害物质和细菌，全面改善水质，达到直接饮用的要求。该技术将成为目前氯化法处理饮用水的代用技术。光催化技术还能有效地去除水体中的消毒副产物（DBPs）及其前驱物，彻底灭杀致病微生物，在杀菌消毒等水体深度处理领域有着广阔的应用前景[149]。PEC 技术在自来水或再生水消毒方面亦有应用。采用 PEC 技术消毒可以有效地避免氯消毒产生的负面效应，包括产生致癌或致突变的氯化消毒副产物以及不能完全灭活的致病微生物等。Sun 等[150] 研究了 PEC 技术灭活大肠杆菌的原理。除此之外，利用 PEC 阴极上的电子还原回收水中的金属离子也受到环保工作者的关注[151]。

表 5-2　自来水与光催化氧化出水中有机物的质谱定性及半定量分析

保留时间/min	化合物名称	相对浓度		有害物质	保留时间/min	化合物名称	相对浓度		有害物质
		自来水	出水				自来水	出水	
4.47	三甲基苯	* * *	* *	○	11.59	二氧代苯	—	*	
5.01	乙基己醇	—	*		11.76	甲氧基二甲基异吲哚	* * *	* *	
5.71	1-苯基乙酮	—	* *		12.67	甲基芴	* * *	* *	○
6.16	莳酮	—	*		12.77	乙基甲基萘	* *	—	
6.58	莳基醇	—	*		12.81	异长叶烯	* *	*	
6.77	磷酸三乙酯	* *	—	○	13.10	苯二甲酸二甲酯	* *	*	○
7.13	二氢松油醇	—	*		13.33	2,6-双(二甲基,乙基)-甲基酚	* * * *	*	○
7.17	樟脑	—	*		13.39	氧芴	* * *	*	○
7.48	乙酸苯甲酯	* * *	*		13.60	异丙基二甲基二氢吲哚	* *	*	
8.10	十二烷	—	*		13.93	二丁基噻吩	* *	*	
8.59	苯并三唑	* * * *	* * *		14.01	十二酸	* * *	*	
8.70	氯硝基苯	* *	—	○	14.95	甲苯磺酰胺	* * *	*	
8.82	丙烯腈代苯	* * *	*	○	15.20	二甲基苯并呋喃	* *	*	
8.90	1-氯-4-硝基苯	* *	*	○	15.45	二氢苯并噻唑	—	*	
9.19	异喹啉	* * * *	*	○	15.90	乙基-三甲基萘	* *	*	○
9.40	苯基丙烯醛	* * *	*	○	15.96	2-氯-4-硝基苯胺	* *	*	
9.57	二氢茚酮	* * *	*		16.10	3-甲氧基-4-硝基苯甲醇	* *	*	
9.81	甲基萘	* * *	* * *	○	16.24	4-苯基辛醇-4	* *	*	
10.03	甲基喹啉	* * *	*		16.30	乙基-三甲基萘	* *	*	○
10.39	甲基亚甲基己二酸	* * *	*		17.12	苯基萘胺	* *	*	○
10.49	2,4-双甲基乙基酚	—	*		17.40	二甲基-甲乙基萘	* *	*	○
10.76	甲基喹啉	* * *	*	○	17.58	甲氧-二甲基-异吲哚	* *	*	
11.19	甲基喹啉	* * *	* *	○	17.68	嘌呤胺	* *	*	

注：1. "—" 表示未检出。

2. "*" 的个数与积分面积的关系：* 为 $2 \times 10^4 \sim 5 \times 10^4$；* * 为 $5 \times 10^4 \sim 1 \times 10^5$；* * * 为 $1 \times 10^5 \sim 3 \times 10^5$；* * * * 为 $> 3 \times 10^5$。

3. "○" 表示属于有害物质。

在有机废水处理方面，李田等[152] 研究了水中六六六与五氯苯酚的光催化，程沧沧等[153] 用太阳光源处理了邻氯苯酚，祝万鹏等[154] 以 TiO_2 为光催化剂处理染料中间体 H 酸，处理结果理想。陈士夫等[155] 的研究表明，在 TiO_2 玻璃纤维上光照 50min 对敌敌畏和久效磷农药的光解效率达到 90% 以上。在防止污水产生方面，纳米 TiO_2 也可有所贡献。光照纳米 TiO_2，其界面上宏观表现出亲水和亲油的双亲性[156]。如果将 TiO_2 应用于化纤生产上，使纤维的表面上含有一定量的 TiO_2，化纤也具有双亲性，可起到自洁作用，减少了废水的排放。Harada 等[157] 对水中 34 种有机污染物的检测结果表明，烃类、卤代物、羧酸、表面活性剂、染料、含氮有机物、有机磷杀虫剂等都能有效地利用光催化反应除毒、脱色、矿化，最终分解为 CO_2 和 H_2O 等无害物质。但由于 TiO_2 悬浮体系存在分离和回收困难的问题，近年来，多国开展了 TiO_2 粉末固定化和制备 TiO_2 膜的研究[158,159]。

降解水中有毒有害有机污染物是光电催化技术在水处理中最主要的应用。采用光电催化技术能将各种有毒有机污染物，如染料、硝基化合物、取代苯胺、多环芳烃、杂环化合物、烃类、酚类等进行有效脱色、降解和矿化，最终分解为 CO_2 和 H_2O 而无害化。从最初的 4-氯酚[160] 降解到近年来备受关注的环境内分泌干扰物（EEDs）[161] 和药物及个人护理品（PPCPs）[162] 等的降解研究，无一例外地显示了光电催化技术在降解有机污染物方面的应用前景。在有机污染物的光电催化降解试验中，甲酸多次被 Kim 研究小组选作模型化合物[159]，这是因为其具有在 $320\sim400$ nm 范围内无紫外吸收、无显著的均相光降解反应以及在溶液中无显著挥发等优点。Vinodgopal 和 Kamat[163] 利用水溶液中 4-氯酚的光电化学反应阐明了反应原理和电助光催化技术的可行性。在没有氧的情况下，于 TiO_2 薄膜电极上施加偏电压可大大改善对 4-氯酚的降解效果。例如，在阳极上施加 0.83V 偏电压时，可使 4-氯酚的降解速率提高近 10 倍。同时，Vinodgopal 等[163] 的研究还表明，在氮气气氛下几乎 90% 的 3-氯酚被降解，但在开路电压时 3-氯酚的降解效率很低。戴清等[164] 用涂膜法制备了微孔 TiO_2 薄膜透明电极，研究了三电极体系中 3-氯酚和 2,4,6-三氯酚的降解情况（图 5-5）。

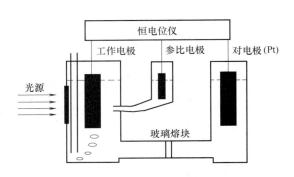

图 5-5　三电极体系电化学池示意图

外加偏电压可有效抑制光生电子与空穴的复合，明显提高 TiO_2 的光催化效率，而且光照越强，降解速率越快。在研究光催化降解速率时，有机氯化物在 TiO_2 上的吸附是一个重要的参数。因此，Kesselman 等[165] 研究了 TiO_2 吸附对 3-氯儿茶酚的光电催化降解的影响，发现底物在 pH 值为 3、5 和 8 时的光电降解初速率与底物吸附浓度呈线性关系。Vinodgopal 和 Kamat[166] 以固定化 TiO_2/SnO_2 膜作为光阳极对偶氮染料的光电催化降解进行了研究，发现偶氮染料能被迅速脱色并降解。符小荣等[167] 用溶胶凝胶法制备了固定于玻璃上的 TiO_2/Pt 纳米膜电极，研究了其对生物染色剂丽春红 G 的光电催化降解。Pelegrini 等[168] 在施加阳极偏电压的情况下，对另一染料活性蓝 19 进行了降解，60min 时的脱色率高于 95%。Vinodgopal 等[169] 用半导体复合膜电极对萘酚蓝黑进行了降解研究，试验中紫外-可见吸收光谱的变化有力地证明了即使在氮气饱和溶液中也会发生染料的降解。当无外加偏电压时，萘酚蓝黑的降解率很小；当阳极偏电压为 0.4V 时，染料的降解符合准一级动力学，速率常数为 1.6×10^{-2} min^{-1}；当偏电压增至 0.8V 时，虽无染料的直接氧化反应发生，但是染料的降解速率常数增至 3.6×10^{-2} min^{-1}。An 等[170] 将三维电极-悬浮态光电反应器用于亚甲基蓝染料、活性染料以及直接染料的降解，发现光催化反应与电化学氧化存在着较强的协同催化作用，在活性染料和亚甲基蓝染料的降解中，光电反应速率相对光催化反应分别增加了 2.94 倍和 1.57 倍。

随着 PEC 技术的不断发展，其应用范围也在不断扩大。已有不少研究者利用 PEC 技术对有机物进行无选择性氧化，将 PEC 技术应用到化学需氧量（COD）的检测中[171,172]。其基本原理是通过测量 PEC 系统中的电子转移量关联 COD 的值。该法测 COD 通常只需 1～5min，化学试剂易得无毒，具有环境友好且经济的优势，克服了重铬酸钾法测 COD 用时长、化学试剂昂贵且有毒性、易引起二次污染的缺点。

5.5.3 光催化材料在能源领域的应用

氢，目前因作为一种绿色能源使用在燃料电池上而引人瞩目，过去在有机合成、合成氨、石油脱硫和甲醇生产等方面也经常使用。光催化水制氢是通过光催化剂粉末或电极吸收太阳能产生光生载流子，继而将水分解成氢气和氧气。它无需消耗化石燃料排出 CO_2，在常温常压的温和条件下进行，可利用免费光源太阳光作为激发光源，是一项绿色的能源技术。1972 年，藤岛昭[173] 以 0.2mm 厚的钛板为电极，采用直接热氧化的方法在电极表面生成 TiO_2 薄膜，以 Pt 电极为对电极，以太阳光为激发光源，成功进行了光催化水制氢。之后，该领域便成为研究热点。东京理科大学理学部的工藤昭彦课题组[173] 使用含有少量镧和氧化镍的 $NaTaO_3$ 系列催化剂进行光催化制氢，其带隙能比 TiO_2 大，需要用更短波长的激发光。东京大学工学部研究科的堂免一成课题组[173] 通过在含有氧化镓（Ga_2O_3）和氧化锌（ZnO）的固溶体上负载 $Rh_{2-x}Cr_xO_3$ 的微粒来尝试光催化制氢，但过程复杂，效果不佳。由于纯 TiO_2 只能响应紫外光，而紫外光仅占太阳光的 3%～4%，因此，可见光光催化剂的制备成为研究热点。佐山和弘课题组[173] 受光合作用启发，通过两段光催化反应，第一次利用可见光完成了光催化制氢，但转换效率很低（420nm 处为 1%）。目前，世界很多科学家正在孜孜不倦地寻找新的可见光光催化剂。鉴于光催化剂的产氢性能低，科学家们想到使用作为载流子传递介质的铁离子替代光催化剂，制成电解制氢的光催化剂——电感耦合系统，与传统的电解相比，其能耗降低一半，因此，光催化与其他技术结合制氢的发展是值得期待的。目前，三菱化学和东京大学共同开发的可见光响应型光催化剂在 420nm 可见光照射下产氢的光利用率已达 6.3%。

光催化制氢主要有非均相光催化制氢（Heterogeneous photocatalytic hydrogen production，HPC）和光电催化制氢（Photoelectrocatalytic hydrogen production，PEC），不同的体系具有各自的优缺点和应用范围。将催化剂粉末直接分散在水溶液中，通过光照射溶液产生氢气，称为非均相光催化制氢。将催化剂制成电极浸入水溶液中，在光照和一定的偏压下，两电极分别产生氢气和氧气，称为光电催化制氢[174]。HPC 的优点是装置简单，催化剂与水充分接触；缺点是生成的氢气和氧气混合在一起，且光激发的电子和空穴易复合。PEC 的优点是氢气和氧气分别在两个电极产生，易分离，生成的电子和空穴在偏压下也能很快分离，减少复合；缺点是装置复杂，光照面积小。光催化水制氢为太阳能直接转化为清洁、可存储的化学能提供了可能的途径，被认为是化学界的"圣杯"[175]。通过太阳能获取氢气的应用前景广阔。有关光催化制氢的研究主要集中在各种光催化材料上，而光催化制氢反应体系的选择也是光催化制氢的基本问题之一，不同体系具有各自的优缺点和应用范围。光催化制氢反应体系包括产氢半反应、完全分解水和光电分解水，三者具有各自的优缺点，但均未取得突破性进展。光电催化分解水与光伏耦合的新型高效的 PEC-PV 耦合光化学转化系统，光化学能转化效率明显提高，有望为光催化水制氢实现工业化提供一种重要的发展途径。目前，虽然太阳能光催化制氢效率较低，处于实验室阶段，但利用太阳能从水中获得氢气是一种可持续开发和利用的手段，具有极大的潜力。研究者均致力于寻找和开发出具有高效率的光催化水催化剂，使"太阳氢"真正服务于人类。

参 考 文 献

[1] FUJISHIMA A，HONDA K. Electrochemical photolysis of water at a semiconductor electrode [J]. Nature，1972，238（5358）：37.

[2] TOSINE H M，LAWRENCE J，CAREY J H. Photodechlorination of PCB's in the presence of titanium dioxide in aqueous suspensions [J]. Bulletin of Environmental Contamination & Toxicology，1976，16（6）：697.

[3] 徐云兰，贾金平. 光电液膜反应器处理染料废水的研究 [C] //中国化学会第 26 届学术年会环境化学分会场，2008.

[4] WARD M D，BARD A J. Photocurrent enhancement via trapping of photogenerated electrons of titanium dioxide particles [J]. The Journal of Physical Chemistry，1982，86（18）：3599.

[5] ZANONI M V B，SENE J J，ANDERSON M A. Photoelectrocatalytic degradation of Remazol Brilliant Orange 3R on titanium dioxide thin-film electrode [J]. Journal of Photochemistry & Photobiology A：Chemistry，2003，157（1）：55.

[6] LI J，LI L，LEI Z，et al. Photoelectrocatalytic degradation of rhodamine B using Ti/TiO_2 electrode prepared by laser calcination method [J]. Electrochimica Acta，2006，51（23）：4942.

[7] ZHANG W，AN T，XIAO X，et al. Photoelectrocatalytic degradation of reactive brilliant orange K-R in a new continuous flow photoelectrocatalytic reactor [J]. Applied Catalysis A：General，2003，255（2）：221.

[8] YANG J，CHEN C，JI H，et al. Mechanism of TiO_2-assisted photocatalytic degradation of dyes under visible irradiation：Photoelectrocatalytic study by TiO_2-film electrodes [J]. The Journal of Physical Chemistry B，2005，109（46）：21900.

[9] LI X Z，LIU H L，YUE P T，et al. Photoelectrocatalytic oxidation of rose bengal in aqueous solution using a Ti/TiO_2 mesh electrode [J]. Environmental Science & Technology，2000，34（20）：4401.

[10] 陈国宁，梁欣泉，张晓鹤，等. 光催化处理造纸废水的研究进展 [J]. 中国造纸学报，2008，23（1）：101.

[11] MURUGANANDHAM M，SWAMINATHAN M. Solar driven decolourisation of Reactive Yellow 14 by advanced oxidation processes in heterogeneous and homogeneous media [J]. Dyes and Pigments，2007，72（2）：137.

[12] KUO W S，HO P H. Solar photocatalytic decolorization of dyes in solution with TiO_2 film [J]. Dyes and Pigments，2006，71（3）：212.

[13] MURUGANANDHAM M，SHOBANA N，SWAMINATHAN M. Optimization of solar photocatalytic degradation conditions of Reactive Yellow 14 azo dye in aqueous TiO_2 [J]. Journal of Molecular Catalysis A：Chemical，2006，246（1）：154.

[14] WAWRZYNIAK B，MORAWSKI A W. Solar-light-induced photocatalytic decomposition of two azo dyes on new TiO_2 photocatalyst containing nitrogen [J]. Applied Catalysis B：Environmental，2006，62（1）：150.

[15] OU Y，LIN J，ZOU H M，et al. Effects of surface modification of TiO_2 with ascorbic acid on photocatalytic decolorization of an azo dye reactions and mechanisms [J]. Journal of Molecular Catalysis A：Chemical，2005，241（1）：59.

[16] LIU Y，CHEN X，LI J，et al. Photocatalytic degradation of azo dyes by nitrogen-doped TiO_2 nanocatalysts [J]. Chemosphere，2005，61（1）：11.

[17] KOSOWSKA B，MOZIA S，MORAWSKI A W，et al. The preparation of TiO_2-nitrogen doped by calcination of $TiO_2 \cdot x H_2O$ under ammonia atmosphere for visible light photocatalysis [J]. Solar En-

ergy Materials and Solar Cells，2005，88（3）：269.

[18] SAKTHIVEL S，NEPPOLIAN B，SHANKAR M V，et al. Solar photocatalytic degradation of azo dye：Comparison of photocatalytic efficiency of ZnO and TiO_2 [J]. Solar Energy Materials and Solar Cells，2003，77（1）：65.

[19] STYLIDI M，KONDARIDES D I，VERYKIOS X E. Pathways of solar light-induced photocatalytic degradation of azo dyes in aqueous TiO_2 suspensions [J]. Applied Catalysis B：Environmental，2003，40（4）：271.

[20] PÉREZ M H，PEÑUELA G，MALDONADO M I，et al. Degradation of pesticides in water using solar advanced oxidation processes [J]. Applied Catalysis B：Environmental，2006，64（3）：272.

[21] LITTER M I. Heterogeneous photocatalysis：Transition metal ions in photocatalytic systems [J]. Applied Catalysis B：Environmental，1999，23（2/3）：89.

[22] RENGARAJ S，LI X Z. Enhanced photocatalytic activity of TiO_2 by doping with Ag for degradation of 2，4，6-trichlorophenol in aqueous suspension [J]. Journal of Molecular Catalysis A：Chemical，2006，243（1）：60.

[23] RABANI J，YAMASHITA K，USHIDA K，et al. Fundamental reactions in illuminated titanium dioxide nanocrystallite layers studied by pulsed laser [J]. Journal of Physical Chemistry B，1998，102（10）：1689.

[24] RAJA P，BOZZI A，MANSILLA H，et al. Evidence for superoxide-radical anion，singlet oxygen and OH-radical intervention during the degradation of the lignin model compound（3-methoxy-4-hydroxyphenylmethylcarbinol）[J]. Journal of Photochemistry and Photobiology A：Chemistry，2005，169（3）：271.

[25] CHO M，CHUNG H，CHOI W，et al. Linear correlation between inactivation of *E. coli* and OH radical concentration in TiO_2 photocatalytic disinfection [J]. Water Research，2004，38（4）：1069.

[26] CORONADO J M，JAVIER MAIRA A，MARTÍNEZ-ARIAS A，et al. EPR study of the radicals formed upon UV irradiation of ceria-based photocatalysts [J]. Journal of Photochemistry and Photobiology A：Chemistry，2002，150（1）：213.

[27] ANTONARAKI S，ANDROULAKI E，DIMOTIKALI D，et al. Photolytic degradation of all chlorophenols with polyoxometallates and H_2O_2 [J]. Journal of Photochemistry and Photobiology A：Chemistry，2002，148（1）：191.

[28] CHHOR K，BOCQUET J F，COLBEAU-JUSTIN C. Comparative studies of phenol and salicylic acid photocatalytic degradation：Influence of adsorbed oxygen [J]. Materials Chemistry and Physics，2004，86（1）：123.

[29] ZIELIŃSKA B，GRZECHULSKA J，KALEŃCZUK R J，et al. The pH influence on photocatalytic decomposition of organic dyes over A11 and P25 titanium dioxide [J]. Applied Catalysis B：Environmental，2003，45（4）：293.

[30] ASSABANE A，AIT ICHOU Y，TAHIRI H，et al. Photocatalytic degradation of polycarboxylic benzoic acids in UV-irradiated aqueous suspensions of titania.：Identification of intermediates and reaction pathway of the photomineralization of trimellitic acid（1，2，4-benzene tricarboxylic acid）[J]. Applied Catalysis B：Environmental，2000，24（2）：71.

[31] CARRAWAY E R，HOFFMAN A J，HOFFMANN M R. Photocatalytic oxidation of organic acids on quantum-sized semiconductor colloids [J]. Environmental Science & Technology，1994，28（5）：786.

[32] ISHIBASHI K，FUJISHIMA A，WATANABE T，et al. Quantum yields of active oxidative species formed on TiO_2 photocatalyst [J]. Journal of Photochemistry and Photobiology A：Chemistry，2000，134（1）：139.

[33] EI-MORSI T M, BUDAKOWSKI W R, ABD-EL-AZIZ A S, et al. Photocatalytic degradation of 1, 10-dichlorodecane in aqueous suspensions of TiO_2: A reaction of adsorbed chlorinated alkane with surface hydroxyl radicals [J]. Environmental Science & Technology, 2000, 34 (6): 1018.

[34] TURCHI C S, OLLIS D F. Photocatalytic degradation of organic water contaminants: Mechanisms involving hydroxyl radical attack [J]. Journal of Catalysis, 1990, 122 (1): 178.

[35] YANG J K, DAVIS A P. Photocatalytic oxidation of Cu (Ⅱ)-EDTA with illuminated TiO_2: Kinetics [J]. Environmental Science & Technology, 2000, 34 (17): 3789.

[36] ZHAO, J, WU T, WU K, et al. Photoassisted degradation of dye pollutants. 3. Degradation of the cationic dye rhodamine B in aqueous anionic surfactant/TiO_2 dispersions under visible light irradiation: Evidence for the need of substrate adsorption on TiO_2 particles [J]. Environmental Science & Technology, 1998, 32 (16): 2394.

[37] WU T, LIN T, ZHAO J, et al. TiO_2-assisted photodegradation of dyes. 9. Photooxidation of a squarylium cyanine dye in aqueous dispersions under visible light irradiation [J]. Environmental Science & Technology, 1999, 33 (9): 1379.

[38] LIU G, WU T, ZHAO J, et al. Photoassisted degradation of dye pollutants. 8. Irreversible degradation of alizarin red under visible light radiation in air-equilibrated aqueous TiO_2 dispersions [J]. Environmental Science & Technology, 1999, 33 (12): 2081.

[39] LIU G, LI X, ZHAO J, et al. Photooxidation pathway of sulforhodamine-B. Dependence on the adsorption mode on TiO_2 exposed to visible light radiation [J]. Environmental Science & Technology, 2000, 34 (18): 3982.

[40] PELLER J, WIEST O, KAMAT P V. Synergy of combining sonolysis and photocatalysis in the degradation and mineralization of chlorinated aromatic compounds [J]. Environmental Science & Technology, 2003, 37 (9): 1926.

[41] STYLIDI M, KONDARIDES D I, VERYKIOS X E. Visible light-induced photocatalytic degradation of Acid Orange 7 in aqueous TiO_2 suspensions [J]. Applied Catalysis B: Environmental, 2004, 47 (3): 189.

[42] STARK J, RABANI J. Photocatalytic dechlorination of aqueous carbon tetrachloride solutions in TiO_2 layer systems: A chain reaction mechanism [J]. The Journal of Physical Chemistry B, 1999, 103 (40): 8524.

[43] VINODGOPAL K, HOTCHANDANI S, KAMAT P V. Electrochemically assisted photocatalysis: Titania particulate film electrodes for photocatalytic degradation of 4-chlorophenol [J]. Journal of Physical Chemistry, 1993, 97 (35): 9040.

[44] VINODGOPAL K, STAFFORD U, GRAY K A, et al. Electrochemically assisted photocatalysis. 2. The role of oxygen and reaction intermediates in the degradation of 4-chlorophenol on immobilized TiO_2 particulate films [J]. Journal of Physical Chemistry, 1994, 98 (27): 6797.

[45] VINODGOPAL K, KAMAT P V. Combine electrochemistry with photocatalysis [J]. Chemtech, 1996, 26 (4): 16.

[46] KIM D H, ANDERSON M A. Photoelectrocatalytic degradation of formic acid using a porous titanium dioxide thin-film electrode [J]. Environmental Science & Technology, 1994, 28 (3): 479.

[47] KESSELMAN J M, LEWIS N S, HOFFMANN M R. Photoelectrochemical degradation of 4-chlorocatechol at TiO_2 electrodes: Comparison between sorption and photoreactivity [J]. Environmental Science & Technology, 1997, 31 (8): 2298.

[48] 姚清照, 刘正宝. 光电催化降解染料废水 [J]. 工业水处理, 1999, 19 (6): 15.

[49] 李景印, 郭玉凤. 光电催化降解 2,4-二氯苯酚的研究 [J]. 重庆环境科学, 2002, 24 (6): 52.

[50] HITCHMAN M L, TIAN F. Studies of TiO_2 thin films prepared by chemical vapour deposition for

photocatalytic and photoelectrocatalytic degradation of 4-chlorophenol [J]. Journal of Electroanalytical Chemistry，2002，538-539 (1)：165.

[51] 言文远，周琪，陈星，等. 两步水热法 RGO/TiO_2 纳米复合材料的制备及光催化性能 [J]. 复合材料学报，2015，12 (5)：156.

[52] 徐延龙，梁子辉，李静. TiO_2 超亲水自清洁涂层的研究进展 [J]. 胶体与聚合物，2018，36 (1)：37.

[53] JIANG F，YU Y，FENG A H，et al. Anatase TiO_2 nanoparticles：Facile synthesis via non-aqueous precipitation and photocatalytic property [J]. Journal of Inorganic Materials，2018，33 (10)：1136.

[54] 张刚，邓沁瑜，简子聪，等. TritonX-100/正己醇/环己烷/水，CTAB/正己醇/水微乳体系制备纳米 TiO_2/SiO_2 复合物 [J]. 华南师范大学学报（自然科学版），2009 (3)：88.

[55] 李薇，鄂磊，周彩楼，等. 以天然模板法制备异形 TiO_2 及光催化活性研究 [J]. 天津城建大学学报，2017，23 (3)：209.

[56] 李芳柏，王良焱，李新军，等. 新型 Ti/TiO_2 电极的制备及其光电催化氧化活性 [J]. 中国有色金属学报，2001，11 (6)：977.

[57] 刘惠玲，周定，李湘中，等. 网状 TiO_2/Ti 电极的制备及染料的光电催化降解 [J]. 哈尔滨工业大学学报，2002，34 (6)：789.

[58] 刘惠玲，周定，李湘中，等. 网状 Ti/TiO_2 电极光电催化氧化若丹明 B [J]. 环境科学，2002，23 (4)：47.

[59] 冷文华，童少平，成少安，等. 附载型二氧化钛光电催化降解苯胺机理 [J]. 环境科学学报，2000，20 (6)：781.

[60] 刘鸿，冷文华，吴合进，等. 光电催化降解磺基水杨酸的研究 [J]. 催化学报，2000，21 (3)：209.

[61] WALDNER G，POURMODJIB M，BAUER R，et al. Photoelectrocatalytic degradation of 4-chloro-phenol and oxalic acid on titanium dioxide electrodes [J]. Chemosphere，2003，50 (8)：989.

[62] ILEPERUMA O A，TENNAKONE K，DISSANAYAKE W D D P. Photocatalytic behaviour of metal doped titanium dioxide：Studies on the photochemical synthesis of ammonia on Mg/TiO_2 catalyst systems [J]. Applied Catalysis，1990，62 (1)：L1.

[63] CHOI W，TERMIN A，HOFFMANN M R. The role of metal ion dopants in quantum-sized TiO_2：Correlation between photoreactivity and charge carrier recombination dynamics [J]. Journal of Physical Chemistry，1994，98 (51)：13669.

[64] TAKEUCHI M，YAMASHITA H，MATSUOKA M，et al. Photocatalytic decomposition of NO under visible light irradiation on the Cr-ion-implanted TiO_2 thin film photocatalyst [J]. Catalysis Letters，2000，67 (2)：135.

[65] ANPO M，KISHIGUCHI S，ICHIHASHI Y，et al. The design and development of second-generation titanium oxide photocatalysts able to operate under visible light irradiation by applying a metal ion-implantation method [J]. Research on Chemical Intermediates，2001，27 (4)：459.

[66] 于晓彩，徐晓，金晓杰，等. Li^+-TiO_2 复合纳米光催化剂制备及其光催化降解海产品深加工废水的研究 [J]. 大连海洋大学学报，2015，30 (4)：410.

[67] LOW W，BOONAMNUAYVITAYA V. Enhancing the photocatalytic activity of TiO_2 co-doping of graphene-Fe^{3+} ions for formaldehyde removal [J]. Journal of Environmental Management，2013，127：142.

[68] YAMASHITA H，HARADA M，MISAKA J，et al. Degradation of propanol diluted in water under visible light irradiation using metal ion-implanted titanium dioxide photocatalysts [J]. Journal of Photochemistry & Photobiology A：Chemistry，2002，148 (1/3)：257.

[69] 晁显玉，王晓宁，宋维君. 自然光条件下 Cu^{2+}/TiO_2 纳米催化剂降解头孢类抗生素的研究 [J]. 青

海大学学报（自然科学版），2015，33（4）：7.

[70] HUSSAIN S，SIDDIQA A. Iron and chromium doped titanium dioxide nanotubes for the degradation of environmental and industrial pollutants [J]. International Journal of Environmental Science & Technology，2011，8（2）：351.

[71] 杨晋安，高旬，刘馨琳，等. 二氧化钛光催化活性影响及其改性研究进展 [J]. 科技信息，2013，12（20）：99.

[72] VORONTSOV A V，SAVINOV E N，JIN I S. Influence of the form of photodeposited platinum on titania upon its photocatalytic activity in CO and acetone oxidation [J]. Journal of Photochemistry and Photobiology A：Chemistry，1999，125（1）：113.

[73] MEHNERT C P. Palladium-grafted mesoporous MCM-41 material as heterogeneous catalyst for Heck reactions [J]. Chemical Communications，1997（22）：2215.

[74] 金振兴，刘守新. Ag/TiO$_2$ 对几种难降解有机污染物的光催化降解 [J]. 环境科学与技术，2004，27（6）：16.

[75] GAO Y M，SHEN H S，DWIGHT K，et al. Preparation and photocatalytic properties of titanium (IV) oxide films [J]. Materials Research Bulletin，1992，27（9）：1023.

[76] RUFUS I B，RAMAKRISHNAN V，VISWANATHAN B，et al. Rhodium and rhodium sulfide coated cadmium sulfide as a photocatalyst for photochemical decomposition of aqueous sulfide [J]. Langmuir，1990，6（3）：565.

[77] ZHU Y，XU S，YI D. Photocatalytic degradation of methyl orange using polythiophene/titanium dioxide composites [J]. Reactive and Functional Polymers，2010，70（5）：282.

[78] LANG X，MA P W，ZHAO Y，et al. Visible-light-induced selective photocatalytic aerobic oxidation of amines into imines on TiO$_2$ [J]. Chemistry-A European Journal，2012，18（9）：2624.

[79] KIRAN V，SAMPATH S. Facile synthesis of carbon doped TiO$_2$ nanowires without an external carbon source and their opto-electronic properties [J]. Nanoscale，2013，5（21）：10646.

[80] LEE Y M，KIM Y H，LEE J H，et al. Highly interconnected porous electrodes for dye-sensitized solar cells using viruses as a sacrificial template [J]. Advanced Functional Materials，2011，21（6）：1160.

[81] SMITS M，CHAN C K，T T，et al. Photocatalytic degradation of soot deposition：Self-cleaning effect on titanium dioxide coated cementitious materials [J]. Chemical Engineering Journal，2013，222（1）：411.

[82] CHEN J，QIU F，XU W，et al. Recent progress in enhancing photocatalytic efficiency of TiO$_2$-based materials [J]. Applied Catalysis A：General，2015，495：131.

[83] SHI J W，CUI H J，CHEN J W，et al. TiO$_2$/activated carbon fibers photocatalyst：Effects of coating procedures on the microstructure，adhesion property，and photocatalytic ability [J]. Journal of Colloid and Interface Science，2012，388（1）：201.

[84] CHEN M L，OH W C. The improved photocatalytic properties of methylene blue for V$_2$O$_3$/CNT/TiO$_2$ composite under visible light [J]. International Journal of Photoenergy，2010，2010：264831.

[85] 于濂清，张志萍，周小岩，等. Ag 改性 TiO$_2$ 纳米管阵列的光电化学性能研究 [J]. 中国石油大学学报（自然科学版），2015，39（3）：183.

[86] 王理明，姚秉华，裴亮. Pt 掺杂 TiO$_2$ 纳米管制备及其光电催化双酚 A [J]. 环境工程学报，2014，8（12）：5289.

[87] SASAKI T，KOSHIZAKI N，YOON J W，et al. Preparation of Pt/TiO$_2$ nanocomposite thin films by pulsed laser deposition and their photoelectrochemical behaviors [J]. Journal of Photochemistry and Photobiology A：Chemistry，2001，145（1）：11.

[88] CHRZANOWSKI W，KIM H，WIECKOWSKI A. Enhancement in methanol oxidation by spontane-

ously deposited ruthenium on low-index platinum electrodes [J]. Catalysis Letters, 1998, 50 (1): 69.

[89] ZNAIDI L, SÉRAPHIMOVA R, BOCQUET J F, et al. A semi-continuous process for the synthesis of nanosize TiO₂ powders and their use as photocatalysts [J]. Materials Research Bulletin, 2001, 36 (5): 811.

[90] STAMENKOVIC V, MOON B S, MAYRHOFER J J, et al. Changing the activity of electrocatalysts for oxygen reduction by tuning the surface electronic structure [J]. Angewandte Chemie International Edition, 2006, 45 (18): 2897.

[91] ASAHI R, MORIKAWA T, OHWAKI T, et al. Visible-light photocatalysis in nitrogen-doped titanium oxides [J]. Science, 2001, 293 (5528): 269.

[92] EMELINE A V, KUZNETSOV V N, RYBCHUK V K, et al. Visible-light-active titania photocatalysts: The case of N-doped TiO₂ s-properties and some fundamental issues [J]. International Journal of Photoenergy, 2008, 2008 (4): 145.

[93] TRIANTIS T M, FOTIOU T, KALOUDIS T, et al. Photocatalytic degradation and mineralization of microcystin-LR under UV-A, solar and visible light using nanostructured nitrogen doped TiO₂ [J]. Journal of Hazardous Materials, 2012, 211-212 (15): 196.

[94] UMEBAYASHI T, YAMAKI T, ITOH H, et al. Band gap narrowing of titanium dioxide by sulfur doping [J]. Applied Physics Letters, 2002, 81 (3): 454.

[95] UMEBAYASHI T, YAMAKI T, TANAKA S, et al. Visible-light-induced degradation of methylene blue on S-doped TiO₂ [J]. Chemistry Letters, 2003, 32 (4): 330.

[96] PARK J H, KIM S, BARD A J. Novel carbon-doped TiO₂ nanotube arrays with high aspect ratios for efficient solar water splitting [J]. Nano Letters, 2006, 6 (1): 24.

[97] LETTMANN C, HILDENBRAND K, KISCH H, et al. Visible light photodegradation of 4-chlorophenol with a coke-containing titanium dioxide photocatalyst [J]. Applied Catalysis B: Environmental, 2001, 32 (4): 215.

[98] SAKTHIVEL S, KISCH H. Daylight photocatalysis by carbon-modified titanium dioxide [J]. Angewandte Chemie International Edition, 2003, 42 (40): 4908.

[99] IRIE H, Y W, KAZUHITO H. Carbon-doped anatase TiO₂ powders as a visible-light sensitive photocatalyst [J]. Chemistry Letters, 2003, 32 (8): 772.

[100] KHAN S U M, AL-SHAHRY M, INGLER W B. Efficient photochemical water splitting by a chemically modified n-TiO₂ [J]. Science, 2002, 297 (5590): 2243.

[101] NOWORYTA K, AUGUSTYNSKI J. Spectral photoresponses of carbon-doped TiO₂ film electrodes [J]. Electrochemical & Solid State Letters, 2004, 7 (6): 31.

[102] NEUMANN B, BOGDANOFF P, TRIBUTSCH H, et al. Electrochemical mass spectroscopic and surface photovoltage studies of catalytic water photooxidation by undoped and carbon-doped titania [J]. Journal of Physical Chemistry B, 2005, 109 (35): 16579.

[103] RAJA K S, MISRA M, MAHAJAN V K, et al. Photo-electrochemical hydrogen generation using band-gap modified nanotubular titanium oxide in solar light [J]. Journal of Power Sources, 2006, 161 (2): 1450.

[104] FUJISHIMA A. Comment on "Efficient photochemical water splitting by a chemically modified n-TiO₂" (I) [J]. Science, 2003, 301 (5640): 1673.

[105] HÄGGLUND C, GRÄTZEL M, KASEMO B. Comment on "Efficient photochemical water splitting by a chemically modified n-TiO₂" (II) [J]. Science, 2003, 301 (5640): 1673.

[106] LACKNER K S. Comment on "Efficient photochemical water splitting by a chemically modified n-TiO₂" (III) [J]. Science, 2003, 301 (5640): 1673.

[107] MURPHY A B. Does carbon doping of TiO_2 allow water splitting in visible light? Comments on "Nanotube enhanced photoresponse of carbon modified (CM) -n-TiO_2 for efficient water splitting" [J]. Solar Energy Materials and Solar Cells, 2008, 92 (3): 363.

[108] LIN C, SONG Y, CAO L, et al. Effective photocatalysis of functional nanocomposites based on carbon and TiO_2 nanoparticles [J]. Nanoscale, 2013, 5 (11): 4986.

[109] PAN L, ZOU J J, LIU X Y, et al. Visible-light-induced photodegradation of rhodamine B over hierarchical TiO_2: Effects of storage period and water-mediated adsorption switch [J]. Industrial & Engineering Chemistry Research, 2012, 51 (39): 12782.

[110] ETACHERI V, SEERY M K, HINDER S J, et al. Oxygen rich titania: A dopant free, high temperature stable, and visible-light active anatase photocatalyst [J]. Advanced Functional Materials, 2011, 21 (19): 3744.

[111] 刘丽静. 纳米 La^{3+}/TiO_2 光性能的研究 [J]. 安徽师范大学学报（自然科学版）, 2014, 37 (6): 555.

[112] 刘丽静. 稀土 Dy^{3+} 掺杂 TiO_2 的制备及光催化性能研究 [J]. 信阳师范学院学报（自然科学版）, 2015, 28 (1): 98.

[113] SAIF M, ABOUL-FOTOUH S M K, EL-MOLLA S A, et al. Evaluation of the photocatalytic activity of Ln^{3+}-TiO_2 nanomaterial using fluorescence technique for real wastewater treatment [J]. Spectrochimica Acta Part A: Molecular and Biomolecular Spectroscopy, 2014, 128 (15): 153.

[114] 徐晓虹, 叶芬, 徐笑阳, 等. Y^{3+} 掺杂纳米 TiO_2 光催化机理研究 [J]. 陶瓷学报, 2015 (2): 127.

[115] 杜雪岩, 屠桂朋, 杨洪奎, 等. Gd, B 共掺杂改性 TiO_2 纳米颗粒的可见光光催化活性 [J]. 应用化工, 2012, 41 (3): 398.

[116] VOGEL R, HOYER P, WELLER H. Quantum-sized PbS, CdS, Ag_2S, Sb_2S_3, and Bi_2S_3 particles as sensitizers for various nanoporous wide-bandgap semiconductors [J]. Journal of Physical Chemistry, 1994, 98 (12): 3183.

[117] LIU D, KAMAT P V. Electrochemical rectification in CdSe + TiO_2 coupled semiconductor films [J]. Journal of Electroanalytical Chemistry, 1993, 347 (1): 451.

[118] BEDJA I, KAMAT P V. Capped semiconductor colloids. Synthesis and photoelectrochemical behavior of TiO_2 capped SnO_2 nanocrystallites [J]. Journal of Physical Chemistry, 1995, 99 (22): 9182.

[119] DO Y R, LEE W, DWIGHT K, et al. The effect of WO_3 on the photocatalytic activity of TiO_2 [J]. Journal of Solid State Chemistry, 1994, 108 (1): 198.

[120] 颜秀茹, 李晓红, 霍明亮, 等. 纳米 SnO_2@TiO_2 的制备及其光催化性能 [J]. 物理化学学报, 2001, 17 (1): 23.

[121] 屠桂朋. Gd/B 共掺杂改性 TiO_2 纳米颗粒的制备及其可见光光催化活性的研究 [D]. 兰州: 兰州理工大学, 2012.

[122] 杨志怀, 张云鹏, 康翠萍, 等. Co-Cr 共掺杂金红石型 TiO_2 电子结构和光学性质的第一性原理研究 [J]. 光子学报, 2014, 43 (8): 0816002.

[123] 支晨琛, 张秀芝, 宫长伟. W、Bi 掺杂及（W、Bi）共掺锐钛矿 TiO_2 的第一性原理计算 [J]. 材料科学与工程学报, 2016, 34 (1): 131.

[124] 唐泽华, 胡兰青. 铜、锌共掺杂二氧化钛薄膜的制备及光催化活性 [J]. 硅酸盐通报, 2015, 34 (4): 1089.

[125] WANG Y, HUANG Y, HO W, et al. Biomolecule-controlled hydrothermal synthesis of C-N-S-tri-doped TiO_2 nanocrystalline photocatalysts for NO removal under simulated solar light irradiation [J]. Journal of Hazardous Materials, 2009, 169 (1): 77.

[126] WU J T，KUO C Y，WU C H. Photodegradation of C. I. reactive red 2 in UV/TiO$_2$-In$_2$O$_3$-C-N and UV/TiO$_2$-In$_2$O$_3$-S-N systems [J]. Reaction Kinetics Mechanisms & Catalysis，2014，114 (1)：341.

[127] 赵鑫，翟永佳，林朝阳，等. Co/N/S 共掺杂纳米 TiO$_2$ 的制备及其可见光催化活性 [J]. 安全与环境学报，2015，15 (4)：268.

[128] 张玉玉，刘延滨，商希礼. 铁、氮共掺杂 TiO$_2$ 光催化剂的制备及其降解 RhB 的性能研究 [J]. 山东化工，2015，44 (15)：35.

[129] 张浩. Cu-Ce/TiO$_2$ 纳米颗粒对室内甲醛光催化性能及机理研究 [M]. 西安：西安建筑科技大学. 2009.

[130] 士丽敏，刘增超，纪访，等. 稀土与过渡金属改性 TiO$_2$ 光催化降解甲基橙研究 [J]. 稀有金属材料与工程，2015，44 (7)：1735.

[131] TAHIRI ALAOUI O，HERISSAN A，LE QUOC C，et al. Elaboration，charge-carrier lifetimes and activity of Pd-TiO$_2$ photocatalysts obtained by gamma radiolysis [J]. Journal of Photochemistry and Photobiology A：Chemistry，2012，242：34.

[132] 陈寒玉. 磁悬浮型硫氮共掺杂二氧化钛光催化剂降解甲基橙的研究 [J]. 应用化工，2015，44 (1)：37.

[133] 陈汉林，敖日其冷，陈梓烽，等. 利用碳氮共掺杂二氧化钛纳米管阵列实现同时降解甲基橙和产氢 [J]. 环境科学学报，2015，35 (9)：2790.

[134] 徐清艳. La/B 共掺杂 TiO$_2$ 光催化降解苋菜红的研究 [J]. 化学工程与装备，2014，34 (11)：20.

[135] 刘增超，郭霄. 镧硫共掺杂纳米 TiO$_2$ 可见光催化性能研究 [J]. 西安工业大学学报，2014，34 (10)：830.

[136] 张海银，张安杰，曾慧崇，等. 环境友好型干粉空气净化涂料的研制 [J]. 中国涂料，2016，31 (2)：39.

[137] 张连松. 调湿 净化 抗菌功能无机涂覆材料与性能研究 [D]. 北京：中国建筑材料科学研究总院，2006.

[138] 王静，冀志江，张连松，等. 新型空气净化功能材料对甲醛净化效果研究 [J]. 中国建材科技，2004，13 (5)：5.

[139] 关红艳，郭中宝，丁建军，等. 室内空气净化涂料净化性能评价方法的发展现状及趋势 [J]. 涂料工业，2016，46 (2)：64.

[140] 林书乐，夏正斌，曾朝霞，等. 可薄涂建筑干粉涂料的制备 [J]. 新型建筑材料，2009，79 (5)：84.

[141] 樊娜. 内墙涂料的甲醛净化效率测试分析 [J]. 江西建材，2015 (19)：299.

[142] 李田，陈正夫. 城市自来水光催化氧化深度净化效果 [J]. 环境科学学报，1998，18 (2)：167.

[143] 曾曜. 光催化技术在室内空气净化中的应用 [J]. 绿色环保建材，2017 (3)：31.

[144] OBEE T N，BROWN R T. TiO$_2$ photocatalysis for indoor air applications：Effects of humidity and trace contaminant levels on the oxidation rates of formaldehyde，toluene，and 1,3-butadiene [J]. Environmental Science & Technology，1995，29 (5)：1223.

[145] MOLINARI R，PIRILLO F，FALCO M，et al. Photocatalytic degradation of dyes by using a membrane reactor [J]. Chemical Engineering and Processing：Process Intensification，2004，43 (9)：1103.

[146] LONNEN J，KILVINGTON S，KEHOE S C，et al. Solar and photocatalytic disinfection of protozoan，fungal and bacterial microbes in drinking water [J]. Water Research，2005，39 (5)：877.

[147] LJUBAS D. Solar photocatalysis—A possible step in drinking water treatment [J]. Energy，2005，30 (10)：1699.

[148] MCLOUGHLIN O A，KEHOE S C，MCGUIGAN K G，et al. Solar disinfection of contaminated

water: A comparison of three small-scale reactors [J]. Solar Energy, 2004, 77 (5): 657.

[149] 李建业，甄冠胜，姜绍龙，等. 光催化在深度净水中的应用 [J]. 辽宁化工，2017，46 (10): 1021.

[150] SUN H, LI G, AN T, et al. Unveiling the photoelectrocatalytic inactivation mechanism of *Escherichia coli*: Convincing evidence from responses of parent and anti-oxidation single gene knockout mutants [J]. Water Research, 2016, 88 (2): 135.

[151] MAO R, DI S, WANG Y, et al. Photoelectrocatalytic degradation of Ag-cyanide complexes and synchronous recovery of metallic Ag driven by TiO_2 nanorods array photoanode combined with titanium cathode [J]. Chemosphere, 2020, 242: 125156.

[152] 李田，仇雁翎. 水中六六六与五氯苯酚的光催化氧化 [J]. 环境科学，1996，17 (1): 24.

[153] 程沧沧，胡德文. 利用太阳光与固定床型光反应器处理有机废水的研究 [J]. 环境科学与技术，1998 (2): 11.

[154] 祝万鹏，王利. 光催化氧化法处理染料中间体 H 酸水溶液 [J]. 环境科学，1996，17 (4): 7.

[155] 陈士夫，赵梦月. 玻璃纤维附载 TiO_2 光催化降解有机磷农药 [J]. 环境科学，1996，17 (4): 33.

[156] 刘吉平，孙洪强. 碳纳米材料 [M]. 北京：科学出版社，2004.

[157] HARADA K, HISANAGA T, TANAKA K. Photocatalytic degradation of organophosphorous insecticides in aqueous semiconductor suspensions [J]. Water Research, 1990, 24 (11): 1415.

[158] MANIVANNAN A, SPATARU N, ARIHARA K, et al. Electrochemical deposition of titanium oxide on boron-doped diamond electrodes [J]. Electrochemical & Solid State Letters, 2005, 8 (10): 138.

[159] KIM D H, ANDERSON M A. Solution factors affecting the photocatalytic and photoelectrocatalytic degradation of formic acid using supported TiO_2 thin films [J]. Journal of Photochemistry and Photobiology A: Chemistry, 1996, 94 (2): 221.

[160] VINODGOPAL K, HOTCHANDANI S, KAMAT P V. Electrochemically assisted photocatalysis: Titania particulate film electrodes for photocatalytic degradation of 4-chlorophenol [J]. The Journal of Physical Chemistry, 1993, 97 (35): 9040.

[161] ZHAO X, ZHANG J, QIAO M, et al. Enhanced photoelectrocatalytic decomposition of copper cyanide complexes and simultaneous recovery of copper with a Bi_2MoO_6 electrode under visible light by $EDTA/K_4P_2O_7$ [J]. Environmental Science & Technology, 2015, 49 (7): 4567.

[162] YANG L, LI Z, JIANG H, et al. Photoelectrocatalytic oxidation of bisphenol A over mesh of TiO_2/graphene/Cu_2O [J]. Applied Catalysis B: Environmental, 2016, 183: 75.

[163] VINODGOPAL K, KAMAT P V. Electrochemically assisted photocatalysis using nanocrystalline semiconductor thin films [J]. Solar Energy Materials and Solar Cells, 1995, 38 (1): 401.

[164] 戴清，郭妍，袁春伟，等. 二氧化钛多孔薄膜对含氯苯酚的电助光催化降解 [J]. 催化学报，1999，20 (3): 317.

[165] KESSELMAN J M, LEWIS N S, HOFFMANN M R. Photoelectrochemical degradation of 4-chlorocatechol at TiO_2 electrodes: Comparison between sorption and photoreactivity [J]. Environmental Science & Technology, 1997, 31 (8): 2298.

[166] VINODGOPAL K, KAMAT P V. Enhanced rates of photocatalytic degradation of an azo dye using SnO_2/TiO_2 coupled semiconductor thin films [J]. Environmental Science & Technology, 1995, 29 (3): 841.

[167] 符小荣，张校刚. 溶胶-凝胶法制备 TiO_2/Pt/glass 纳米薄膜及其光电催化性能 [J]. 功能材料，1997，28 (4): 411.

[168] PELEGRINI R, PERALTA-ZAMORA P, ANDRADE A R D, et al. Electrochemically assisted photocatalytic degradation of reactive dyes [J]. Applied Catalysis B: Environmental, 1999, 22

(2)：83.

[169] VINODGOPAL K，BEDJA I，KAMAT P V. Nanostructured semiconductor films for Photocatalysis. photoelectrochemical behavior of SnO_2/TiO_2 composite systems and its role in photocatalytic degradation of a textile azo dye [J]. Chemistry of Materials，1996，8 (8)：2180.

[170] AN T C，ZHU X H，XIONG Y. Feasibility study of photoelectrochemical degradation of methylene blue with three-dimensional electrode-photocatalytic reactor [J]. Chemosphere，2002，46 (6)：897.

[171] ZHANG J，ZHOU B，ZHENG Q，et al. Photoelectrocatalytic COD determination method using highly ordered TiO_2 nanotube array [J]. Water Research，2009，43 (7)：1986.

[172] ZHANG Z，CHANG X，CHEN A. Determination of chemical oxygen demand based on photoelectrocatalysis of nanoporous TiO_2 electrodes [J]. Sensors and Actuators B：Chemical，2016，223 (1)：664.

[173] 藤岛昭. 光催化创造未来：环境和能源的绿色革命 [M]. 上官文峰，译. 上海：上海交通大学出版社，2015.

[174] 朱永法，姚文清，宗瑞隆. 光催化：环境净化与绿色能源应用探索 [M]. 北京：分析化学，2015.

[175] BARD A J，FOX M A. Artificial photosynthesis：Solar splitting of water to hydrogen and oxygen [J]. Accounts of Chemical Research，1995，28 (3)：141.

第6章 ▶▶
仿酶催化材料

酶催化通常在常温、常压下，能专一、高效、有条不紊地发生，如催化过氧化氢分解为水和氧气的反应过程中，过氧化氢酶的催化效率比一般无机催化剂高 10^3 倍[1]。但天然酶对酸碱度、温度以及有机溶剂等环境因素敏感，分离、回收难，因此，人们开展了既具有高效性又对环境不敏感的模拟酶的研究[2]。

模拟酶又称人工合成酶，是一类利用有机化学方法合成的比天然酶简单的非蛋白质分子。固氮模拟酶的研究较为广泛，人们从天然固氮酶有铁蛋白和铁钼蛋白两种组分得到启发，提出了多种固氮酶模型，如过渡金属（铁、钴、镍等）的氮配合物、过渡金属（钒、钛等）的氮化物以及过渡金属的氨基酸配合物等[1]。模拟酶的性质包括：具有一个良好的疏水键合区来和底物发生相互作用；能与底物形成静电或氢键等相互作用，并以适当的方式相互键合；模拟酶的结构对底物键合的方向和立体化学应该具有专一性[2]。

目前，不同类型的模拟酶[3-5]被广泛报道，如环糊精模拟酶、卟啉类模拟酶等，已经在生物、医药、化工等领域得到了广泛的应用。模拟酶的化学成分是非蛋白类物质，但模拟酶具有与天然酶相似的催化性能，其理论基础（主客体化学[5]和超分子化学理论[6]）主要是由诺贝尔奖获得者 Cram、Pederson 共同提出的。主客体化学的基本原理来源于酶和底物之间的相互作用，即主体和客体在结合部位的空间及电子排列的互补作用。这种互补作用与酶和它所识别的底物的结合情况类似。超分子化学理论的形成源于底物和受体的结合，这种结合主要靠氢键、范德瓦耳斯力及静电力等非共价键来维持。受体与配合离子或分子结合，形成具有稳定结构和性质的实体，即形成"超分子"，它具有高效催化、分子识别及选择性输出等功能。根据酶催化反应机理，若合成出既能识别底物分子又具有酶活性部位催化基团的主体分子，同时主体分子能与底物发生多种分子间相互作用，那就能有效地模拟酶分子的催化过程[7]。传统模拟酶主要有三种模拟方式：a. 模拟酶含有与天然酶相同的金属离子；b. 模拟天然酶的活性中心结构；c. 天然酶的整体模拟。根据主客体化学和超分子化学理论，研究者们研究出了多种传统模拟酶。传统模拟酶不仅在耐酸碱、热稳定性方面优于天然酶，而且价格便宜，可大量应用于实际生产中。以下对几种重要的传统模拟酶进行分类介绍[8-10]。因此，本部分首先重点介绍传统模拟酶，并在此基础上，对仿生催化应用领域的模拟核酸酶进行介绍，并展望其前景。

6.1 ⊙ 环糊精模拟酶

环糊精（cyclodextrin，简称 CD）早在 1891 年被 Villiers 发现[11, 12]，是直链淀粉在由芽孢杆菌产生的环糊精葡萄糖基转移酶作用下生成的一系列环状低聚糖的总称[13, 14]。环糊精的分子形状如轮胎（图 6-1）[15]，它是由几个 D-葡萄糖残基，通过 α-1,4-糖苷键连接而成，聚合度分别为 6 个、7 个或 8 个葡萄糖，依次称为 α 环糊精、β 环糊精及 γ 环糊精。每个葡萄糖残基均处于无扭曲变形的椅型构象。三种环糊精的结构相似，但其水溶解度、穴洞大小等方面存在差别。环糊精没有还原端，不具还原性质，也没有非还原端，不能被某些淀粉酶水解。例如，β 淀粉酶的水解是由开链糊精分子的非还原端开始，但其不能水解环糊精[16]。环糊精中每个葡萄糖残基 6 位的伯羟基和 2、3 位的仲羟基都位于穴洞外面上边缘，具有疏水性或非极性。这些特殊的结构，使 CD 分子能识别并捕捉一般大小的底物分子，并形成易溶于水的包结物，模拟了酶的识别作用。如果把类似于酶活性基团的小分子修饰到环糊精上，那就可以模拟酶对有机化合物的催化水解、转氨基作用以及氧化还原作用等。

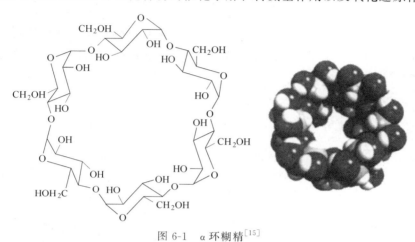

图 6-1 α 环糊精[15]

6.1.1 水解酶的模拟

Bender 等[17] 最先利用了有催化基团修饰的环糊精模拟水解酶——胰凝乳蛋白酶。胰凝乳蛋白酶的活性中心是由 57 位组氨酸（His）的咪唑基、102 位天冬氨酸（Asp）的羧基和 195 位丝氨酸（Ser）的羟基组成的。虽然这三个氨基酸残基在肽链的一级结构顺序上相距甚远，但它们在空间位置上却很接近，形成了一个电荷中继系统[17]。如果 CD 分子中具备这三个基团，并且处在适当的位置，理论上该分子就具有水解作用。Bender 等人利用 α-CD 的空穴作为底物的结合部位，以连在环糊精侧链上的羧基、咪唑基及 CD 分子上的一个羟基共同构成活性中心，制成了胰凝乳蛋白酶的模拟酶（图 6-2）[18]，其催化对叔丁基苯乙酸甲酯的水解速度比天然酶快一倍[11]。

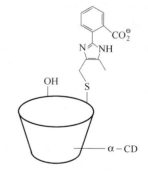

图 6-2 胰凝乳蛋白酶的模拟酶[18]

6.1.2 核糖核酸酶的模拟

核糖核酸酶催化 RNA 中磷酸二酯键的水解断裂，其活性中心是由 12 位的组氨酸、41 位的赖氨酸和 119 位的另一个组氨酸组成的。Breslow 等[4] 设计合成了两种环糊精 A 和 B（图 6-3），模拟核糖核酸酶催化环状磷酸二酯的水解。当环状磷酸二酯在碱性条件下水解时，同时产生两种不同的产物，而在 A 或者 B 的催化下水解反应只生成一种产物，其作用的机理与天然酶一致。近年来有报道脱氧核糖核酸酶的模拟物，不仅能够催化水解脱氧核糖核酸，并且其活性与天然的脱氧核糖核酸酶活性相当。

6.1.3　转氨酶的模拟

磷酸吡哆醛及磷酸吡哆胺是转氨酶的辅酶。其中最重要的反应是酮酸与氨基酸间的转换，转氨反应机理见图 6-4[19]。研究表明[20]，在没有酶存在的情况下，磷酸吡哆醛（胺）也能实现这种转氨作用，但反应速度极慢，且反应无任何选择性。模拟转氨酶模型将磷酸吡哆胺连在 β 环糊精的分子上，在此模拟酶存在的情况下，其转氨反应速率比磷酸吡哆胺单独存在时快约 200 倍。由于 β 环糊精本身具有手性，在 α 氨基酸的合成中，通过 CD 和 β 胺协同的不对称作用，能够选择性地发生转氨反应，可以预料产物氨基酸亦应该具有光学活性，事实上产物中 L-氨基酸和 D-氨基酸的含量确实不同。这种模型化合物的最大优点是具有良好的立体选择性[21]。

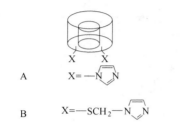

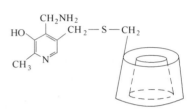

图 6-3　环糊精模拟核糖核酸酶[4]　　　　　　　　图 6-4　模拟转氨酶模型[19]

6.2 ▶ 大环聚醚及其模拟酶

大环聚醚及其模拟酶结构类似于环糊精的穴洞。这类模拟酶含有一个能够配合各种离子和分子的完全闭环的或者是钳型的穴洞，可以对底物进行包结。大环聚醚按照结构可以分为冠醚、球醚、穴醚。冠醚指杂原子的单环化合物，穴醚指杂原子的双环化合物，而球醚是含有杂原子的球状大环聚醚。冠醚及其含 S、N 大杂环类似物都具有选择地同配体结合的能力，与酶的活性部位识别底物相似，本节主要介绍冠醚。

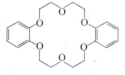

图 6-5　二苯并-18-冠醚-6[22]

1967 年，Pederson 首次合成冠醚（二苯并-18-冠醚-6）（图 6-5）[22]，母体是 18-冠醚-6，由聚乙二醇和卤代醚聚合而成，基本结构是—CH₂—CH₂—X—，其中 X 为 P、N、S、O 等原子。在一定条件下，一些金属离子或极性离子会陷入醚环的孔径中，与带孤对电子的 O 原子发生静电相互作用。该冠醚分子呈环形，内有穴洞，氧原子朝向穴洞的内部，亚甲基朝着穴洞的外部，冠醚分子中氧的孤对电子可以与金属离子进行配合。这类化合物具有和金属离子、铵离子及有机伯胺易于形成稳定的配合物的独特性质。如今，人们已经成功利用冠醚化合物模拟了水解酶和肽合成酶等多种活性酶。

6.2.1　水解酶的模拟

Matsui[20] 设计合成了以冠醚和巯基为主体的分子 A、B、C（图 6-6），分子中冠醚为结合部位，含醚侧臂或亚甲基为立体识别部位，侧臂末端为催化部位。利用这个模拟酶成功催化了氨基酸对硝基苯酚释放对硝基苯酚等一系列水解反应，冠醚结合铵离子，巯基亲核攻击羰基 C，两者的共同作用使 C—O 键扭曲断裂，迫使其释放出对硝基苯酚。

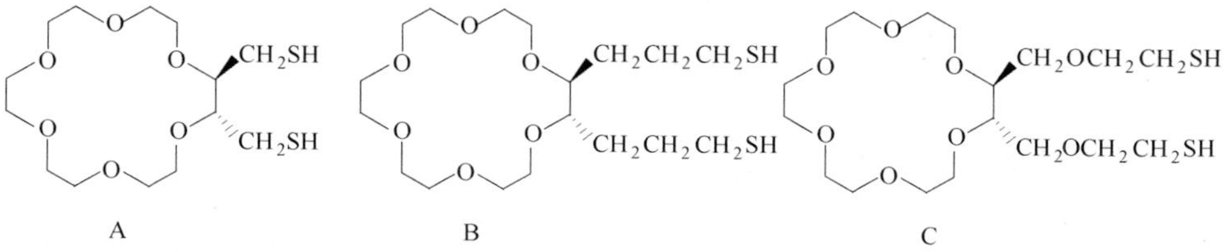

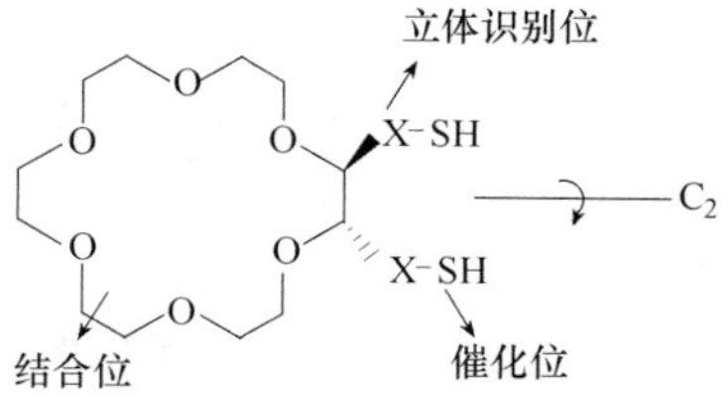

图 6-6 冠醚水解酶模拟酶[20]

研究数据表明，在分子 A、B、C 存在时，各种氨基酸的盐与冠醚结合，使巯基附近底物有较高的浓度。模拟酶对 α 氨基酸酯盐的催化速率格外快，这是因为底物分子中的羰基与催化基巯基紧靠在一起，使催化反应加速。侧臂长的分子 C 比分子 B 的催化能力强，可能由于在铵盐阳离子和醚氧原子间附加的极-偶极（pole-dipole）作用和氢键作用，使侧臂被固定在适宜反应的构象状态[22]。

6.2.2 肽合成酶的模拟

生物体内，肽合成的第一步是氨基酸 tRNA 连接酶（或氨基酸活化酶）催化，再由转肽酶催化肽链延长。天然的 α 氨基酸是一头连一个羧基一头连一个氨基的 α-C 结构，由于羧基带部分负电，氨基带部分正电，所以形成了两性离子的形式。两个氨基酸结合，脱去水分子形成酰胺键，就形成了二肽，多个氨基酸两两以酰胺键结合便组成了多肽[23]。1985 年，日本学者 Sasaki 等用冠醚合成了带有巯基及硫代氨基胺酯的仿酶模型 [图 6-7 （a）]，利用这种模型可在分子内实行"准双分子反应"以合成多肽[21]。

Sasaki[21] 合成了冠醚化合物模拟肽合成酶 [图 6-7 （b）]，其冠醚结合质子化的 α 氨基酸对硝基苯酯分子，形成非共价配合物，由于巯基的进攻，催化水解释放出对硝基苯酚，生成双硫酯。由于底物分子相互靠近，容易发生分子内催化反应，酰基转移形成肽链，再生巯基，重复以上反应可以延长肽链。该化合物是含有一个结合位点和两个反应部位的冠醚化合

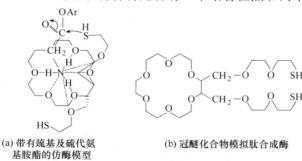

(a) 带有巯基及硫代氨基胺酯的仿酶模型　(b) 冠醚化合物模拟肽合成酶

图 6-7 肽合成酶模拟酶[21]

物，可以看作是一个肽合成酶模型。底物是含有 α 氨基酸残基的对硝基苯酚酯。冠醚结合铵离子，巯基亲核攻击羰基 C，两者的共同作用使 C—O 键扭曲断裂，同时—S 与羰基 C 相连，使氨基酸残基接在醚环的侧链上，两条侧链反应类似。由于分子内两侧链距离很近，易发生分子内反应，羰基 C 攻击铵离子，最终完成了肽链的延长。

6.3 ▷ 膜体系及其模拟酶

环糊精和冠醚都是单一的大分子，它们利用自身的分子特点形成一个极性或者疏水的空腔可以对底物进行结合，膜体系是由多个分子共同构成对底物有结合作用的穴洞。

胶束是由表面活性物质组成，其分子通常包含亲油基和亲水基两部分，亲油基是含有 8 个碳原子以上的碳链，亲水基是带电基团或极性基团（图 6-8）[24]，当水中的表面活性物质聚集就形成了胶束。胶束在水溶液中提供了疏水微环境，类似于酶的结合位点，将催化基团和一些辅因子连接在胶束上，提供了类似酶活性中心的催化部位，使胶束成为具有酶活性的模拟酶。

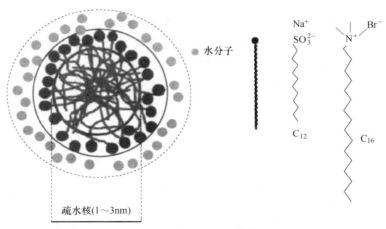

图 6-8　胶束示意图[24]

模拟水解酶的胶束酶模型[25] 中引入了组氨酸的咪唑基，因为组氨酸的咪唑基是水解酶活性中心必要的催化基团，在表面活性剂分子上连接组氨酸残基或咪唑基，就可能形成模拟水解酶的胶束。研究发现，用 N-十四酰基组氨酸所形成的胶束催化对硝基苯酚乙酸酯的水解，其催化效率比不能形成胶束的 N-乙醚基组氨酸高 3300 倍[25]。

一些阳离子胶束模拟酶不但可活化催化基团，也可活化辅酶的催化功能团。由于非共价结合的辅酶分子在中性条件下大多呈阴离子态，如谷胱甘肽、辅酶 A 等，所以，吡哆醛催化的 S-苯基半胱氨酸的消除反应在阳离子胶束中的反应速率大大加快，推测可能是反应中生成的席夫碱中间产物被胶束束缚后，席夫碱上的质子容易被胶束表面上的氢氧根离子消除，从而大大加快反应速率[26]。

金属胶束酶模型也是近年来模拟酶的研究热点。金属胶束通常是指具有疏水长链的金属配合物单独在水中形成的胶束，也指小分子金属配合物与表面活性剂共同在水中形成的胶束体系。金属胶束酶模型主要模仿金属酶的作用机理，利用胶束所具有的疏水性环境对底物起包结作用，而金属离子除了促使酶、底物复合物的形成，稳定反应中间产物的作用外，其正电荷还可加速羟基解离，使羟基在中性条件下成为有效的亲核试剂[27]。

逆向胶束模拟酶是胶束模拟酶发展的结果，可用于有机相中的催化反应。逆向胶束结构特点为，在非极性溶剂中，离子表面活性剂的极性端缔合，形成逆向胶束。逆向胶束的非极性尾部在空腔外部，极性头部在空腔内部，因此形成了一个极性的微环境，可以对极性底物或者底物的极性部位进行包结[22]。因此，近年来发展了一种单分子胶束酶（图6-9），就是人工将表面活性剂用共价键相互连接，以克服胶束酶模型的缺点，得到了较好的应用[24]。

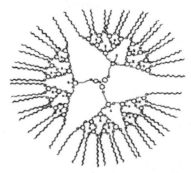

图 6-9　单分子胶束酶[24]

6.4　聚合物及其模拟酶

某些聚合物由于结构的特殊性，其内部可形成与底物结合的微环境，多支聚乙烯亚胺（multibranched polyethyleneimine，PEI）的分子有多个支链，支链在立体空间相互交错，可以在局部形成多个疏水微环境作为底物的结合部位（图6-10）[20]。带有十二烷基和乙基侧链的 PEI 催化脱羧反应的反应速率常数比在水中自发反应快 1000 倍左右。

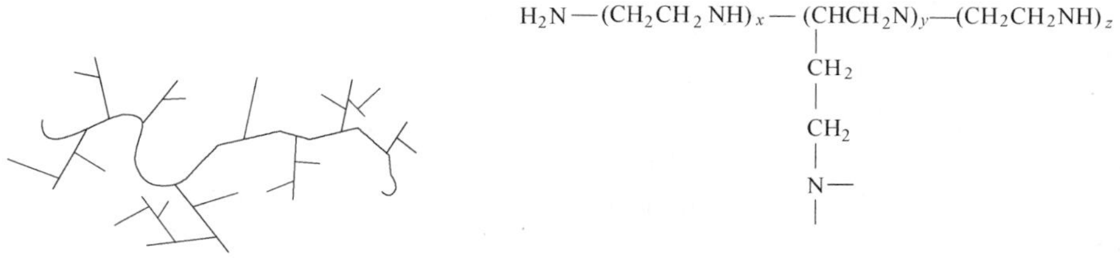

$$H_2N-(CH_2CH_2\,NH)_x-(CHCH_2N)_y-(CH_2CH_2NH)_z$$
$$|$$
$$CH_2$$
$$|$$
$$CH_2$$
$$|$$
$$N-$$

图 6-10　多支聚乙烯亚胺分子结构[20]

杯芳烃（calixarene）是继环糊精、冠醚后的第三代超分子。杯芳烃由苯酚及其衍生物与甲醛缩合而成，分子上缘由苯环的对位取代基组成，下缘紧密排列着酚羟基，中间是苯环构成的富 π 电子的流水空腔，其上缘亲油，下缘亲水，所以可以与中性分子和极性离子等多种物质结合。其空腔大小可以由聚合度来进行控制，以适应不同大小的底物分子。其结构特殊，优于环糊精和冠醚。同时，杯芳烃还具有良好的热稳定性、高熔点、非挥发性的性质。杯芳烃类大环化合物有多变的构象和特殊的性质，对某些金属离子有选择性结合作用，可作为模拟酶主体结构[28]。

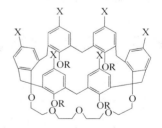

近年来杯冠醚受到人们广泛关注，如图 6-11 所示为杯［6］冠醚，它同时含有杯芳烃和冠醚两种主体分子的亚单元，这并非结构上的简单叠加，在功能上可发挥更大的优势，对某些底物具有更优越的配合和识别能力。

图 6-11　杯［6］冠醚[28]

6.5　金属卟啉及其模拟酶

金属卟啉可以模拟以金属离子为辅酶或辅因子的天然酶。卟啉是含有四个吡咯分子的大环化合物，结构如图 6-12 所示[29]。金属卟啉分子具有以共轭大 π 键电子体系及金属原子价改变为基础的氧化还原性质，卟啉上四个 N 的四对孤对电子朝向环内，同时它有间隔出现

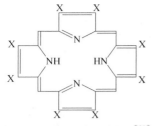

图 6-12　卟啉结构示意图[29]

的双键构成的共轭大 π 键，对位于中心部位的金属进行配位。如果进行配位的是一些化合价可变的金属，就可以模拟与分子氧有关的一些反应了。钌卟啉可作为超氧化物歧化酶（SOD）和过氧化氢酶（CAT）的双功能模拟酶。SOD 能歧化超氧阴离子为过氧化氢，在抗辐射、抗氧化、预防肿瘤方面有很大的功效。CAT 可以催化过氧化氢为水和氧气，解除体内过氧化氢的毒性。

6.6 　肽酶

肽酶是模拟天然酶的活性部位，人工合成的具有催化活性的多肽。1990 年 Steward 等用胰凝乳蛋白酶底物酪氨酸乙酯作为模板，用计算机模拟胰凝乳蛋白酶的活性位点，构建出一种由 73 个氨基酸残基组成的多肽，其活性部位引入组氨酸、天冬氨酸和丝氨酸，与胰凝乳蛋白酶活性中心结构一致，对烷基酯底物的水解活性是天然胰凝乳蛋白酶的 1%，并对胰凝乳蛋白酶抑制剂敏感[30]。

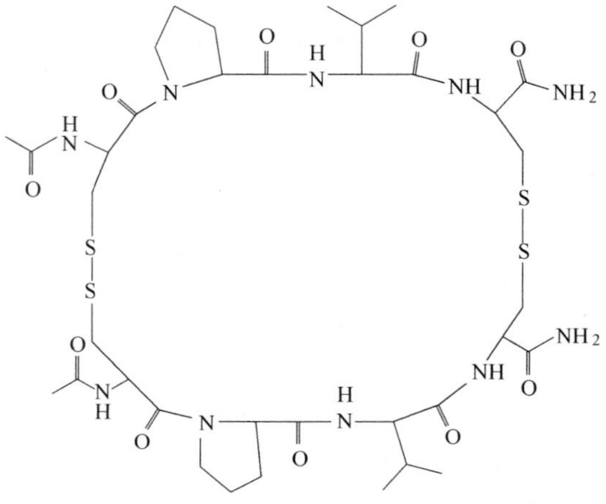

近年来，人们发现环肽的结构类似于环状超分子如冠醚、环糊精、杯芳烃等，容易形成氢键网络，而且环肽还存在内在构象约束，在超分子化学及分子识别方面已引起人们的注意。图 6-13[31] 是第一个合成的能结合离子的环肽，以缬氨霉素结构为模型设计两个二硫键，它们通过相互作用诱导 β 转角，导致氨基酸残基的并列排列，在分子识别过程中起重要作用。环肽既具有氢键供体又具有氢键受体，所以许多环肽同时具有识别阳离子和阴离子的能力。环孢菌素 A 等一些具有生理活性的环肽已经成功地应用于临床。因此环肽化学的研究已引起人们关注。

图 6-13　环肽[31]

6.7 　超氧化物歧化酶的模拟

天然 SOD 半衰期短，分子量大，不易穿过细胞膜。从 20 世纪 70 年代，人们就开始设想合成具有 SOD 活性的小分子模拟化合物[21,23,26]。既然 SOD 活性与金属离子有关，有人主张用合成方法将小分子化合物与 Cu^{2+}、Mn^{2+} 或 Fe^{3+} 配位，制成模拟 SOD。采用模拟 SOD 研究金属离子催化超氧离子歧化为 O_2 和 H_2O_2 的作用机理，并有可能将其作为药物应用于临床。因此，近 20 年来人们对模拟 SOD 进行了较多研究，其中研究较多的是模拟 Cu,Zn-SOD 与模拟 Mn-SOD。SOD 按照活性部位金属离子不同可以分为 Cu,Zn-SOD、Mn-SOD 和 Fe-SOD。Cu,Zn-SOD 存在于真核细胞的胞浆中，Mn-SOD 存在于原核和真核细胞的线粒体里，Fe-SOD 存在于原核细胞中。近年来也发现 Fe,Zn-SOD 和 Ni-SOD，其性质有待进一步研究。虽然 SOD 活性部位金属离子不同，但是它们的配位环境都是类似的，金属离子都被三个或四个组氨酸咪唑基和一个 H_2O 分子包围，呈四方锥形配位。

6.7.1　Cu,Zn-SOD 的模拟

如图 6-14 所示，SOD 模拟物中 Cu 和 Zn 及咪唑基三者的配位关系与天然的 Cu,Zn-SOD 分子基本一致。对它进行酶活分析，结果也与天然 Cu,Zn-SOD 活性相近[23]。Cu,Zn-SOD 模拟物的结构特征是咪唑桥联 Cu（Ⅱ）和 Zn（Ⅱ），此点与天然酶活性中心类似，其 Cu（Ⅱ）与 Zn（Ⅱ）之间距离为 0.548nm，与 SOD 中的 0.63nm 相近。Cu（Ⅱ）的配位数和配位环境也与之基本相同，Cu（Ⅱ）为畸变的三角双锥构型[33]。Weser 等[33] 指 出，有 效 的 SOD 模 拟 物 的 Cu（Ⅱ）构型应该是略有畸变的平面正

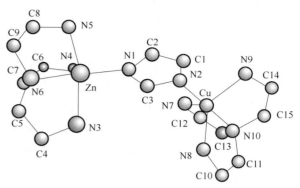

图 6-14　SOD 模拟物的晶体结构[23]

方形。模拟物在歧化 O_2^- 过程中 Cu（Ⅱ）的构型发生可逆的转变，生成 Cu（Ⅰ）的不规则四面体构型。他们合成出一系列的席夫碱 Cu（Ⅱ）配合物，证实了他们论点的正确性。

6.7.2　Mn-SOD 的模拟

近年来报道的用于模拟 Mn-SOD 酶的物质包括锰的去铁敏配合物、8-羟基喹啉配合物、锰的磺酸盐、氨基多羧基配合物等。Darr 等报道，将脱铁敏：$MnO_2 = 1:1$ 混合，搅拌16h，可制备成水溶性模拟 Mn-SOD。这样得到的 Mn-SOD 酶活性较低，研究人员还尝试加入其他物质，如抗坏血酸等，它们确实能提高酶活性。模拟 Cu,Zn-SOD 中所含 Cu（Ⅱ）释放后，可显示一定的毒性，而模拟 Mn-SOD 中 Mn（Ⅲ）显示的毒性却很小，甚至不明显。在实用性方面，模拟 Mn-SOD 的应用前景要优于模拟 Cu,Zn-SOD。Fridovich 与 Darr 联合专利报告中指出，模拟 Mn-SOD 可应用于减轻活性氟对机体的损伤[32]。

6.7.3　Fe-SOD 的模拟

Fe-SOD 模拟物中释放的 Fe（Ⅲ）的毒性比 Mn（Ⅲ）更小，而且 Fe（Ⅲ）配合物的稳定性比 Cu,Zn-SOD 和 Mn-SOD 更好，因此开发 Fe（Ⅲ）配合物作为 SOD 模拟酶是很有意义的。Riley 等[32] 把 Fe 与 N,N,N',N'-4（2-吡啶甲基）乙二胺（TPAA）合成配合物 SOD 活性较优。SOD 模拟物研究的意义在于可以利用模拟物控制体内的活性氧，同时可以利用模拟物对相关疾病进行有效的预防和治疗。

6.7.4　超氧化物歧化酶的功能模拟

除上述模拟 SOD 活性中心结构之外，研究人员也开始了对超氧化物歧化酶功能的模拟。

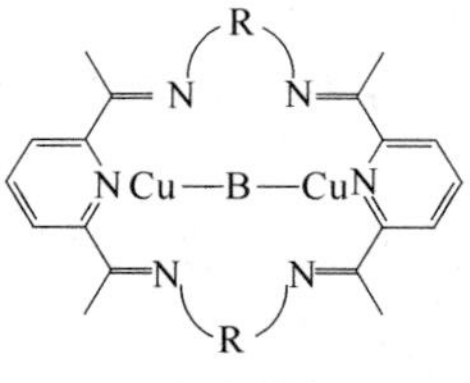

研究人员以鲁米诺为光扩增剂，研究了 21 种新合成的 SOD 模拟物在活细胞体系中清除活性氧的效能，探讨了活性与结构的关系，发现二十元大环和二氧四胺这两类配体的铜配合物有较高的活性。活性氧氧化鲁米诺而发光，发光强度在一定程度上反应出活性氧的量，因此加入 SOD 或 SOD 模拟物（图 6-15）引起的发光抑制率可表示其歧化活性氧

图 6-15　具有清除活性氧的模拟物[33]

的活性[33]。

6.8 人工核酸酶——氮杂冠醚配合物在催化核酸水解裂解中的研究和应用

由于天然核酸酶具有稳定性差、分离纯化困难、价格昂贵等缺点，因而其在医疗、制药和环境保护等领域的应用也受到了限制，因此这就迫切需要模拟天然核酸酶的结构，设计合成出具备天然核酸酶所特有的高催化活性和特异识别性的人工核酸酶。深入研究人工核酸酶的作用机制将有利于阐明核酸酶的作用机理，从而在治疗疾病的基因药物研发、毒性物质的降解、酶的应用等方面具有重要的学术意义和应用价值。氮杂冠醚配合物以其结构上的优势在模拟核酸酶催化核酸水解裂解的作用机理研究中备受青睐。一些氮杂冠醚过渡金属配合物、氮杂冠醚镧系金属配合物作为人工水解酶的研究取得了一定成效。

氮杂冠醚是由氮原子部分取代冠醚环上的氧原子所形成，根据环的空腔大小、环上不同类别的取代基，氮杂冠醚可以选择性地配合不同的金属离子[34-37]。相比冠醚金属配合物，由于氮原子的引入，氮杂冠醚金属配合物的稳定性更好。另外，对传统冠醚环的修饰改造，如官能团上支链的种类及数量、氮杂冠醚环上氮原子数目的多少，可以衍生出具有不同催化功能的氮杂冠醚金属配合物[38-41]。官能团能在金属配合物催化底物水解的时候产生"识别"碱基对、"协同催化"等作用。

下面围绕氮杂冠醚金属配合物的合成及其作为人工水解型核酸酶的研究进展作重点评述。

6.8.1 氮杂冠醚过渡金属配合物的合成及其作为人工水解型核酸酶催化核酸裂解的研究

在金属水解酶的催化过程中，金属离子有着极其重要的作用。人工核酸酶的设计过程中，选择金属离子是重要的一步，这也是普遍接受的观点。一般而言，一些过渡金属离子，如 Cu^{2+}、Zn^{2+} 和 Fe^{2+} 存在于天然金属酶中，因而研究者常选择过渡金属离子作为人工水解型核酸酶的中心离子来设计、合成模拟核酸酶。

6.8.1.1 催化核酸模型物水解的研究

Bencini 等[42] 设计并合成了化合物 **13**（图 6-16），并研究了由这种配体和 Cu^{2+} 在溶液中形成的三核氮杂冠醚 Cu_3^{2+}-**13** 对对硝基苯酚磷酸酯（BNPP）的水解作用。结果表明，多金属离子中心的"协同催化"会促进 BNPP 的水解效率。此外，在金属离子中心形成的金属羟化物（Cu-OH）比金属水合物（Cu-OH$_2$）的亲核性更好。

Morrow 等[43] 按照路线图合成了化合物 **14**（图 6-17），同时合成了相应的金属配合物 Zn^{2+}-**14** 并研究了其对 2-羟丙基-4-硝基苯基磷酸酯（HpPNP）的催化作用。研究结果表明，该金属配合物 Zn^{2+}-**14** 对 HpPNP 有一定的催化作用，但是 Zn^{2+}-**14** 对 HpPNP 的催化作用受到尿苷基团的抑制。Morrow 认为尿苷的抑制作用是由于尿苷与磷酸酯是竞争关系，尿苷能与 Zn^{2+}-**14** 发生结合作用（图 6-18）。Morrow 提出在设计金属配合物的时候要考虑到配合物的结构，避免在水解磷酸酯的过程中出现这种抑制作用。

Bazzicalupi 与 Bencini[44-47] 合成了化合物 **15**～**19**（图 6-19），并用简便的方法合成这些物质的 Zn^{2+} 配合物。该课题组研究了单核、双核金属配合物对磷酸酯的水解作用，结果表明这些配合物均能比较高效地催化磷酸酯水解，由于双金属中心的"协同催化"，双核结构

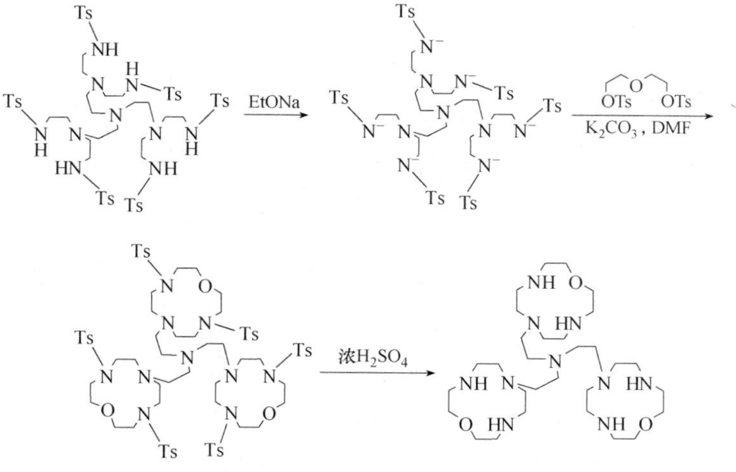

图 6-16 化合物 **13** 的合成路线

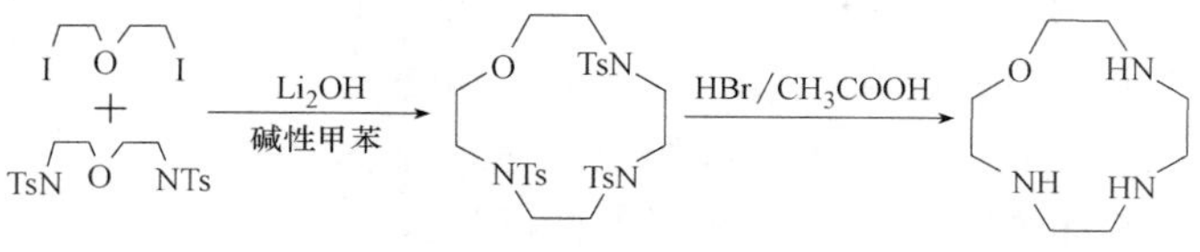

图 6-17 化合物 **14** 的合成路线

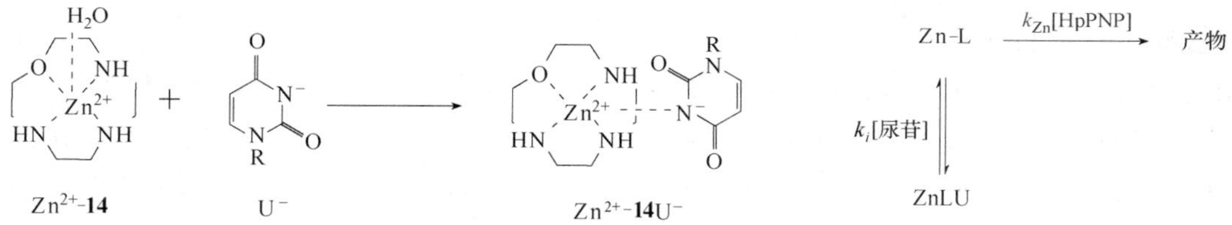

图 6-18 尿苷与 Zn^{2+}-**14** 作用的示意图以及机理图

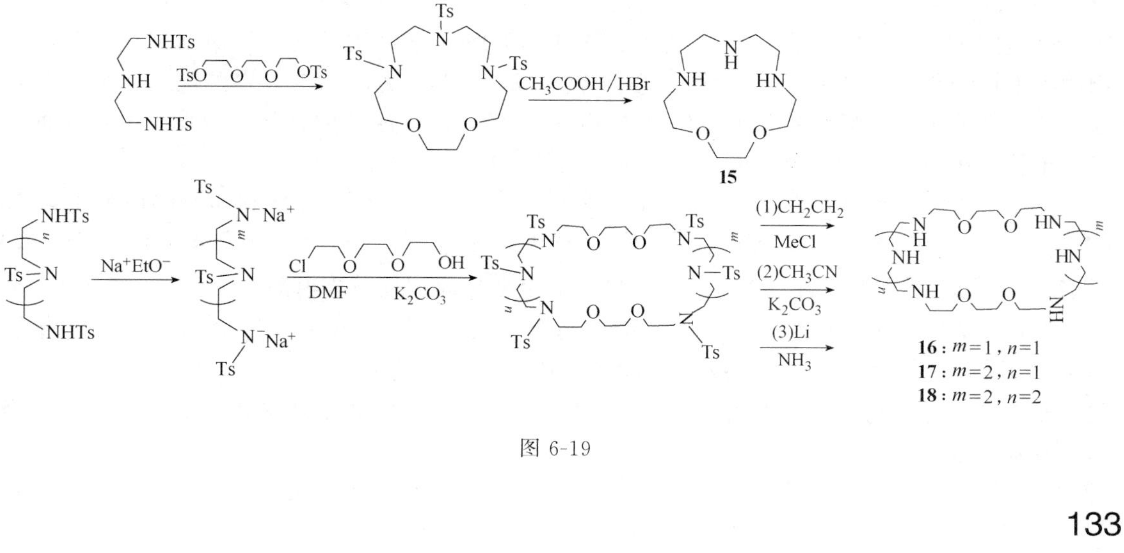

图 6-19

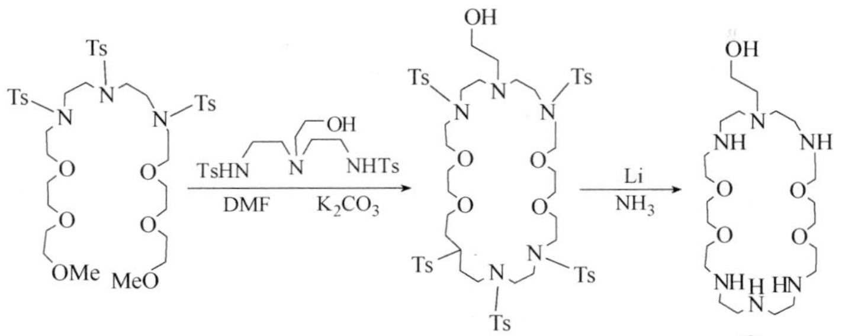

图 6-19　化合物 **15**～**19** 的合成路线

Zn_2-**16**-$(OH)_2^{2+}$ 的亲核性比单核结构 Zn-**15**-OH^+ 更好。含有羟基支链的大环（[Zn_2(**19**-H)(OH)]$^{2+}$）结构能形成亲核性比 [Zn_2-**16**-$(OH)_2$]$^{2+}$ 更强的金属氢氧化物 Zn（Ⅱ）-R-O^-。Bazzicalupi 与 Bencini 提出了该金属配合物对磷酸酯的催化不仅仅与亲核物种有关，还与具有亲电性的两个金属离子之间的桥联作用有关[47,48]。

Bencini 等[49] 研究了 Zn_2^{2+}-**16** 对腺苷（3′-5′）腺苷酸（APA）的水解作用（图 6-20），结果表明：Zn_2^{2+}-**16** 的活性物质 [Zn_2-**16**-(OH)]$^{3+}$、[Zn_2-**16**-$(OH)_2$]$^{2+}$ 中的金属离子之间不仅具有"协同催化"作用，而且还有利于 APA 中 2′-OH 的去质子化，从而增加了对 APA 的水解效率。

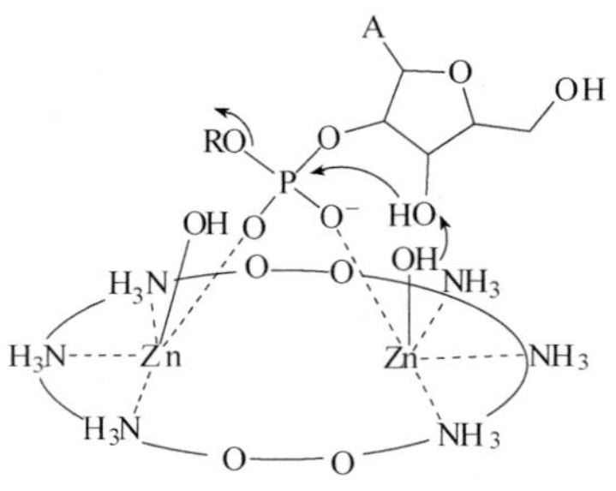

Rossiter 等[50] 按照以下合成路线合成了化合物 **14**、**20**～**22**（图 6-21）。Rossiter 研究了 Zn_2^{2+}-（**20**～**22**）对 RNA 的模型物 HpPNP（不含尿苷）、UpPNP（含尿苷）的水解作用，结果表明，双核的催化效果均优于单核配合物 Zn_2^{2+}-**14**，这是由于双金属中心"协同催化"的结果。此外，Rossiter[51] 研究了 Zn_2^{2+}-**14**、Zn^{2+}-**21**、Zn^{2+}-**22** 对 HpPNP 的水解作用，结果表明，水解效率跟 pK_a 值有

Zn_2^{2+}-**16**　　A=腺嘌呤
R=腺嘌呤核苷-5′

图 6-20　金属配合物 Zn_2^{2+}-**16** 对 APA 水解的机理图

一定的关系。在中性条件下，含有烷基的 Zn^{2+}-**22** 的 pK_a 值较 Zn_2^{2+}-**14** 低，水解效果较 Zn_2^{2+}-**14** 差。此外，相同条件下，pK_a 值较低的 Zn^{2+}-**21** 对 HpPNP 也具有较大的水解效应，这是因为 Zn^{2+}-**21** 中含有吖啶基团，吖啶上的胺能够去质子化，从而增强配合物与底物的静电结合作用。Rossiter[51] 进一步研究了 Zn^{2+}-**14**、Zn^{2+}-**22** 对磷酸酯的水解，虽然这两者之间的水解效果相差不大，但是 N-烷基化具有识别尿苷的作用，因此 Rossiter 的研究对于设计供电子团的种类与尿苷的识别功能具有重要的指导意义。

基于单核氮杂冠醚的合成，Zahra 等[52] 等合成了一种三环桥联的氮杂冠醚 **23**（图 6-22），并且研究了三核金属配合物对 HpPNP 的水解，结果表明，多金属中心的 Zn_3^{2+}-**23** 对 HpPNP 的水解效果较好。Zn_3^{2+}-**23** 提供了一个多核模拟核酸酶模型。

Subat 等[53] 合成了多环桥联氮杂冠醚 **24**[54,55]、**25**[56]，并研究其与 Zn^{2+} 的金属配合物 Zn^{2+}-**24**、Zn^{2+}-**25** 水解核酸模型物 BNPP（图 6-23），结果表明，Zn^{2+}-OH^- 作为亲核试剂存在于三种配合物当中，然而向 Zn（[12]aneN_4）引入其他的杂环 Zn^{2+}-**25** 能显著提高金属配合物的水解效率。

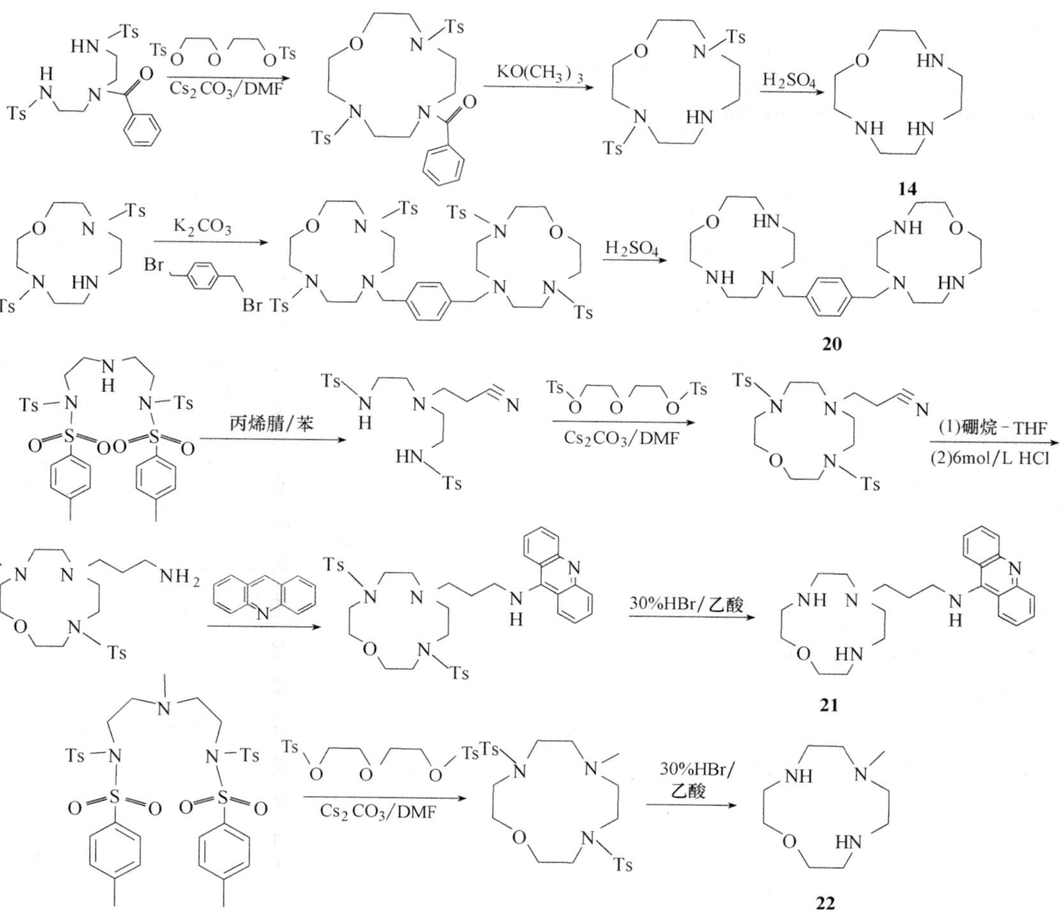

图 6-21　化合物 **14**、**20**~**22** 的合成路线

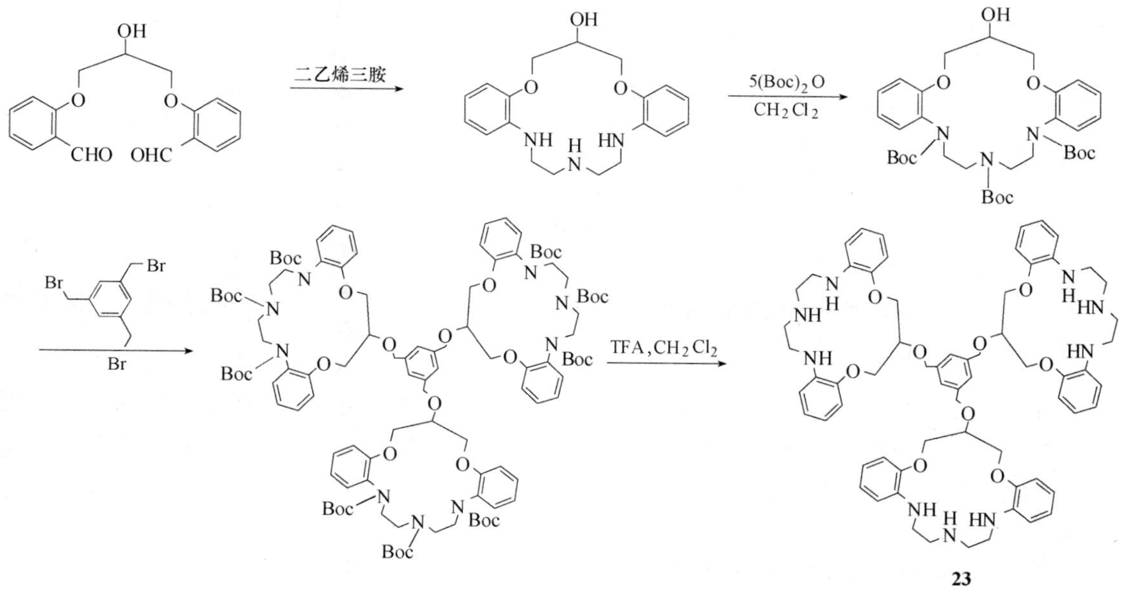

图 6-22　化合物 **23** 的合成路线

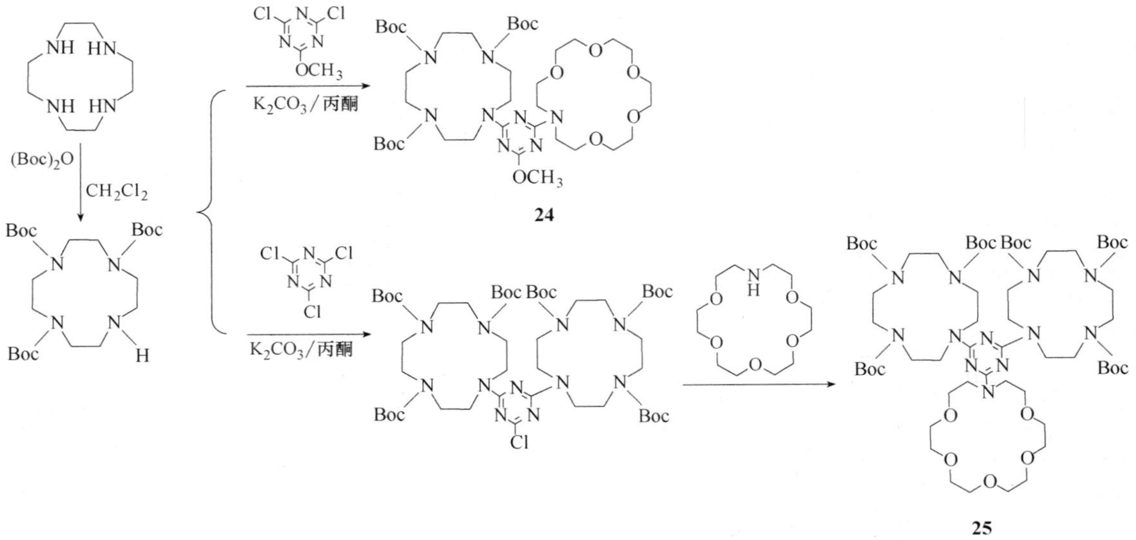

图 6-23 化合物 **24**、**25** 的合成路线

6.8.1.2 催化核酸裂解的研究

Sheng 等[57] 参考已有的文献 [58-61] 合成了化合物 **26**、**27**（图 6-24）及其 Cu^{2+} 配合物，研究了两种 Cu^{2+} 配合物对 DNA 的作用，结果表明，含胍基支链的水解效果高于氨基支链，这可能是由于胍基的结合能力与亲电能力均强于氨基。

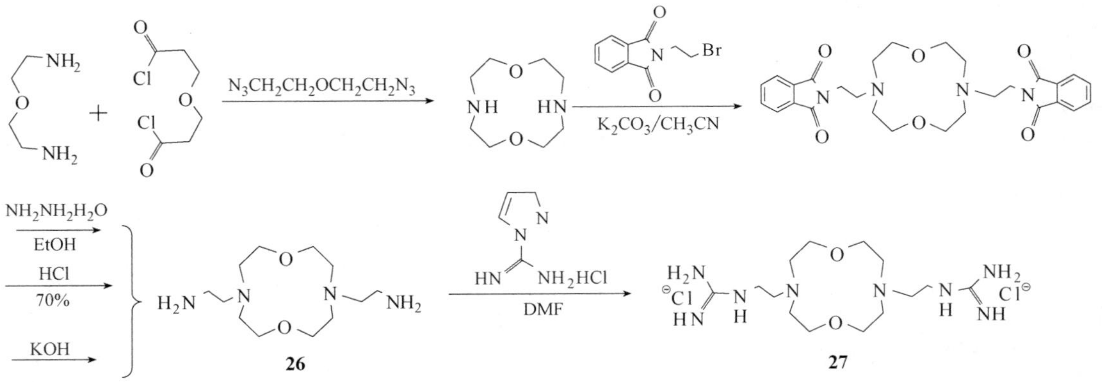

图 6-24 化合物 **26**、**27** 的合成路线

6.8.2 氮杂冠醚镧系金属配合物的合成及其作为人工水解型核酸酶催化核酸裂解的研究

前期的研究表明，镧系金属离子由于其高的路易斯酸性、低的动力学稳定性和高的配位数，常用在人工核酸酶的合成中。并且，相应的大环金属配合物在催化核酸裂解中表现出较高的催化活性和剪切功能。在此就镧系金属离子形成的氮杂冠醚金属配合物的研究状况作一评述。

6.8.2.1 催化核酸模型物水解的研究

Berg 等[62] 合成了化合物 **28**（**a~d**）（图 6-25），**a~d** 是不同长度的支链。Berg 研究了不

同长度的支链对四种不同结构的磷酸酯（图 6-26）的作用，结果表明，作为活性中心的金属离子对磷酸酯的水解效率也有较大的影响，Eu^{3+}、Gd^{3+} 以及 Tb^{3+} 的催化效果均高于 Dy^{3+}、Ho^{3+}、Er^{3+}。此外，支链的长度对磷酸酯的水解也有一定的影响，而对磷酸酯 **1**、**2** 的催化效果最好的是 Gd^{3+}-**28c**。

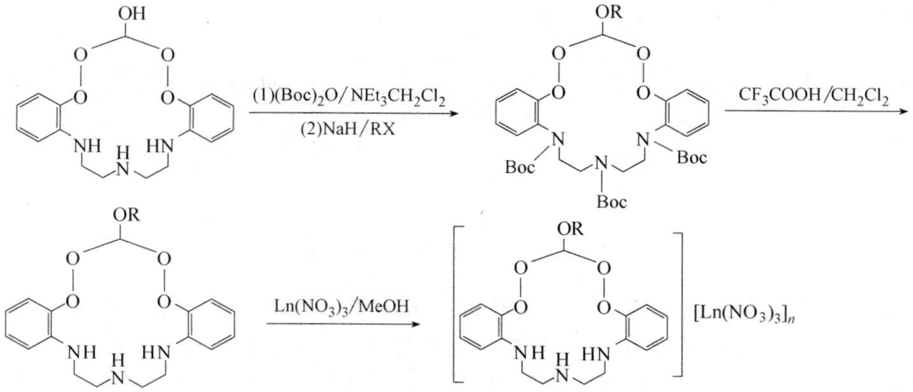

28

Ln=Eu^{3+}, Gd^{3+}, Tb^{3+}, Dy^{3+}, Ho^{3+}, Er^{3+}
a:R=H
b:R=Me
c:R=C_7H_7
d:R=β-$C_{11}H_9$

图 6-25　化合物 **28** 的合成路线

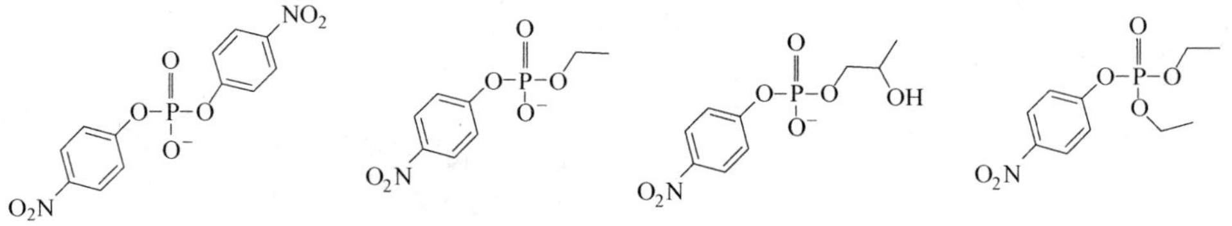

1　**2**　**3**　**4**

图 6-26　四种磷酸酯的结构

Roigk 等[63] 用简单的两步合成法得到化合物 **29**（**a**～**d**）（图 6-27），并采用电位滴定法研究其与 Eu^{3+} 的配位情况，随着支链长度的增长，Eu^{3+} 与 **29**(**a**～**d**）之间的结合作用增加，这是亚甲基的空间作用导致的。Roigk 第一次报道了含有羧基支链的氮杂冠醚 Eu^{3+}-**29**（**b**～**d**）对 BNPP 的水解，结果表明，随着羧基支链的增长，支链的可变性越大，金属配合物对 BNPP 的水解效果越佳。

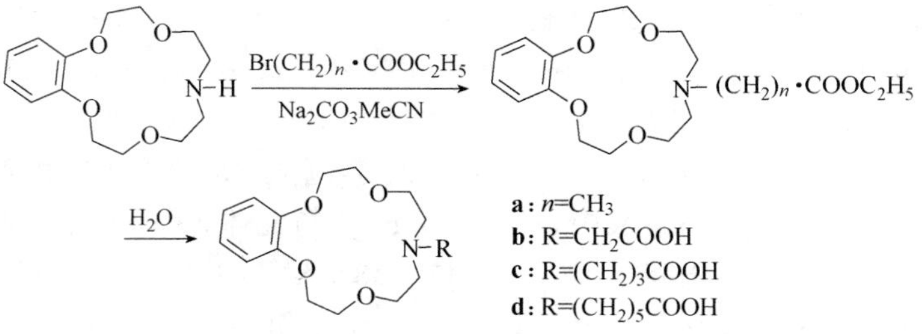

a: n=CH$_3$
b: R=CH$_2$COOH
c: R=(CH$_2$)$_3$COOH
d: R=(CH$_2$)$_5$COOH

29

图 6-27　化合物 **29**（**a**～**d**）的合成路线

Chang 等[64]合成了含有羧乙基支链的氮杂冠醚化合物 **30**（图 6-28）。基于模板反应[65]，该实验中选取 K_2CO_3 作为模板离子能够显著提高反应的产率。此外，相比乙醇而言，该实验采用乙腈作为反应溶剂也能提高反应产率。用电位滴定法测量金属离子 Eu^{3+} 与化合物 **30** 是 1：1 配位的。Chang 研究了 Eu^{3+}-**30** 对 BNPP 的水解，认为 Eu^{3+}-**30** 的二聚体的催化效率高于单聚体。

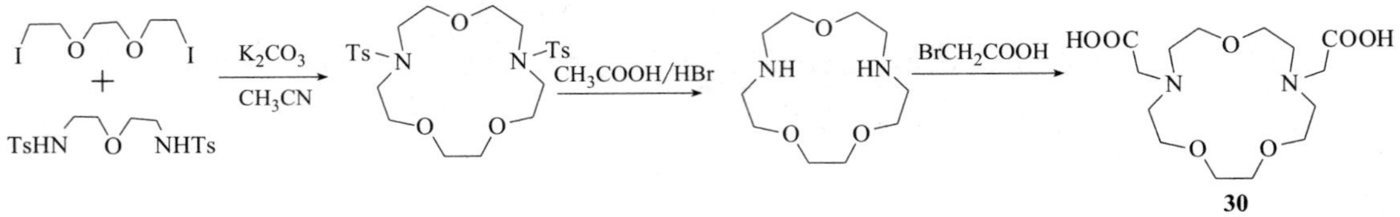

图 6-28　化合物 **30** 的合成路线

本课题组也在氮杂冠醚金属配合物对磷酸酯的水解方面取得了一定的成果。近期，我们参考已有的文献 [66-68] 合成了一些氮杂冠醚配体 **31**～**33**（图 6-29），化合物 **31**、**32** 的前驱体均采用模板法[65]合成。作者用紫外分光光度法得出了金属离子与配体之间是 1：1 配位的。本课题组研究了三种配体 **31**～**33** 对 BNPP 的水解。在胶束条件下，La^{3+}-**31**[69] 与 Ce^{3+}-**31**[70,71] 对 BNPP 均有催化水解作用。含有乙酸乙酯支链的金属配合物 Ce^{3+}-**33**[72] 对 BNPP 也有催化水解作用。但是，环的大小与配位性能、支链对水解性能的影响需要进一步研究证明。

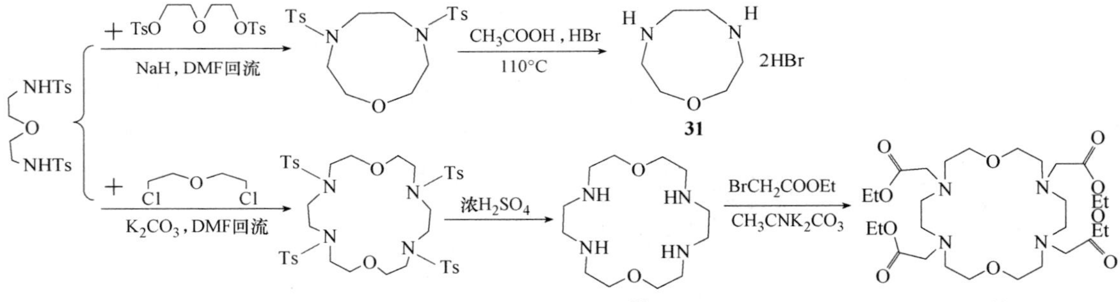

图 6-29　化合物 **31**～**33** 的合成路线

6.8.2.2　催化核酸裂解的研究

Schneider 课题组[73,74]合成了含有羟基、氨基、苯基等基团的化合物 **34**（a～f），**34a**[75,76]、**34b**[77] 以及 **34**（c～f）均按照如图 6-30 所示的路线合成。Rammo[73,74]研究了含有不同长度、不同支链种类的氮杂冠醚金属配合物 Eu^{3+}-**34**（a～f）[73] 对 BNPP 的作用。结果表明，在中性条件下，氮杂冠醚的氮原子容易去质子化，因而增加了对 DNA 的催化作用。Eu^{3+}-**34c/f**[74] 对 DNA 具有显著的催化效果，这是由于 Eu^{3+}-**34c/f** 中含有嵌插基团，能插入 DNA 中的碱基对，增强对 DNA 的催化作用。

Ragunathan[78] 参考了已有的文献合成了氮杂冠醚 **35**[79] 及其相似的化合物 **36**～**38**[79-81]（图 6-31）。在无水甲醇溶液中，Eu^{3+} 或 Pr^{3+} 与配体 **35**～**38** 之间形成的金属配合物是 1：2 配位的。Ragunathan 研究了 Eu_2^{3+}-(**35**～**38**) 对 pBR322 DNA 的作用，结果表明，Pr_2^{3+}-**35** 的催化速率达到 $3 \times 10^{-4} \, s^{-1}$，在相同结构中，由于配合物 Pr_2^{3+}-**35** 中两个金属离子间具有适当的间距，因而更利于金属配合物在反应过程中的静电稳定[82]。

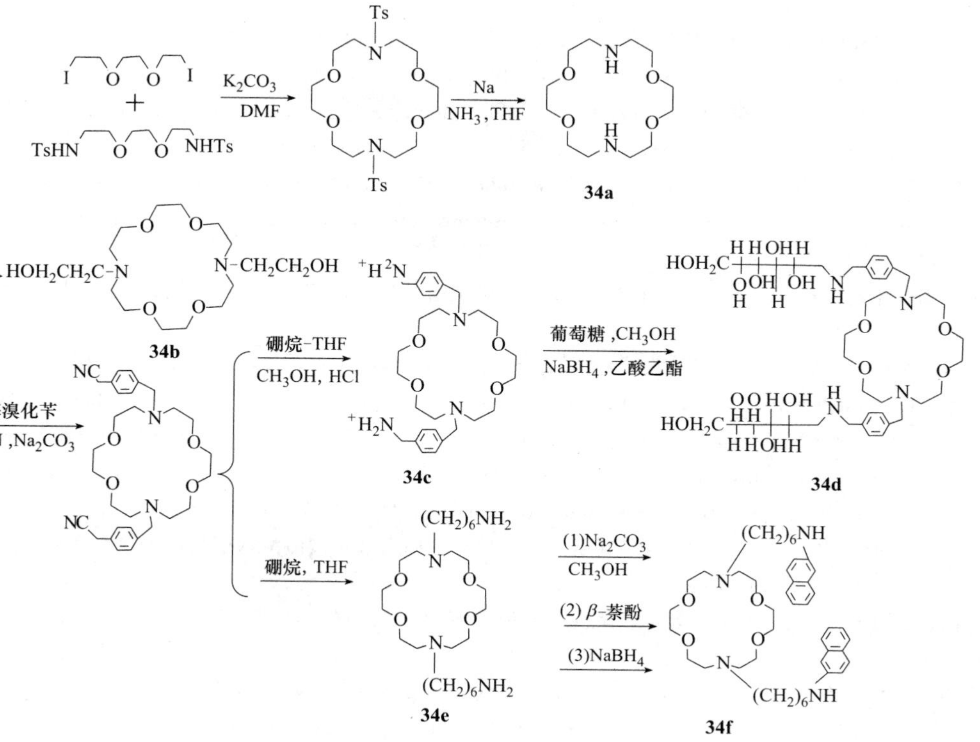

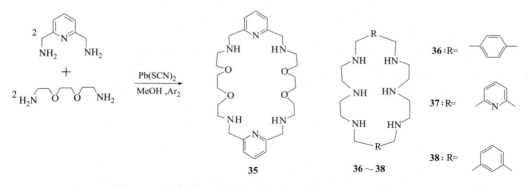

图 6-30　化合物 **34**（**a～f**）的合成路线

图 6-31　化合物 **35** 的合成路线以及化合物 **36～38** 的结构

　　以上的总结表明，具有特定大环结构的氮杂冠醚金属配合物表现出良好的核酸酶活性。但由于合成费用高、耗时长和合成困难等问题，这类金属配合物作为人工水解型核酸酶的研究进展不够理想。因此，这类金属配合物的进一步设计和合成及研究其作为人工水解型核酸酶的催化机理及其构效关系是必要且有价值的。

参 考 文 献

［1］　袁勤生. 现代酶学［M］. 2 版. 上海：华东理工大学出版社，2007.

［2］　刘靖瀛，王光丽. 纳米材料模拟酶及其性质应用简介［J］. 广东化工，2018，45（11）：189.

［3］　BRESLOW R，HAMMOND M，LAUER M. Selective transamination and optical induction by a β-cy-clodextrin-pyridoxamine artificial enzyme［J］. Journal of the American Chemical Society，1980，102

(1)：421.

[4] BRESLOW R，CZARNIK A W，LAUER M，et al. Mimics of transaminase enzymes [J]. Journal of the American Chemical Society，1986，108（8）：1969.

[5] CRAM D J，CRAM J M. Host-Guest Chemistry：Complexes between organic compounds simulate the substrate selectivity of enzymes [J]. Science，1974，183（4127）：803.

[6] JEAN-MARIE L. Supramolecular chemistry——scope and perspectives molecules，supermolecules，and molecular devices（Nobel Lecture）[J]. Angewandte Chemie International Edition in English，1988，27（1）：89.

[7] 邢锦娟，刘琳. 人工模拟酶技术的研究与应用 [J]. 辽宁工业大学学报（自然科学版），2009，29（2）：125.

[8] 王夔. 生物无机化学研究的动向和趋势 [J]. 化学通报，1985，8（7）：3.

[9] RADZICKA A，WOLFENDEN R. A proficient enzyme [J]. Science，1995，267（5194）：90.

[10] TURRO N J. Supramolecular organic photochemistry：Control of covalent bond formation through noncovalent supramolecular interactions and magnetic effects [J]. Proceedings of the National Academy of Sciences of the United States of America，2010，33（40）：291.

[11] 操锋，任勇，华维一，等. 利用人工模拟酶环糊精催化羧酸酯水解反应的研究进展 [J]. 有机化学，2002，22（11）：827.

[12] 陈勇，张斌，万平，等. 金属胶束模拟过氧化氢酶的热动力学研究 [J]. 化学研究与应用，2002，14（3）：283.

[13] CHAPLIN M F，BUCKE C. Enzyme technology [M]. New York：CUP Archive，1990.

[14] DUGAS H，PENNEY C. Bioorganic chemistry：A chemical approach to enzyme action [M]. New York：Springer Science & Business Media，2013.

[15] 李后强. 酶模型研究的进展 [J]. 大自然探索，1993，12（3）：14.

[16] 董文国，张敏莲，刘铮. 分子印迹技术及其在生物化工领域的应用现状与展望 [J]. 化工进展，2003，22（7）：683.

[17] BENDER H. Purification and characterization of a cyclodextrin-degrading enzyme from *Flavobacterium* sp [J]. Applied Microbiology & Biotechnology，1993，39（6）：714.

[18] GETZOFF E D，TAINER J A，WEINER P K，et al. Electrostatic recognition between superoxide and copper，zinc superoxide dismutase [J]. Nature，1983，306（5940）：287.

[19] 黄应平，蔡汝秀. 酶催化反应模拟作用的研究及分析应用 [J]. 分析化学，2002，30（5）：107.

[20] MATSUI T，KOGA K. Functionalized macrocycles. I. Synthesis of thiol-bearing crown ethers as an approach to regioselective catalysts [J]. Chemischer Informationsdienst，1980，11（10）.

[21] SASAKI T，EGUCHI S，OHNO M，et al. Studies on reactions of isoprenoids XⅧ. Crown ether catalyzed synthesis of dialkylvinylidenecyclopropane derivatives [J]. Journal of Organic Chemistry，1976，41（14）：2408.

[22] 沈静茹，秦晓蓉，雷灼霖. β-环糊精衍生物构筑模拟酶研究进展 [J]. 中南民族大学学报（自然科学版），2002，21（4）：10.

[23] 厉斌，李莉，刘育，等. 含苯并异硒唑酮β-环糊精衍生物的合成及其SOD类酶研究 [J]. 高等学校化学学报，2000，11（8）：79.

[24] 余孝其，游劲松，肖友发，等. 金属胶束（Metallomicelles）——一类新的金属酶模型 [J]. 化学研究与应用，1997，9（3）：5.

[25] 罗贵民. 人工模拟酶研究的新动向 [J]. 生物化学与生物物理进展，1994，21（4）：290.

[26] 沈静茹，雷灼霖，丁志刚. 用β-环糊精构筑新型催化剂 [J]. 合成化学，1998，6（2）：211.

[27] 沈静茹，雷灼霖. β-环糊精构筑模拟L（+）-抗坏血酸氧化酶的研究 [J]. 中南民族大学学报（自然科学版），1998，17（1）：9.

［28］ 宋发军，范郇，吴展明，等. β-环糊精-组氨酸衍生物对 DNase Ⅰ 的激活 ［J］. 化学研究与应用，2002，14（3）：280.

［29］ 罗贵民. 酶工程 ［M］. 2 版. 北京：化学工业出版社，2008.

［30］ 王智，李培凡，刘斌. SOD 模拟酶及其生物效果研究进展 ［J］. 继续医学教育，2003，17（3）：36.

［31］ 王涛，向清祥，李正凯，等. 环肽研究新进展 ［J］. 化学研究与应用，2002，14（1）：3.

［32］ RILEY M J，NEILL D，KENNARD C H L. Tris（ethylenediamine- N，N'）zinc（Ⅱ）dinitrate ［J］. Acta Crystallographica Section C Crystal Structure Communications，1997，53（6）：701.

［33］ WESER U，MUTTER W，HARTMANN H J. The role of Cu（Ⅰ）-thiolate clusters during the proteolysis of Cu-thionein ［J］. FEBS Letters，1986，197（1/2）：258.

［34］ GUNNLAUGSSON T，O'BRIEN J E，MULREADY S. Glycine-alanine conjugated macrocyclic lanthanide ion complexes as artificial ribonucleases ［J］. Tetrahedron Letters，2002，43（47）：8493.

［35］ XIE J Q，LI C，WANG M，et al. Construction and activity of a new catalytic system in the hydrolysis of bis（4-nitrophenyl）phosphate ester ［J］. International Journal of Chemical Kinetics，2013，45（6）：397.

［36］ XIE J Q，FENG F M，LI S X，et al. Study of the intramolecular reaction of an activated phosphate ester in the micelle system containing macrocyclic complex ［J］. Journal of Dispersion Science and Technology，2008，29（9）：1311.

［37］ HEGG E L，BURSTYN J N. Hydrolysis of unactivated peptide bonds by a macrocyclic copper（Ⅱ）complex：Cu（［9］aneN$_3$）Cl$_2$ hydrolyzes both dipeptides and proteins ［J］. Journal of the American Chemical Society，1995，117（26）：7015.

［38］ GOKEL G W，LEEVY W M，WEBER M E. Crown ethers：Sensors for ions and molecular scaffolds for materials and biological models ［J］. Chemical Reviews，2004，104（5）：2723.

［39］ AMORIM M T S，CHAVES S，DELGADO R，et al. Oxatriaza macrocyclic ligands：Studies of protonation and metal complexation ［J］. Journal of the Chemical Society，Dalton Transactions，1991，1：3065.

［40］ 陈丽娟，杨明星，林深. 主-客体化学研究进展 ［J］. 合成化学，2002，10（3）：205.

［41］ TEI L，BLAKE A J，BENCINI A，et al. Synthesis，solution studies and structural characterisation of complexes of a mixed oxa-aza macrocycle bearing nitrile pendant arms ［J］. Inorganica Chimica Acta，2002，337：59.

［42］ BAZZICALUPI C，BENCINI A，BERNI E，et al. Synthesis of new tren-based tris-macrocycles. Anion cluster assembling inside the cavity generated by a bowl-shaped receptor ［J］. The Journal of Organic Chemistry，2002，67（25）：9107.

［43］ ROSSITER C S，MATHEWS R A，MORROW J R. Uridine binding by Zn（Ⅱ）macrocyclic complexes：Diversion of RNA cleavage catalysts ［J］. Inorganic Chemistry，2005，44（25）：9397.

［44］ BAZZICALUPI C，BENCINI A，B IANCHI A，et al. CO$_2$ fixation by novel copper（Ⅱ）and zinc（Ⅱ）macrocyclic complexes. A solution and solid state study ［J］. Inorganic Chemistry，1996，35（19）：5540.

［45］ BAZZICALUPI C，BENCINI A，BIANCHI A，et al. Carboxy and phosphate esters cleavage with mono- and dinuclear Zinc（Ⅱ）macrocyclic complexes in aqueous solution. Crystal structure of ［Zn$_2$L1（μ-PP）$_2$（MeOH）$_2$］（ClO$_4$）$_2$（L1=［30］aneN$_6$O$_4$，PP=diphenyl phosphate）［J］. Inorganic Chemistry，1997，36（13）：2784.

［46］ BAZZICALUPI C，BENCINI A，BIANCHI A，et al. Synthesis and ligational properties of two new binucleating oxa-aza macrocyclic receptors ［J］. Inorganic Chemistry，1995，34（22）：5622.

［47］ BAZZICALUPI C，BENCINI A，BERNI E，et al. Carboxy and diphosphate ester hydrolysis by a dizinc complex with a new alcohol-pendant macrocycle ［J］. Inorganic Chemistry，1999，38

(18)：4115.

[48] BENCINI A，BERNI E，BIANCHI A，et al. Carboxy and diphosphate ester hydrolysis promoted by dinuclear Zinc（Ⅱ）macrocyclic complexes. Role of Zn（Ⅱ）-bound hydroxide as the nucleophilic function [J]. Inorganic Chemistry，1999，38（26）：6323.

[49] BENCINI A，BERNI E，BIANCHI A，et al. ApA cleavage promoted by oxa-aza macrocycles and their Zn（Ⅱ）complexes. The role of pH and metal coordination in the hydrolytic mechanism [J]. Supramolecular Chemistry，2001，13（3）：489.

[50] ROSSITER C S，MATHEWS R A，MUNDO I M A，et al. Cleavage of a RNA analog containing uridine by a bifunctional dinuclear Zn（Ⅱ）catalyst [J]. Journal of Inorganic Biochemistry，2009，103（1）：64.

[51] ROSSITER C S，MATHEWS R A，MORROW J R. Cleavage of an RNA analog by Zn（Ⅱ）macro-cyclic catalysts appended with a methyl or an acridine group [J]. Journal of Inorganic Biochemistry，2007，101（6）：925.

[52] ZAHRA K K，SEYED A H，BERNHARD S，et al. Copper（Ⅱ）and zinc（Ⅱ）complexes of mono- and tri-linked azacrown macrocycles：Synthesis，characterization，X-ray structure，phosphodiester hydrolysis and DNA cleavage [J]. Inorganica Chimica Acta，2014，415：7.

[53] SUBAT M，WOINAROSCHY K，GERSTL C，et al. 1,4,7,10-tetraazacyclododecane metal comple-xes as potent promoters of phosphodiester hydrolysis under physiological conditions [J]. Inorganic Chemistry，2008，47（11）：4661.

[54] SUBAT M，BOROVIK A S，KÖNIG B. Synthetic creatinine receptor：Imprinting of a Lewis acidic Zinc（Ⅱ）cyclen binding site to shape its molecular recognition selectivity [J]. Journal of the Ameri-can Chemical Society，2004，126（10）：3185.

[55] SUBAT M，WOINAROSCHY K，ANTHOFER S，et al. 1,4,7,10-tetraazacyclododecane metal complexes as potent promoters of carboxyester hydrolysis under physiological conditions [J]. Inorgan-ic Chemistry，2007，46（10）：4336.

[56] TURYGIN D S，SUBAT M，RAITMAN O A，et al. Cooperative self-assembly of adenosine and uridine nucleotides on a 2D synthetic template [J]. Angewandte Chemie，2006，118（32）：5466.

[57] SHENG X，LU X M，CHEN Y T，et al. Synthesis，DNA-binding，cleavage，and cytotoxic activity of new 1,7-dioxa-4,10-diazacyclododecane artificial receptors containing bisguanidinoethyl or diamin-oethyl double side arms [J]. Chemistry-A European Journal，2007，13（34）：9703.

[58] ANELLI P L，MONTANARI F，QUICI S. Synthesis of [H+. cntnd.（1.1.1）] X-cryptates assisted by intramolecular hydrogen bonding [J]. The Journal of Organic Chemistry，1985，50（19）：3453.

[59] GHOSH A K，HOL W G，FAN E. Solid-phase synthesis of N-acyl-N'-alkyl/aryl disubstituted guanidines [J]. The Journal of Organic Chemistry，2001，66（6）：2161.

[60] PORCHEDDU A，GIACOMELLI G，CHIGHINE A，et al. New cellulose-supported reagent：A sustainable approach to guanidines [J]. Organic letters，2004，6（26）：4925.

[61] BERNATOWICZ M S，WU Y，MATSUEDA G R. 1H-pyrazole-1-carboxamidine hydrochloride an attractive reagent for guanylation of amines and its application to peptide synthesis [J]. The Journal of Organic Chemistry，1992，57（8）：2497.

[62] BERG T，SIMEONOV A，JANDA K D. A combined parallel synthesis and screening of macrocyclic lanthanide complexes for the cleavage of phospho di-and triesters and double-stranded DNA [J]. Jour-nal of Combinatorial Chemistry，1999，1（1）：96.

[63] ROIGK A，YESCHEULOVA O V，FEDOROV Y V，et al. Carboxylic groups as cofactors in the lanthanide-catalyzed hydrolysis of phosphate esters. Stabilities of europium（Ⅲ）complexes with aza-benzo-15-crown-5 ether derivatives and their catalytic activity vs bis（p-nitrophenyl）phosphate and

DNA [J]. Organic Letters, 1999, 1 (6): 833.

[64] CHANG C A, WU B H, KUAN B Y. Macrocyclic lanthanide complexes as artificial nucleases and ribonucleases: Effects of pH, metal ionic radii, number of coordinated water molecules, charge, and concentrations of the metal complexes [J]. Inorganic chemistry, 2005, 44 (19): 6646.

[65] RODRIGUZ-UBIS J C, ALPHA B, PLANCHEREL D, et al. Photoactive cryptands. Synthesis of the sodium cryptates of macrobicyclic ligands containing bipyridine and phenanthroline groups [J]. Helvetica Chimica Acta, 1984, 67 (8): 2264.

[66] HANCOCK R D, THOM V J. Macrocyclic effect in transition metal ion complexes of a mixed (nitrogen, oxygen) donor macrocycle [J]. Journal of the American Chemical Society, 1982, 104 (1): 291.

[67] BIERNAT J F, LUBOCH E. Macrocyclic polyfunctional lewis bases-IX azacrown ethers [J]. Tetrahedron, 1984, 40 (10): 1927.

[68] YANG X, CRAIG D, KUMAR A, et al. Synthesis of tetra-N-substituted 1,10-dioxa-4,7,13,16-tetraazacyclooctadecanes and their application as Lead (II) selective electrodes. X-ray crystal structure of 4,7,13,16-tetrathenoyl-1,10- dioxa-4,7,13,16-tetraazacyclooctadecane [J]. Journal of Inclusion Phenomena and Macrocyclic Chemistry, 1999, 33 (2): 135.

[69] FENG F, CAI S, LIU F, et al. Framework and catalytic activity of a metallomicelle system made from an azacrown ether, lanthanum (III) ion and a cationic surfactant [J]. Progress in Reaction Kinetics and Mechanism, 2014, 39 (1): 16.

[70] YU L, XIE J, LI F. An anionic surfactant metallomicelle: Catalytic activity and mechanism for the catalytic hydrolysis of a phosphate ester [J]. Progress in Reaction Kinetics and Mechanism, 2014, 39 (3): 262.

[71] FENG F, CAI S, LIU F, et al. The construction and activity of a cerium (III) complex in DNA hydrolytic cleavage [J]. Journal of Chemical and Pharmaceutical Research, 2013, 5 (12): 1389.

[72] JIANG B, CAI S, FENG F, et al. Spectral analysis and catalytic activity in the hydrolysis of the phosphate ester by aza-crown ether cerium (III) complex [J]. Journal of Chemical and Pharmaceutical Research, 2014, 6 (3): 1520.

[73] RAMMO J, SCHNEIDER H J. Supramolecular chemistry, 62. Ligand and cosubstrate effects on the hydrolysis of phosphate esters and DNA with lanthanoids [J]. Liebigs Annalen, 1996, 11: 175.

[74] RAMMO J, HETTICH R, ROIGK A, et al. Catalysis of DNA cleavage by lanthanide complexes with nucleophilic or intercalating ligands and their kinetic characterization [J]. Chemical Communications, 1996, 1: 105.

[75] CROSSLEY R, GOOLAMALI Z, GOSPER J J, et al. Synthesis and spectral properties of new fluorescent probes for potassium [J]. Journal of the Chemical Society, Perkin Transactions 2, 1994, 3: 513.

[76] KULSTAD S, MALMSTEN L. Diaza-crown ethers. 1. Alkali ion promoted formation of diaza-crown ethers and syntheses of some N,N'-disubstituted derivatives [J]. Acta Chemica Scandinavica Series B-Organic Chemistry and Biochemisry, 1979, 33 (7): 469.

[77] KRAKOWIAK K E, BRADSHAW J S, IZATT R M. One-step methods to prepare cryptands and crowns containing reactive functional groups [J]. Journal of Heterocyclic Chemistry, 1990, 27 (4): 1011.

[78] RAGUNATHAN K G, SCHNEIDER H J. Binuclear lanthanide complexes as catalysts for the hydrolysis of bis (p-nitrophenyl) -phosphate and double-stranded DNA [J]. Angewandte Chemie International Edition in English, 1996, 35 (11): 1219.

[79] MENIF R, CHEN D, MARTELL A E. Dinuclear complexes of a [30] $py_2N_4O_1$ macrocyclic ligand

containing two. α,α'-bis (aminomethyl) pyridine moieties. Comparison with analogous 22-and 24-membered macrocyclic ligands [J]. Inorganic Chemistry, 1989, 28 (26): 4633.

[80] MENIF R, MARTELL A E, SQUATTRITO P J, et al. New hexaaza macrocyclic binucleating ligands. Oxygen insertion with a dicopper (I) schiff base macrocyclic complex [J]. Inorganic Chemistry, 1990, 29 (23): 4723.

[81] CHEN D, MARTELL A E. The synthesis of new binucleating polyaza macrocyclic and macrobicyclic ligands: Dioxygen affinities of the cobalt complexes [J]. Tetrahedron, 1991, 47 (34): 6895.

[82] CHIN J. Developing artificial hydrolytic metalloenzymes by a unified mechanistic approach [J]. Accounts of Chemical Research, 1991, 24 (5): 145.

第 7 章

新型催化材料的特殊合成方法

7.1 ⊙ 等离子体表面修饰技术在新型催化材料合成中的应用

7.1.1 等离子体的定义

在一定的温度和压力条件下，物质的状态（固态、液态、气态）是可以相互转变的。如果对气态提供足够的能量，当温度足够高时，构成气体分子的原子就会获得足够大的动能，开始彼此分离。能量大到一定程度时，一部分原子外层电子就会摆脱原子核的束缚成为自由电子，失去电子的原子变成带正电的离子，这样的过程就称为气体的电离[1, 2]，这种混合物被称作等离子体或"物质的第四态"（图 7-1）。

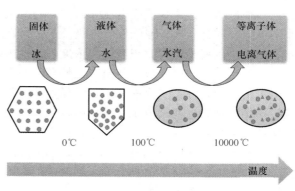

图 7-1 等离子体产生原理示意图

7.1.2 等离子体的分类

7.1.2.1 概述

根据体系能量状态、温度和离子密度，等离子体通常可以分为高温等离子体和低温等离子体（包括热等离子体和冷等离子体）[3, 4]。其中高温等离子体[5] 的电离度接近 1，各种粒子温度几乎相同，一般在 $10^6 \sim 10^8 \, \mathrm{K}$，并且体系处于热力学平衡状态，它主要应用在受控热核反应研究方面。而低温等离子体[6, 7] 则处于热力学非平衡状态，各种粒子温度并不相同，一般在 $10^3 \sim 10^5 \, \mathrm{K}$。它一般是弱电离、多成分的，并和其他物质有强烈的相互作用。此外，低温等离子体按物质性质分为三类[4]：热等离子体（或近局域热力学平衡等离子体）、冷等离子体（非平衡等离子体）、燃烧等离子体。目前，实验室和工业生产中一般所涉及的等离子体属于冷等离子体范畴，通常是对低气压下的稀薄气体采用高频、微波、激光、辉光放电或对常压下的气体采用电晕放电产生的。因此，用于材料表面修饰的低温等离子体的产生方式主要有电晕放电、辉光放电、微波放电和介质阻挡放电等。在这几种放电方式中，介质阻挡放电等离子体表面处理技术被认为是最有前景得到有效等离子体的方式之一[3]。

低温等离子体具有以下几个特点[8-10]。a. 常温下高活性：低温等离子体中存在大量的激发态物种，能使活化能很高的化学反应方便在比较温和的条件下进行，因此被广泛用于各种氮化物及碳化物薄膜的制备。b. 电磁场特性：低温等离子体具有鞘层电场作用，利用外加偏压和磁场可以对等离子体加以控制，利用这些电磁场的作用，能够实现等离子体定向刻蚀，引导纳米材料的生长方向。c. 表面选择性：低温等离子体虽然化学活性高，但由于其气体温度较低，只会作用于材料表面，因而对材料本体不会造成大的损伤，这一特性使低温等离子体广泛应用于材料的表面改性，如钢铁表面的氮化防腐、改进生物材料的生物相容性、调控材料亲疏水性能等。

7.1.2.2 冷等离子体

（1）电晕放电

电晕放电是一种非均匀放电，电流密度比较低。当电极两端加上较高但未达击穿的电压时，若电极表面附近的电场很强，则电极附近的气体介质会被局部击穿而产生电晕放电现象。在均匀电场中，一旦其中某处气体开始电离后，放电电离通道会迅速地延伸于整个电极间隙。而对于非均匀电场，虽在高场强区的气体已经出现许多局部的电离，但在场强较弱处仍保持基态。电晕放电可以分为两种：直流电晕放电和脉冲电晕放电[11、12]。典型的电晕放电结构如图7-2所示。

电晕放电通常是用直流高电压来启动（即直流电晕放电），并将高电压加载在曲率半径很小的电极（如针状电极或细线状电极）上。当针状电极（或细线状电极）上的电位升高到一定程度时，也就是电荷累积到一定浓度时，针尖附近的强场就能使其周围的空气产生电离，从而产生局部放电现象，甚至产生晕光。而在电晕放电中，电极的几何构型起着关键作用。电场的不均匀性把主要的电离过程局限于局部电场很高的电极附近，特别是发生在曲率半径很小的电极附近或大或小的薄层中，气体的发光也多发生在这个区域里，这个区域称为电离区域或电晕层。在这个区域之外，由于电场弱，不发生或很少发生电离，电流的传导依靠正离子和负离子或电子的迁移运动，因此电离区域之外的区域被称为迁移区域或外围区域。若两电极中仅有一个电极起晕，则放电的迁移区域中基本上只有一种符号的带电粒子，在此情况下电流是单极性的。

如图7-3所示为两种典型的单极性和间隙结构电晕放电示意图。R-1为针板式结构，放电是发生在放电电极尖端与接地极（金属筛板）之间的区域内；R-2为线筒式结构，放电是

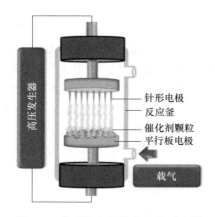

图7-2 典型的电晕放电结构示意图

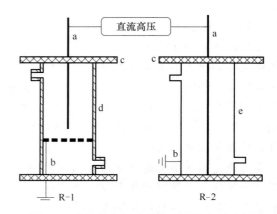

图7-3 单极性和间隙结构电晕放电示意图
a—放电电极；b—接地极；c—绝缘介质；
d—绝缘反应器筒体；e—金属反应器筒体；
R-1—针板式结构；R-2—线筒式结构

发生在处于同轴的放电电极（金属线）与接地极（圆的金属反应器筒体）之间的环形区域内。

（2）介质阻挡放电

介质阻挡放电又称无声放电，它是一种有绝缘介质插入放电空间的气体放电，介质可以覆盖在一个电极上，也可以同时置于两个电极上，或者悬挂于放电空间间隙中[13]。常见的介质阻挡放电结构有平板式电极结构和管线式电极结构，如图 7-4 所示[13]。其中平板式电极结构被广泛应用于工业中的高分子和金属薄膜及板材的改性、接枝、表面张力的提高、清洗和亲水改性中，而管线式电极结构被广泛应用于各种化学反应器中。

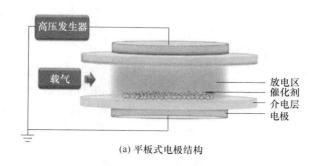

(a) 平板式电极结构

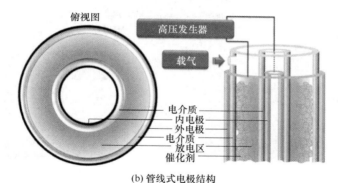

(b) 管线式电极结构

图 7-4 常见的介质阻挡放电结构

电源电压通过电容耦合到放电间隙形成电场，空间电子在这一电场作用下获得能量，与周围气体分子发生非弹性碰撞，电子从外界电场获得能量转移给气体分子[13, 14]。气体分子被激发后，发生电子雪崩，出现了相当数量的空间电荷，聚集在雪崩头部，形成本征电场，再与外加电场叠加起来形成很高的局部电场。在此作用下，雪崩中的电子得到进一步加速，使放电间隙的电子形成空间电荷的速率比电子迁移速率更快，这样一个导电通道能非常快速地形成大量微细丝状的脉冲流光微放电。当微放电通道形成以后，空间电荷就在通道内输送并累积在电介质表面，产生反向电场而致放电熄灭，形成微放电脉冲，所以介质阻挡放电的电源必须要用交流电源才能维持这种脉冲。

另外，电介质的分布电容对于微放电的形成有着十分重要的镇流作用[15, 16]。一方面，电介质的存在，有效地限制了带电粒子的运动，防止放电电流的无限制增长，从而能够避免在放电间隙形成火花放电或弧光放电；另一方面，电介质的存在可以使微放电均匀稳定地分布在整个放电空间中，有利于获取大量的等离子体。实际上，在介质阻挡放电过程中起主导作用的就是上述的微放电，在交流电压的一个周期内可以把微放电分成 3 个阶段：a. 放电的形成（击穿）需要几纳秒；b. 放电击穿后，气体间隙电流脉冲或电荷的输送（微放电寿命）一般需要 10ns 左右；c. 自由基、准分子等的形成需要 100ns～1s。

（3）辉光放电

辉光放电是气体放电中的一种重要形式，可分为亚辉光放电、正常辉光放电和反常辉光放电三种类型[16,17]。辉光放电处理催化剂的装置示意图如图 7-5 所示，通常是在密闭的放电管内两个电极之间放电，电极两端需要施加交流电或直流电。放电时，放电管两个电极之间会出现特有的光辉，辉光放电等离子体也因此得名。辉光放电是一种自持放电，其放电电流的大小为毫安数量级，它是靠正离子轰击阴极产生的二次电子发射来维持[18,19]。其作用原理为：利用电子将处于基态的原子和分子激发，处于激发态的粒子回到基态时会以辉光放电的形式释放出能量。从阴极发射的电子，在电极压力的作用下，向阳极加速运动并和电极之间的气体发生碰撞，使气体激发并解离。激发态的气体粒子随后降回到基态并以光的形式释放能量，于是便出现了特有的辉光现象。另一方面，解离出来的正离子会继续轰击阴极，导致更多的电子从阴极发射出来。如此循环，使得放电管内的气体被击穿导电并产生明暗相间的光层分布。在实验室条件下，只需在极低的气压下进行高压放电并击穿气体就可以得到稳定持续的辉光放电等离子体[20]。气体不同，其辉光放电的颜色也会不同，如表 7-1 所示，因此可以根据放电的颜色来判断放电情况[21]。

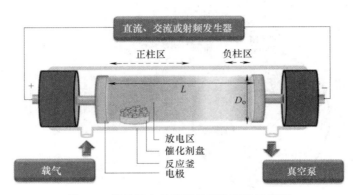

图 7-5　辉光放电处理催化剂的装置示意图

表 7-1　不同气体辉光放电颜色

气体	阴极区	阴极辉光	阳极区	气体	阴极区	阴极辉光	阳极区
He	红色	粉红色	粉红色	H_2	棕红色	淡蓝色	粉红色
Ne	黄色	橙色	棕红色	N_2	粉红色	蓝色	红黄色
Ar	粉红色	深蓝色	深红色	O_2	红色	黄白色	红黄色
Kr	—	绿色	蓝紫色	空气	粉红色	蓝色	红黄色
Xe	—	橙绿色	绿白色				

7.1.3　等离子体表面修饰技术原理

冷等离子体中的电子温度高达 10^6K，而中性分子和离子温度却只有 400K。电子在电场中获得能量并加速运动，与周围的气体分子或原子发生碰撞，从而产生大量激发态的粒子，这些粒子又通过碰撞的方式将能量传递给第三方，由此提供了一种新型能量传递的方式，使冷等离子体具有超常的化学特性[21-23]。由于冷等离子体是通过气体放电产生的，不同的放电气体产生的活性物质必然是不一样的，它们对催化剂材料所产生的影响也是有着本质上的区别的。尤其对催化剂化学活性的影响，H_2 等离子体具有一定的还原性，但由于氢原子相较于其他气体要小，因而其对材料表面的刻蚀、烧结等作用可能会相对较弱。而 O_2 等离子体由于其高氧化性和反应性，势必会对材料表面形貌等产生较大的影响[24,25]。

对于等离子体处理催化剂，研究者主要认为有四种不同的机理。在第一种机理中（图 7-6），当催化剂暴露于等离子体发射的电子中时，数千个电子被催化剂颗粒捕获，这将形成每个金属前驱体颗粒周围的等离子鞘[26]。在等离子场中，等离子鞘具有强电子流动的库仑排斥力。如果受到电子诱导反应产生的电子和物质的影响，排斥力将导致颗粒伸长，容易使前驱体或簇边界分裂。与载体表面的相互作用产生的晶体生长、缺陷位点以及金属粒子成核的动力学均受到电子的影响，这有利于提高金属粒子的成核速率和晶种的形成[26,27]。在第二种机理中，与常规法相比，等离子体处理在室温下操作时没有任何热效应，这会导致快速成核和缓慢的晶体生长。在第三种机理中，催化剂通常在等离子体处理过程中被还原[27,28]。在某些情况下，电子诱导反应产生的电子和某些物质可直接作为还原剂。之后，通过热煅烧，在还原的金属物质之后形成的新金属氧化物被氧化，这将引起强电场。具有相同电性质的金属物质的增加量有助于通过各物种之间的排斥力的消除来增加分散[29]。第四种机理中，等离子体物质轰击催化剂表面导致催化剂颗粒破碎。

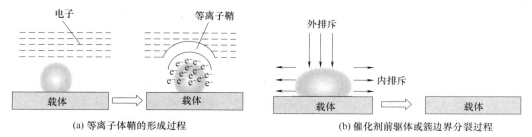

(a) 等离子体鞘的形成过程　　　　　　　　(b) 催化剂前驱体或簇边界分裂过程

图 7-6　等离子体处理催化剂第一种机理示意图

7.1.4　等离子体表面修饰技术的应用

7.1.4.1　概述

目前等离子体技术在催化科学中主要应用于以下三个方面[30]：利用等离子体技术合成超细或具有特殊性质的催化剂颗粒；利用等离子体喷涂将催化剂活性组分负载于载体表面；等离子体对催化材料的表面处理或改性。合成超细催化剂颗粒时一般使用热等离子体。当原料以气雾状随载气进入到等离子体区域时，高温下，原料之间及原料与放电气体之间便很快反应，生成超细颗粒前驱体。由于气速很快，气体在等离子体区停留时间非常短，形成的催化剂前驱体进入低温段后迅速冷却，温度梯度可达 $10^5 \sim 10^6 \mathrm{K/s}$，使其过饱和度急剧增加，瞬间便发生均相成核过程，形成超细的催化剂颗粒[31,32]。这种方法制备的超细催化剂颗粒不仅比表面大，其表面晶格结构也与常规大颗粒不同。等离子体制备的超细催化剂颗粒低配位数增加，局域态密度和电荷密度都发生很大变化，从而形成更多催化活性中心。等离子体喷涂法[33] 可以将催化剂的活性组分负载到载体表面，对于制备膜催化剂非常有用。它的原理是通过送粉器将催化剂活性颗粒送入高速运动的等离子体流中，催化剂颗粒在高温下迅速熔化，随等离子体流一起喷射到催化剂载体表面，并在极短的时间里固化，形成多孔的催化剂膜。膜涂层的孔结构与等离子体类型、工作气体化学性质及流速、输入能量、喷射距离等因素密切相关。冷等离子体[34-37] 处理催化剂是一个表面改性的过程，冷等离子体处理可以使催化剂载体和金属的表面性质发生改变。当催化剂暴露在等离子体中时，激发态的粒子便会与催化剂表面粒子或基团发生作用，改善表面性质。等离子体处理对于无机载体的影响主要是使其表面基团脱除、改性或形成一些表面缺陷。等离子体处理对负载催化剂的活性金属的影响主要是使金属盐前驱体迅速分解，改变其化学和物理分布状态。

7.1.4.2　等离子体处理催化剂对甲烷二氧化碳重整反应的影响

21世纪以来，甲烷二氧化碳重整反应将甲烷和二氧化碳转化为合成气受到了广泛的关注。一方面，重整技术使 CO_2 和 CH_4 这两大资源丰富的温室气体得到有效利用，改善环境问题，具有重要的环保意义。另一方面，它将两种不受欢迎的温室气体转化为 $H_2：CO$ 接近 $1：1$ 的合成气，这是碳资源与液体燃料或高价值化学品之间的重要联系，具有一定的经济效益。负载型镍基催化剂易在传统浸渍和高温焙烧中产生烧结团聚，引起活性组分 Ni 颗粒尺寸增大，导致催化剂分散度降低、活性组分与载体之间相互作用力减弱等。在反应过程中积炭，使催化剂活性中心被炭覆盖并且催化剂孔道堵塞，最终导致催化剂失活。

（1）等离子体处理对催化剂晶面的影响

Yan 等[37] 研究了介质阻挡放电（DBD）等离子体处理催化剂对 Ni 晶面的影响。采用常规合成方法合成出的催化剂显示出 Ni 颗粒和部分嵌入载体的 Ni 颗粒具有复杂的结晶度，而在等离子体处理过的催化剂上，可以观察到具有定义良好的晶格条纹的 Ni（111）晶面。此外，Zhao 等[38] 还发现，DBD 等离子体处理过的催化剂具有更少的缺陷位点和更多的 Ni（111）晶面，并且镍和载体的界面干净，从而导致在 $Ni/MgAl_2O_4$-DBD 上 CH_4 分解的碳沉积速率较低。但是，$Ni/MgAl_2O_4$-C（常规煅烧）未观察到扩散界面区域。因此，在 500℃ 和 550℃，$Ni/MgAl_2O_4$-C 的碳沉积速率比 $Ni/MgAl_2O_4$-DBD 的高三倍以上。

综上，通过热焙烧制备的 Ni 基催化剂显示出大量具有更多缺陷的低配位点 Ni（100）和 Ni（110）。然而，经等离子体处理制备的 Ni 基催化剂主要显示出具有较少缺陷的高配位点 Ni（111），从而抑制了碳的沉积速率。因此，等离子体处理可以有效地控制 CH_4 在 Ni 颗粒上的分解速率，并抑制单原子碳的沉积速率。

（2）等离子体处理对催化剂活性组分分散度的影响

活性组分或金属在催化剂表面的分散度对于催化剂的活性具有重要的意义。在低温等离子体表面修饰催化剂的过程中伴随着剧烈的分子、电子以及离子等活性粒子的碰撞，这些碰撞如果发生在催化剂表面的活性组分间，将会影响甚至改变活性组分在催化剂表面的分布情况[39-41]。常规活性组分的负载和金属氧化物催化剂的制备，缺陷就在于无法使活性组分或者金属氧化物在载体表面分散均匀。于是，国内外投入了大量的研究，利用低温等离子体对催化剂材料进行表面修饰，使催化剂材料表面的活性组分或金属氧化物分布更均匀。

Fang 等[42] 通过 H_2-TPD 测量了在不同 DBD 等离子体处理气氛下 $Ni/Y_2Zr_2O_7$ 催化剂的 Ni 分散度。未经处理的催化剂的 Ni 分散度仅约为 42%，但是在空气、Ar 和 H_2/Ar 气氛下，经等离子体处理后的催化剂的 Ni 分散度分别增加至 68%、91% 和 100%。这意味着在等离子体处理之后，催化剂表面比未处理的催化剂表面暴露出更多的活性位点。Sajjadi 等[43] 通过常规法、溶胶凝胶法和混合溶胶凝胶等离子体技术合成了 $NiAl_2O_4$ 纳米催化剂，并将其应用于甲烷临氧二氧化碳重整。如图 7-7 所示，通过混合溶胶凝胶等离子体（SGP）方法获得的催化剂表面 Ni 分布更均匀，并且即使在反应后，Co 掺杂的 $NiAl_2O_4$ 纳米催化剂（NCA-SGP）也未观察到明显的团聚现象。此外，Peng 等[44] 通过常规的浸渍法和 DBD 等离子体处理制备了一系列 $Ni/La_2Zr_2O_7$ 催化剂。通过 H_2-TPD 对所有催化剂进行了评估，结果表明 $Ni/La_2Zr_2O_7$-C-P 中的 Ni 分散度最高，从而暴露了表面更多的活性位点，有助于提高 Ni 基催化剂的耐焦炭性。

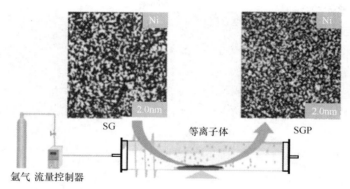

图 7-7 溶胶凝胶（SG）法和混合溶胶凝胶等离子体（SGP）方法制备催化剂反应后的 EDX 图

（3）等离子体处理对催化剂颗粒粒径的影响

基于建模和实验发现，积速率与 Ni 颗粒平均尺寸有很大关系，并且在 20～40nm 的粒径范围内能观察到最大的积炭率[45]。小粒径 Ni 颗粒倾向于形成高度伸长的形状和管状结构，其中石墨烯平行于纤维轴排列。然而，大粒径 Ni 颗粒趋于获得梨形，并且出现相对于纤维轴倾斜的石墨纳米纤维结构。如图 7-8 所示，随着台阶变平，石墨烯的生长遵循石墨烯胚的曲率[46,47]。但是，与 Ni/SiO$_2$-C 催化剂相比，等离子体制备得到的 Ni/SiO$_2$-

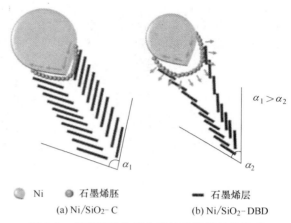

图 7-8 在不同催化剂上碳纳米管增长的模型

DBD 催化剂上的石墨烯流动相对较慢，这给了石墨烯胚足够的时间来生长和膨胀。如果石墨烯最终完全包裹了 Ni 颗粒，则反应将终止[48]。

Zhu 等[49] 通过辉光放电等离子体制备了 NiAl-PC 催化剂，并研究了 Ni 的粒径与 Ni 基催化剂的抗积炭性之间的关系。NiAl-C 催化剂和 NiAl-PC 催化剂的平均尺寸分别为 12.5nm 和 7.2nm。NiAl-C 样品的积炭量为 0.413mol/g，但是 NiAl-PC 催化剂的积炭量仅为 0.0829mol/g，这表明等离子体处理有效减小了 Ni 的粒径并抑制了积炭。Pan 等[50] 发现通过辉光放电等离子体制备的 Ni/SiO$_2$-P 催化剂上的积炭量少于 Ni/SiO$_2$-C 上的。通过比较图 7-9 中反应前后催化剂的 TEM，可以看出 Ni/SiO$_2$-P 的粒径分布都比 Ni/SiO$_2$-C 的均匀，粒径较小，这表明积炭的形成高度对 Ni 的颗粒尺寸大小敏感。

（4）等离子体处理对金属与载体之间相互作用力的影响

Huang 等[51] 提出了三种不同的模型来解释在具有不同金属-载体相互作用的载体表面上积炭的生长机理。如图 7-10（a）所示，没有金属-载体相互作用的金属粒子总是远离载体，由 CO 或 CH$_4$ 解离产生的碳沉积物均匀地分布在 Ni 粒子的表面上并形成 Ni$_3$C，然后 Ni 粒子将被碳层包裹，最终导致催化剂失活。图 7-10（b）显示，具有弱金属-载体相互作用的 Ni 粒子在碳成核后很容易从载体上被举起。如果 Ni 颗粒从载体上脱离，它们也容易烧结并被碳层包封。图 7-10（c）显示了碳纳米管在 Ni 颗粒的表面上生长。强烈的金属-载体相互作用的形成将防止金属在反应过程中被带离载体表面。

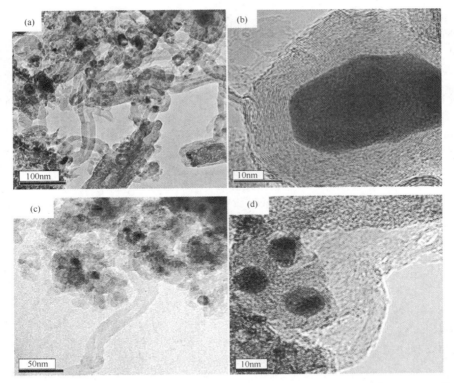

图 7-9 反应前后催化剂的 TEM 图 [(a)（b）为 Ni/SiO$_2$-C；(c)（d）为 Ni/SiO$_2$-P]

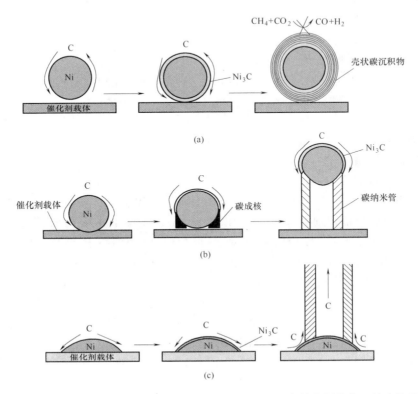

图 7-10 在不同的金属-载体相互作用下碳纳米管（CNF）在催化剂载体上的生长示意图

Zhu 等[49] 研究了辉光放电等离子体处理对重整反应中 Ni/Al₂O₃ 催化剂的金属与载体相互作用的影响。如图 7-11（a）所示，通过等离子体处理或未处理的两个样品仅显示一个 NiAl₂O₄ 还原峰。但是，NiAl-PC 样品的还原峰温度比 NiAl-C 高 28℃。这意味着 NiAl-PC 样品比 NiAl-C 具有更强的金属-载体相互作用。如图 7-11（b），Fang 等[42] 将不同的等离子体气氛处理过的 Ni/Y₂Zr₂O₇ 催化剂进行比较。等离子体处理后，还原峰向高温方向移动，并变得更宽，这证明 NiO 与载体之间存在更强的相互作用。

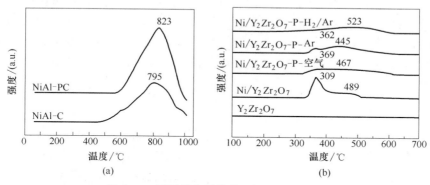

图 7-11　不同等离子体处理的 H_2-TPR 图

（5）等离子体处理对二氧化碳吸附能力的影响

根据重整机理可知，CH_4 在 Ni 表面分解为 CH_x 物种（$0<x<4$）或碳原子，然后被氧化成 CO 并从 Ni 表面解吸[52,53]。因此，作为反应气体中唯一的氧来源，CO_2 是催化剂表面氧原子的提供者和补充者，用于除碳。CO_2 的吸附能力还反映了催化剂存储氧的能力。当碳消除速率高于碳沉积速率时，可以有效地抑制碳沉积的发生[54-56]。而等离子体处理会影响载体表面的酸度和碱度，以去除或修饰表面基团或形成表面缺陷（图 7-12），从而增加

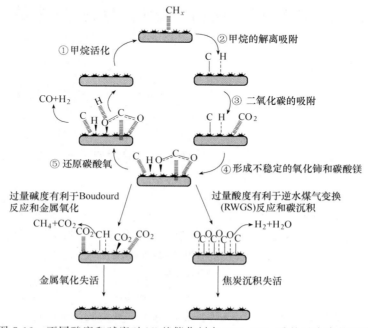

图 7-12　不同酸度和碱度对 Ni 基催化剂在 CH_4-CO_2 重整反应中的影响

了 CO_2 气体在催化剂表面的吸附位和催化剂上吸附的 CO_2 量[57]。

Guo 等[58] 研究了辉光放电等离子体处理 Ni/Al_2O_3 催化剂对 CO_2 吸附量的影响。根据图 7-13（a）中催化剂的 CO_2-TPD 曲线，经过等离子体处理的催化剂（NA-P）的峰面积大于未经等离子体处理的催化剂（NA-C）的峰面积，该结果表明等离子体处理增加了催化剂表面上的 CO_2 吸附量，从而为反应提供了更多的自由氧以提高碳的去除率。Wang 等[59] 研究了辉光放电等离子体处理 NiMgSBA-15 催化剂对 CO_2 吸附量的影响，结果如图 7-13（b）所示。390℃附近的峰归因于 CO_2 在 SiO_2 表面上的吸附，450~600℃ 之间的峰归因于 MgO 表面上的 CO_2 吸附。NiMgSBA-15-P 上的 CO_2 解吸温度比 NiMgSBA-15-C 上的 CO_2 解吸温度高 50℃，反映了 NiMgSBA-15-P 的碱性更强。较高的 CO_2 吸附能力有利于游离氧的生成，游离氧的形成可以增加催化剂表面的氧原子密度，这有利于消除 CH_4 离解碳和 Ni 基催化剂的耐焦炭性。

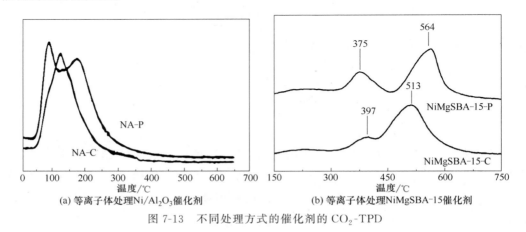

(a) 等离子体处理Ni/Al₂O₃催化剂　　　(b) 等离子体处理NiMgSBA-15催化剂

图 7-13　不同处理方式的催化剂的 CO_2-TPD

7.2 ➔ 微波表面修饰技术在新型催化材料合成中的应用

7.2.1　微波技术的概述

20 世纪 80 年代，微波技术开始在化学领域中得到广泛的应用，并取得了很大的进展。1992 年 10 月在荷兰的布鲁克林召开了首届世界微波化学大会，标志着微波化学这一新的交叉科学正式诞生[60]。微波是一种电磁波，其波长在 1mm~1m 之间，处在红外辐射和无线电波之间，对应频率为 0.3~300GHz，它具有电磁波的诸如反射、透射干涉、衍射、偏振以及伴随着电磁波能量传输等波动特性[61]。微波技术的内容主要是利用高频微波能，使反应物及溶剂中的偶极分子正、负极以几十亿次每秒的速度变换，产生偶极涡流、离子传导和高频率摩擦，在很短时间内产生大量的热，从而促进各类化学反应的进行。

目前，微波加热技术在合成化学、分析化学、石油化工、矿物冶金等化学研究中应用广泛。然而微波加热过程中剧烈的热效应容易产生一系列的副反应，如导致反应酶失活和产生热敏性反应物分解损失等，限制了微波技术的进一步应用。为此，Smith 等[62] 提出了控制微波反应温度的"低温微波技术"（Low Temperature Microwave Technique，LTMT）。LTMT 主要是通过仪器或附加装置，使微波反应时的体系温度低于常规微波反应温度，减少或消除因微波辐射时剧烈的热效应带来的副反应，从而达到更好的实验效果。控制反应体系温度，实现低温微波技术的方式主要有 4 种[63]：a. 改变微波辐射的时间和功率控制体系温度，这是最常见的控温方法，但控温精度较低；b. 采用通入液态或气态冷凝介质的方法控温，其控温精度高；c. 通过改变反应物的物理性质，如抽真空改变反应物的沸点，达到控温的目的；d. 在微波辐射前控制反应物的初始反应温度，这种方式主要用于微波催化合成。低温微波技术集合了低温技术和微波加热技术的特点，具有快速高效、反应均匀、安全环保等优点。

7.2.2 微波表面修饰技术原理

微波加热是物质在电磁场中由介质损耗引起的体积加热，在高频变换的微波能量场作用下，分子运动由原来杂乱无章的状态变成有序的高频振动，从而使分子动能转变成热能，其能量通过空间或媒介以电磁波的形式传递，可实现分子水平上的搅拌，达到均匀加热，因此微波加热又称为无温度梯度的"体加热"。在一定微波场中，物质吸收微波的能力与其介电性能和电磁特性有关。对于介电常数较大、有强介电损耗能力的极性分子，同微波有较强的耦合作用，可将微波辐射转化为热量分散于物质中，因此在相同微波条件下，不同的介质组成表现出不同的温度效应，该特征可适用于对混合物料中的各组分进行选择性加热。同时，微波加热不同于普通的传导和对流加热方式，其特点是微波场能使整个介质同时被加热，而且加热速度很快[64]。

微波加热有热效应与非热效应两种。微波是频率介于 300MHz～300GHz 之间的超高频振荡电磁波，能够整体穿透有机物碳键结构，使能量迅速传达至反应物的各个官能团上。极性分子内电荷分布不平衡，可通过分子偶极作用在微波场中迅速吸收电磁能量，以数十亿次每秒的高速旋转产生热效应，这就是微波加热的热效应。过去人们普遍认为微波作用仅仅是介电加热作用，即热效应作用，并未改变反应动力学。但是从近年的研究结果分析，在微波加热中，电磁场首先激发反应过程基元（极化、化学键断裂、碰撞和扩散），然后再加热，即还存在非热效应作用。微波频率与分子转动频率相近，微波电磁作用会影响反应分子中未成对电子的自旋方式和氢键缔合度，并能够通过在分子中储存微波能量以改变分子间微观排列及相互作用等方式来影响化学反应的宏观焓或熵，从而降低反应活化能，改变反应动力学，进而可使化学反应过程在较低温度下进行，加快反应速率，影响反应的选择性，改善产品的机械性，甚至还能影响晶粒的生长过程，控制材料的微观结构[65]。但更多的学者通过动力学分析认为，微波辐射不能激发分子进入更高的旋转或振动能级，因为一般化学键的键能为 100～600kJ/mol，分子间作用力的能级为 0.5～5kJ/mol，而微波辐射的能量大约只在 10～100kJ/mol，似乎远远不能达到影响分子发生化学反应的能级，所谓的特殊效应可能是实验或检测的系统误差造成的。微波加热与传统的加热方式一样，其作用仅仅是使物质的内能增加，不会改变反应的动力学性质，因此非热效应的存在尚有争议。

7.2.3 微波技术的应用

在载体上负载活性组分通常采用的方法有浸渍法、离子交换法及熔融法等。传统加热方式需要较长的时间在热源与物体之间建立热环境，这种加热方式能使许多盐类和氧化物在远低于其熔点的温度下自发分散到载体表面，但容易造成载体结构的高温坍塌。微波辐射除了使整个反应体系加热速度快而平稳外，对非均一的负载型催化材料基体还具有选择加热性质，在加热过程中存在特殊的热点和表面效应，即在微波场作用下固体表面的弱键或缺陷与微波场发生局部共振耦合，这种耦合会导致催化剂表面能量不均匀，从而使负载活性物质表面上的某些点发热而体相温度不变。因此，微波辐射在加快活性组分在载体表面分散的同时，还避免了载体骨架结构在高温下坍塌。

近年来，人们发现采用微波辐射可以有效地将一些无机盐负载于分子筛上。刘红梅等[66] 采用浸渍法、机械混合法、固相反应法以及微波法制备出 Mo/HZSM-5 催化剂，并将其用于甲烷芳构化反应。其中采用微波法制备的 Mo/HZSM-5 催化剂，合成时间在 15～30min，由于加热时间短，Mo 主要落位于分子的外表面，使得催化剂比表面、微孔表面积和微孔体积显著增加，孔道内强酸位也保持完好。甲烷的活化主要在 Mo 上进行，所以位于分子筛外表面的 Mo 对甲烷芳构化更有利。实验结果也表明，微波法制备的催化剂在芳构化反应中表现出很高的芳烃选择性，并能明显减少积炭。郑晓玲等[67] 采用经微波处理后的活性炭能有效地脱除非碳成分，提高炭载体的稳定性这一特点，制备的负载型钌催化剂不仅具有较高的钌分散度，而且在一定温度范围内能够防止金属粒子烧结，从而使催化剂的活性和稳定性明显提高。银董红等[68] 利用微波辐射促进 ZnCl$_2$ 与 Y 分子筛发生固态离子交换，制备出改性 ZnCl$_2$/Y 催化剂，微波作用只需 15min 就可使 ZnCl$_2$ 完全分散于分子筛上，而常规方法在 200℃下加热 1h 还达不到完全分散的状态。样品分析表明，微波辐射不会破坏分子筛的骨架结构，且固体离子的交换量随 ZnCl$_2$ 负载量增加而增大，交换量还受分子筛表面酸性的影响，其大小随着载体表面酸量和酸强度增加而减少，表明在微波条件下 Na-型比 H-型分子筛更容易发生固态离子交换。唐剑骁等[69] 探究了利用微波干燥和普通干燥制得的负载型铜基分子筛催化剂的脱硝活性，结果表明，铜的引入对分子筛的脱硝活性具有明显的提升作用，微波干燥的催化剂在低于 200℃时其催化脱硝活性略高于普通干燥的催化剂，在 200～300℃时微波干燥的催化剂展现出更高的脱硝效率。作者对比微波处理前后的空白样发现，微波处理前后分子筛的比表面、孔体积和平均孔径变化很小，但是微孔比表面却出现了较大程度的下降，尤其是微孔孔体积的减少几乎与孔体积的下降幅度相当。作者推测原因可能是微波处理造成材料中的部分微孔结构被破坏，形成了较大的介孔或者大孔结构。当引入铜后，样品的各项参数都发生了十分明显的变化。普通干燥的催化剂和微波干燥的催化剂发生明显变化的共同原因是铜的引入：一方面，较小的 CuO 晶粒形成于或者迁移到分子筛孔道结构中，堵塞了相当部分的微孔结构；另一方面，少量的铜可能会进入晶格中或者与分子筛结构中的铝原子发生同晶取代，而铜的离子半径大于铝的离子半径，这两种情况都会导致原有的微孔空间被进一步压缩。对于同时引入了铜负载和微波处理的 M-4Cu-ZSM-5 催化剂而言，其中的变化则更复杂一些。因为当浸渍了硝酸铜溶液的 ZSM-5 分子筛置于微波场中时，其等效复介电常数在体系各个区域的取值不同且随着加热的推进而不断变化，而电磁场的引入还可能带来反应体系的局部加热或快速加热效应，从而引起热点或者热失控现象。这些剧烈的局部热效应无疑会对微波加热造成的材料孔道结构破坏起到推波助澜的作用，尤其是已经被溶液渗入的那部分孔道，由于水对微波良好的吸收能力，这部分微孔结构被选择性地加热破坏，导致 M-4Cu-ZSM-5 的比表面、微孔比表面和微孔孔体积大幅下降（表 7-2）。与此同时，新生的较大孔隙一部分被 CuO 晶粒或者材料碎片堵塞，二次形成的孔道空间不足以弥补微孔结构损失的部分，从而导致了孔体积的下降和平均孔径的增加。

表 7-2 样品的比表面和孔道结构参数

样品	比表面/ (m^2/g)	孔体积/ (cm^3/g)	平均孔径/ nm	微孔比表面/ (m^2/g)	微孔孔体积/ (cm^3/g)
H-ZSM-5	359.07	0.2410	1.34	331.79	0.136
M-ZSM-5	354.74	0.2388	1.35	320.32	0.131
4Cu-ZSM-5	292.19	0.2015	1.48	260.29	0.107
M-4Cu-ZSM-5	287.82	0.2054	1.43	245.80	0.103

7.3 ❯ 超声波表面修饰技术在新型催化材料合成中的应用

7.3.1 超声波技术概述

超声波是指频率在 20～106kHz 的机械波，其波长远大于分子尺寸，说明超声波本身不能直接对分子起作用，而是通过周围环境的物理作用影响分子，所以超声波的作用与其作用的环境密切相关[70]。超声波作为一种波动形式，可以用作探测与负载信息的载体或媒介；超声波作为一种能量形式，当其强度超过一定值时，就可以通过与传声媒质的相互作用来影响、改变甚至破坏媒质的状态、性质和结构。

超声波在化学反应中的应用可追溯到 20 世纪 20 年代，美国的 Richard 和 Loomis 首先研究了高频声波（>280kHz）对各种液体、固体和纯溶液的作用，发现超声波可显著加速化学反应，由于当时的超声波技术水平较低，研究和应用受到了很大限制。到 20 世纪 80 年代中期，超声波功率设备的普及与发展使这一领域的研究工作又蓬勃发展起来，并由此产生了一门新兴交叉学科——声化学（Sonochemistry），为超声波在化学化工领域中的应用提供了重要的条件[71]。随着科学技术的发展，相关技术领域相互渗透，使超声波技术广泛应用于工业、化工、医学、石油化工等许多领域。超声波作为一种特殊的能量输入方式，其具有的高效能在材料化学中能起到光、电、热方法所无法达到的作用。近年来，随着超声波技术的日益发展与成熟，其在新材料合成、化学反应、传递过程的强化以及废水处理等领域都得到了广泛应用。在材料合成中，尤其是纳米材料的制备中，超声波技术有着极大的潜力。通过超声波方法制备纳米材料，达到了目前采用激光、紫外线照射和热电作用所无法实现的目标，具有很好的前景。超声波在催化领域的应用十分广泛，其优点在于能在微观尺度内模拟高压釜内的高温高压条件，从而能在常温常压下完成原需在数百摄氏度高温、数百个标准大气压下才能进行的反应，并提高产率。超声波在催化领域的研究工作主要有以下几个方面。a. 金属表面上的催化反应[72]。多数催化反应都需要用贵金属作为催化剂，超声波的介入对于激活低活性金属、降低费用带来了希望。在金属表面上的催化反应中，最具影响的是 Suslick 等人的工作，他们研究了用铬粉做催化剂的烯烃加氢反应，发现在超声波作用下，该反应可在常温常压下进行，其活性增大了十多万倍。b. 相转移催化反应[73,74]。对于液-液非均相反应，其反应条件相当苛刻，需要强烈的机械搅拌。但即便如此，反应速率仍然很慢，产率低，副反应多。近年来，许多化学工作者将超声辐射与相转移催化剂相结合引入有机合成中，极大地提高了反应产率，缩短了反应时间，降低了反应条件，使反应在常温下就能顺利进行，甚至不需要机械搅拌。c. 酶催化反应[75,76]。超声波作用能促进底物分子之间的相互作用，强化反应物进入及生成物离开酶活性中心的传质过程，从而增强酶的活性，促进酶催化反应。其机理是酶在微射流的作用下受到较大的切向力作用，使媒质质点运动增强，质量传递加快。d. 超声波用于催化剂的制备和再生[77-79]。目前，将超声波用于催化剂的再生已取得了一定的进展，尤其对烧结和结焦引起失活的催化剂的再生，效果更为显著，这是由于超声波的声致毛细效应对催化剂具有清洗作用。

7.3.2 超声波表面修饰技术原理

超声波是由一系列疏密相间的纵波构成，通过液体介质向四周传播。在高强度超声波作

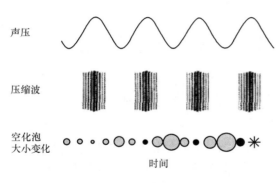

声压

压缩波

空化泡
大小变化

时间

图 7-14　超声空化机理

用下，液体会产生成群的气泡，每个气泡均为一个"热点"。气泡受强超声波作用，经历超声波的稀疏相和压缩相气泡生长、收缩、再生长、再收缩，经多次周期性振荡，最终高速破裂[80]。这一过程被称为超声空化，其机理见图 7-14[81]。

超声空化过程最后一步几乎是绝热的，并由此产生了声化学的极端条件：瞬间温度约为 5000K，压力超过 101.325MPa（1000atm），升温和冷却速率超过 10^{10} K/s。这些极端条件使以室温液体为平台的合成法成为现实，即当液体处于高强度超声波中，将可以进行高能化学反应[82]。伴随气泡破裂时产生的是速度高达 400km/s 微射流和强烈的冲击波，这些高速的微射流冲击物质表面并产生表面坑洞和腐蚀，导致表面改性并产生纳米结构的表面。在水中，这种冲击可到 60kPa 的压力和 4km/s 的速度。这些冲击可以诱发不同的带有化学结果的物理效应，包括促进由于强烈的湍流混合等产生的微团转移[83]。另外，冲击波可以加速固体颗粒悬浮于液体中。颗粒间的碰撞速度可以高达几百米每秒，这将导致颗粒尺寸分布、颗粒形貌和化合物表面的改变，由此可观察颗粒团聚（延展性材料）、颗粒破碎（脆性材料）和层状材料剥离 2D 层。

7.3.3　超声波技术在催化剂制备及催化反应中的应用

超声空化产生的极端微环境可以强化界面间的化学反应过程和传质及传热过程，使声化学反应表现出极大的优越性。在催化剂制备过程中，超声空化现象及附加效应可以改善催化剂的表面形态和表面组成，提高活性组分在载体上的分散性，从而明显改善催化剂的催化性能等[83]。

超声沉淀技术被广泛用于制备 Fe_2O_3、CuO、ZrO_2、ZnO 和 Al_2O_3 等金属纳米氧化物或 PbS 等硫化物纳米粒子。Gatumel 等[84]为了控制结晶的性质，研究了超声波对沉淀的影响，发现超声波能使硫酸钡沉淀的平均粒径大大减小，粒径分布更窄。而超声沉淀法是利用超声波引发的超声空化所产生的高温、高压环境，为微小颗粒的形成提供了所需的能量，使得沉淀晶核的生成速率提高，进而使沉淀颗粒的粒径减小。刘雪宁等[85,86]利用超声乳液聚合技术反应散热快，能在提高反应速率的同时提高聚合物的分子量的特点，制备了表面改性的单分散纳米氧化锌。在特定的水、表面活性剂、疏水性有机溶剂或其混合溶剂体系中，于特定温度、浓度、pH、超声波频率和功率条件下，形成具有特定大小与形态的微反应器。将反应物料溶解或增溶、分散于其中，控制化学反应和晶核形成与晶体生长过程的机制与速率，除制备得到具有球形、准球形的纳米氧化锌外，还制得能稳定保存的棒状、针状、细胞腔状、六角形纳米氧化锌粒子和具有特殊螺旋结构的纳米、亚微米氧化锌棒或线。超声空化能产生局部高温、高压，并伴随强烈的冲击波和微射流，从而克服液体之间的界面能，产生强烈的分散、搅拌、乳化、引发等作用，使液滴之间强烈混合，形成高分散度的乳浊液。

除此之外，超声波在催化剂的制备过程中，可增加活性组分的渗透性，使其均匀分散，清洁表面氧化层和杂质，得到的催化剂具有纯度高、表面积大、活性组分分布均匀且催化活性高等优良性能。梁新义等[87]用超声波促进浸渍法制备了负载纳米钙钛矿型催化剂 La-

$CoO_3/\gamma-Al_2O_3$，考察了超声波辐照对催化剂性能的影响。实验结果表明，在浸渍过程中施加超声波辐照可以显著缩短浸渍时间，增加活性组分的负载量和孔内含量，提高活性组分的分散度，使催化剂对一氧化氮分解反应的催化活性增加。陈艳容等[88] 采用普通浸渍和超声改性的方法分别制备了 CuO/Al_2O_3-MgO 催化剂，用于超低浓度甲烷的催化燃烧，并利用 SEM、XRD、XPS、H_2-TPR 等技术对催化剂进行表征，研究了超声改性作用对催化剂的结构和性能的影响。结果表明，与普通浸渍法制备的催化剂相比，在超声改性的 CuO/Al_2O_3-MgO 催化剂上，甲烷的转化率得到提高，燃烧特征温度降低。随着超声时间的延长和超声功率的增加，催化剂的催化活性均呈现先增大后减小的趋势，催化剂制备的最佳超声条件为功率 150W、时间 20min。超声改性可使催化剂的比表面和孔体积增大，表面催化活性较高的 Cu^+ 浓度增加，活性组分 CuO 由晶相向非晶相转变，分散度增大，晶粒粒径变小，分布更均匀。超声改性还使得甲烷催化燃烧的表观活化能下降，催化剂活性得到增强。杨永辉等[89] 以球形 $\gamma-Al_2O_3$ 和 $\theta-Al_2O_3$ 为载体，分别采用超声浸渍法和普通浸渍法制备了 Pd 含量为 0.3% 的负载型催化剂，并将其用于蒽醌加氢反应。作者采用 X 射线衍射、N_2 吸附和透射电子显微镜等手段对催化剂的理化性质和孔结构进行了分析，考察了浸渍法对催化剂活性金属分散度的影响。结果表明，与普通浸渍法相比，超声浸渍法制备的负载型 Pd 催化剂金属分散度明显提高，因而对蒽醌加氢反应表现出较高的催化活性。以 960℃ 焙烧的球形 $\theta-Al_2O$ 为载体，通过超声浸渍法制备的负载型 Pd 催化剂具有较高的 Pd 分散度和较大的孔径，在蒽醌加氢反应中对反应物的扩散阻力较小，因而表现出更高的催化活性，而且反应中催化剂的稳定性良好。

参 考 文 献

[1] 于开录，刘昌俊，夏清，等 . 低温等离子体技术在催化剂领域的应用 [J]. 化学进展，2002，14 (6)：456.
[2] 聂建新 . 认识物质的第四态——等离子体 [J]. 化学教学，2006，12 (5)：31.
[3] 朱爱国，许雪艳，朱仁义，等 . 介质阻挡放电产生等离子体简介 [J]. 巢湖学院学报，2008，10 (6)：56.
[4] 王保伟，许根慧，刘昌俊 . 等离子体技术在天然气化工中的应用 [J]. 化工学报，2001，52 (8)：3.
[5] 冯求宝，李胜利，吴鹏飞，等 . 高温等离子体炬处理甲苯的研究 [J]. 工业安全与环保，2016，42 (7)：87.
[6] 孟月东，钟少锋，熊新阳 . 低温等离子体技术应用研究进展 [J]. 物理，2006，35 (2)：140.
[7] 孟淮玉，芮延年，查焱，等 . 低温等离子体技术在汽车尾气净化中的应用 [J]. 环境保护科学，2008，34 (2)：4.
[8] 李华 . 低温等离子体协同锰基催化剂催化氧化去除氮氧化物 [D]. 昆明：昆明理工大学，2012.
[9] 刘彤，于琴琴，王卉，等 . 等离子体与催化剂协同催化 CH_4 选择性还原脱硝反应 [J]. 催化学报，2011 (9)：77.
[10] 蒯平宇 . 介质阻挡放电法分解制备铜系催化剂 [D]. 天津：天津大学，2010.
[11] 边靖 . 电晕放电—光催化法处理 NO_x 的实验研究 [D]. 西安：西安建筑科技大学，2007.
[12] TAGHVAEI H，HERAVI M，RAHIMPOUR M R. Synthesis of supported nanocatalysts via novel non-thermal plasma methods and its application in catalytic processes [J]. Plasma Processes & Polymers，2017，14 (6)：1600204.
[13] 庄洪春，孙鹞鸿 . 介质阻挡放电产生等离子体技术研究 [J]. 高电压技术，2002，28 (120)：57.
[14] 王艳辉 . 均匀大气压介质阻挡放电特性及模式研究 [D]. 大连：大连理工大学，2006.
[15] 潘杰 . 大气压 Ar、N_2 和 Ar/O_2 气体脉冲介质阻挡放电等离子体机理及特性的数值研究 [D]. 济

南：山东大学，2016.

[16] 陈冬．介质阻挡放电等离子体协同催化分解 CO$_2$ 研究［D］．石河子：石河子大学，2016.

[17] 张燕，顾彪，王文春，等．常压辉光放电等离子体研究进展及聚合物表面改性［J］．合成纤维工业，2006，29（3）：42.

[18] 金衍，刘琛，洪景萍．辉光放电等离子体处理对活性炭负载钴基催化剂形貌及催化性能的影响［J］．化学与生物工程，2017，34（5）：8.

[19] 黄小瑜．等离子体法制备 Pd/Al$_2$O$_3$ 消除 CO 的研究［D］．北京：中国舰船研究院，2012.

[20] 王巍．室温辉光放电电子还原制备贵金属复合体及碳在催化剂研究［D］．天津：天津大学，2016.

[21] JIN L，LI Y，LIN P，et al. CO$_2$ reforming of methane on Ni/γ-Al$_2$O$_3$ catalyst prepared by dielectric barrier discharge hydrogen plasma［J］．International Journal of Hydrogen Energy，2014，39（11）：5756.

[22] 蒋教俊．等离子体制备 Ni/MCM-41 催化剂对甲烷二氧化碳重整反应的影响［D］．天津：天津大学，2010.

[23] WANG N，SHEN K，YU X，et al. Preparation and characterization of a plasma treated NiMgSBA-15 catalyst for methane reforming with CO$_2$ to produce syngas［J］．Catalysis Science & Technology，2013，3（9）：2278.

[24] ZHAN J，JANG P B，CHOI J. RF Plasma modification of supported Pt catalysts for CO$_2$-CH$_4$ reforming［J］．Prepr Pap Am Chem Soc Div Fuel Chem，2004，49（1）：176.

[25] DOU S，TAO L，WANG R，et al. Plasma-assisted synthesis and surface modification of electrode materials for renewable energy［J］．Advanced Materials，2018，30（21）：1705850.

[26] LIU C J，YU K，ZHANG Y P，et al. Characterization of plasma treated Pd/HZSM-5 catalyst for methane combustion［J］．Applied Catalysis B：Environmental，2004，47（2）：95.

[27] CHENG D G，ZHU X. Reduction of Pd/HZSM-5 using oxygen glow discharge plasma for a highly durable catalyst preparation［J］．Catalysis Letters，2007，118（3/4）：260.

[28] WANG W，WANG Z，YANG M，et al. Highly active and stable Pt（111）catalysts synthesized by peptide assisted room temperature electron reduction for oxygen reduction reaction［J］．Nano Energy，2016，25（2）：26.

[29] LIU C J，CHENG D G，ZHANG Y P，et al. Remarkable enhancement in the dispersion and low-temperature activity of catalysts prepared via novel plasma reduction-calcination method［J］．Catalysis Surveys from Asia，2004，8（2）：111.

[30] 祝新利．等离子体处理对甲烷转化催化剂的影响［D］．天津：天津大学，2007.

[31] 古宏晨，胡黎明，陈敏恒，等．微波等离子体气相合成 Ni/SiO$_2$ 超细颗粒催化剂［J］．石油学报（石油加工），1992，8（4）：96.

[32] 古宏晨，胡黎明．微波等离子体气相合成 Ni/SiO$_2$ 超细颗粒［J］．石油学报（石油加工），1992，8（4）：92.

[33] 丁二雄．喷涂法制备催化剂生长形貌可控的碳纳米材料［D］．天津：天津工业大学，2015.

[34] 张月萍．冷等离子体处理制备催化剂研究［D］．天津：天津大学，2004.

[35] 柴晓燕，尚书勇，刘改焕，等．常压高频冷等离子体炬制备的 CH$_4$/CO$_2$ 重整用 Ni/γ-Al$_2$O$_3$ 催化剂的表征［J］．催化学报，2010，31（3）：117.

[36] 赵彬然，闫晓亮，刘昌俊．冷等离子体强化制备镍催化剂及应用［J］．化学反应工程与工艺，2013，29（3）：222.

[37] YAN X，ZHAO B，YUAN L，et al. Dielectric barrier discharge plasma for preparation of Ni-based catalysts with enhanced coke resistance：Current status and perspective［J］．Catalysis Today，2015，256（1）：29.

[38] ZHAO B，YAN X，YOU Z，et al. Effect of catalyst structure on growth and reactivity of carbon

nanofibers over Ni/MgAl$_2$O$_4$ [J]. Industrial & Engineering Chemistry Research, 2013, 52 (24): 8182.

[39] DANILOVA M M, FEDOROVA Z A, ZAIKOVSKII V I, et al. Porous nickel-based catalysts for combined steam and carbon dioxide reforming of methane [J]. Applied Catalysis B: Environmental, 2014, 147 (5): 858.

[40] WU T, ZHANG Q, CAI W, et al. Phyllosilicate evolved hierarchical Ni- and Cu-Ni/SiO$_2$ nanocomposites for methane dry reforming catalysis [J]. Applied Catalysis A: General, 2015, 503 (1): 94.

[41] JÓŹWIAK W K, NOWOSIELSKA M, RYNKOWSKI J. Reforming of methane with carbon dioxide over supported bimetallic catalysts containing Ni and noble metal: I . Characterization and activity of SiO$_2$ supported Ni-Rh catalysts [J]. Applied Catalysis A: General, 2005, 280 (2): 233.

[42] FANG X, LIAN J, NIE K, et al. Dry reforming of methane on active and coke resistant Ni/Y$_2$Zr$_2$O$_7$ catalysts treated by dielectric barrier discharge plasma [J]. Journal of Energy Chemistry, 2016, 25 (5): 825.

[43] SAJJADI S M, HAGHIGHI M. Combustion vs. hybrid sol-gel-plasma surface design of coke-resistant Co-promoted Ni-spinel nanocatalyst used in combined reforming of CH$_4$/CO$_2$/O$_2$ for hydrogen production [J]. Chemical Engineering Journal, 2019, 362: 767.

[44] PENG H, MA Y, LIU W, et al. Methane dry reforming on Ni/La$_2$Zr$_2$O$_7$ treated by plasma in different atmospheres [J]. Journal of Energy Chemistry, 2015, 24 (4): 416.

[45] OHTOMO A, HWANG H Y. A high-mobility electron gas at the LaAlO$_3$/SrTiO$_3$ heterointerface [J]. Nature, 2004, 441 (6973): 423.

[46] CHRISTENSEN K O, CHEN D, LØDENG R, et al. Effect of supports and Ni crystal size on carbon formation and sintering during steam methane reforming [J]. Applied Catalysis A: General, 2006, 314 (1): 9.

[47] GUO Y, FENG J, LI W. Effect of the Ni size on CH$_4$/CO$_2$ reforming over Ni/MgO catalyst: A DFT study [J]. Chinese Journal of Chemical Engineering, 2017, 25 (10): 1442.

[48] ZHANG Y, WANG W, WANG Z, et al. Steam reforming of methane over Ni/SiO$_2$ catalyst with enhanced coke resistance at low steam to methane ratio [J]. Catalysis Today, 2015, 256 (1): 130.

[49] ZHU X, HUO P, ZHANG Y P, et al. Structure and reactivity of plasma treated Ni/Al$_2$O$_3$ catalyst for CO$_2$ reforming of methane [J]. Applied Catalysis B: Environmental, 2008, 81 (1): 132.

[50] PAN Y X, LIU C J, SHI P, et al. Preparation and characterization of coke resistant NI/SiO$_2$ catalyst for carbon dioxide reforming of methane [J]. Journal of Power Sources, 2008, 176 (1): 46.

[51] HUANG T, HUANG W, HUANG J, et al. Methane reforming reaction with carbon dioxide over SBA-15 supported Ni-Mo bimetallic catalysts [J]. Fuel Processing Technology, 2011, 92 (10): 1868.

[52] KATHIRASER Y, OEMAR U, SAW E T, et al. Kinetic and mechanistic aspects for CO$_2$ reforming of methane over Ni based catalysts [J]. Chemical Engineering Journal, 2015, 278 (15): 62.

[53] JIANG S, LU Y, WANG S, et al. Insight into the reaction mechanism of CO$_2$ activation for CH$_4$ reforming over NiO-MgO: A combination of DRIFTS and DFT study [J]. Applied Surface Science, 2017, 416 (15): 59.

[54] ZHANG M, ZHANG J, WU Y, et al. Insight into the effects of the oxygen species over Ni/ZrO$_2$ catalyst surface on methane reforming with carbon dioxide [J]. Applied Catalysis B: Environmental, 2018, 244 (15): 427.

[55] ZHANG M, ZHANG J, ZHOU Z, et al. Effects of the surface adsorbed oxygen species tuned by rare-earth metal doping on dry reforming of methane over Ni/ZrO$_2$ catalyst [J]. Applied Catalysis B: Environmental, 2020, 264 (5): 118522.

[56] DAS S，SENGUPTA M，PATEL J，et al. A study of the synergy between support surface properties and catalyst deactivation for CO_2 reforming over supported Ni nanoparticles [J]. Applied Catalysis A：General，2017，545 (11)：113.

[57] HYUN S. Recent scientific progress on developing supported Ni catalysts for dry (CO_2) reforming of methane [J]. Catalysts，2018，8 (3)：110.

[58] GUO F，CHU W，XU J Q，et al. Glow discharge plasma-assisted preparation of nickel-based catalyst for carbon dioxide reforming of methane [J]. Chinese Journal of Chemical Physics，2008 (5)：481.

[59] WANG N，SHEN K，YU X，et al. Preparation and characterization of a plasma treated NiMgSBA-15 catalyst for methane reforming with CO_2 to produce syngas [J]. Catalysis Science & Technology，2013，3 (9)：2278.

[60] 李丽华，翟玉春，张金生，等. 微波技术在催化领域中应用的研究进展 [J]. 材料与冶金学报，2005，4 (1)：40.

[61] 张瑜，郝文辉，高金辉. 微波技术及应用 [M]. 西安：西安电子科技大学出版社，2006.

[62] SMITH A G，JOHNSON C B，ELLIS E A，et al. Protein screening using cold microwave technology [J]. Analytical Biochemistry，2008，375 (2)：313.

[63] 童星，肖小华，邓建朝，等. 低温微波技术在化学研究中的应用 [J]. 化学进展，2010，8 (12)：2462.

[64] 邵红，霍超. 微波技术在催化剂制备领域的应用研究 [J]. 化工技术与开发，2006，35 (11)：1.

[65] 褚睿智，孟献梁，宗志敏，等. 微波技术在催化剂制备中的应用 [J]. 现代化工，2007，27 (增刊1)：382.

[66] 刘红梅，李涛，田丙伦，等. Mo/HZSM-5 催化剂上甲烷无氧芳构化反应中积炭的研究 [J]. 催化学报，2001，22 (4)：373.

[67] 郑晓玲，傅武俊，俞裕斌，等. 活性炭载体的微波处理对氨合成催化剂 Ru/C 催化性能的影响 [J]. 催化学报，2002，23 (6)：562.

[68] 银董红，秦亮生，刘建福，等. 微波固相法制备 $ZnCl_2$/MCM-41 催化剂及其催化性能 [J]. 物理化学学报，2004，20 (9)：1150.

[69] 唐剑骁，马丽萍，王冬东，等. 微波对 Cu-ZSM-5 催化剂结构及低温 NH_3-SCR 脱硝活性的影响 [J]. 人工晶体学报，2017，46 (8)：1569.

[70] 席细平，马重芳，王伟. 超声波技术应用现状 [J]. 山西化工，2007，27 (1)：25.

[71] 孟琦. 基于超声波技术的新型骨架型镍催化剂的制备及其催化性能的研究 [D]. 上海：上海师范大学，2004.

[72] 王东坡，宋宁霞，王婷，等. 纳米化处理超声金属表面 [J]. 天津大学学报：自然科学与工程技术版，2007，40 (2)：228.

[73] 赵承强，凌绍明. 超声辐射相转移催化合成对甲苯基苄基醚 [J]. 日用化学工业，2012，42 (1)：59.

[74] 杨政险，张爱清，孙春桃，等. 超声波相转移催化合成对羟基苯甲酸苄酯 [J]. 化学推进剂与高分子材料，2004，2 (6)：34.

[75] 赵欣欣，孔保华，孙方达，等. 功率超声对酶催化反应影响因素的研究进展 [J]. 食品工业，2016，2 (10)：208.

[76] 彭杨，穆青，魏微，等. 超声辅助脂肪酶催化 L-抗坏血酸脂肪酸酯的合成 [J]. 食品科学，2011，32 (12)：101.

[77] 张惠芳，吕文英，刘国光，等. 超声在 TiO_2 基光催化剂制备过程中的应用 [J]. 应用化工，2007，36 (1)：78.

[78] 蔡黎，王康才，赵明，等. 超声波振动在 Ce-Zr-La/Al_2O_3 及负载型 Pd 三效催化剂制备中的应用 [J]. 物理化学学报，2009，25 (5)：53.

[79]   钟欣. SBA-15 型催化剂的制备及其在类 Fenton 反应中的应用 [D]. 武汉：武汉大学，2018.

[80]   程新峰，付云芝，张小娇. 超声法制备纳米材料的研究进展 [J]. 无机盐工业，2010，42（11）：1.

[81]   杨强，黄剑锋. 超声化学法在纳米材料制备中的应用及其进展 [J]. 化工进展，2010，29（6）：1091.

[82]   XU H，ZEIGER B W，SUSLICK K S. ChemInform abstract：sonochemical synthesis of nanomaterials [J]. ChemInform，2013，44（24）：2555.

[83]   杨永辉. 超声强化在催化剂制备及催化反应中的应用 [J]. 化工技术与开发，2012，41（11）：32.

[84]   GATUMEL C，ESPITALIER F，SCHWARTZENTRUBER J，et al. Nucleation control in precipitation processes by ultrasound [J]. Powder & Particle，1998，16（2）：160.

[85]   刘雪宁，杨治中. 表面改性的纳米氧化锌的制备及其吸收特性 [J]. 物理化学学报，2000，16（8）：746.

[86]   刘雪宁，杨治中. 改性纳米氧化锌紫外线屏蔽/吸收材料 [J]. 科学观察，2001，15（2）：47.

[87]   梁新义，张黎明，丁宏远，等. 超声促进浸渍法制备催化剂 $LaCoO_3/\gamma\text{-}Al_2O_3$ [J]. 物理化学学报，2003，19（7）：666.

[88]   陈艳容，李浩杰，杨仲卿，等. 超声改性的 $CuO/Al_2O_3\text{-}MgO$ 催化剂结构及其超低浓度甲烷催化燃烧性能 [J]. 燃料化学学报，2015，43（1）：122.

[89]   杨永辉，林彦军，冯俊婷，等. 超声浸渍法制备 Pd/Al_2O_3 催化剂及其催化蒽醌加氢性能 [J]. 催化学报，2006，27（4）：304.

第8章 ▶▶
新型催化材料的表征技术

8.1 ⟳ 结构表征

8.1.1 X射线衍射（XRD）

X射线衍射（X-ray Diffraction，XRD）是利用X射线的波动性和晶体内部结构的周期性进行晶体结构分析的一种技术，具有快速、准确、方便等优点，是目前晶体结构分析的主要方法[1]。每一种结晶物质，都有其特定的晶体结构，包括点阵类型、晶面间距等参数，用具有足够能量的X射线照射试样，试样中的物质受激发，会产生二次荧光X射线（标识X射线），晶体的晶面反射遵循布拉格定律。通过测定衍射角位置（峰位）可以进行化合物的定性分析，测定谱线的积分强度（峰强度）可以进行定量分析，而根据谱线强度随角度的变化关系可进行晶粒的大小和形状的检测[1]。目前世界上知名的X射线衍射仪制造商有：日本RIGAGU公司、德国BRUKER公司、荷兰PANALYTICAL公司等。

X射线物相分析的任务是利用X射线衍射方法，对试样中由各种元素形成的具有固定结构的化合物（也包括单质元素和固溶体），进行定性和定量分析。X射线物相分析得出的结果，不是试样的化学成分，而是试样中化合物的组成和含量[2]。

（1）定性相分析

X射线衍射是一种应用广泛的技术，它是利用X射线衍射和散射效应对晶体和非晶体进行相分析、结构类型分析和不完全性分析的有效方法[3]。X射线定性相分析可以确定试样是晶体还是非晶体，单相还是多相，原子间如何结合，化学式或结构式是什么，有无同位异构物相存在，等等。这些信息对工艺的控制和物质使用性能颇为重要，且X射线定性相分析所用试样量少，不改变物体的化学性质，因而X射线衍射方法是经常应用的、不可或缺的重要综合分析手段之一。

Li等[4]通过改变模板剂类型，采用水热合成法，制备出了类雪花状、椭圆柱状和夹心糖状三种不同形貌的ZSM-5分子筛，采用XRD技术对其制备的ZSM-5分子筛晶型骨架结构进行了表征。其不同形貌的ZSM-5分子筛XRD谱图如图8-1所示。XRD结果表明，通过改变模板剂类型，可

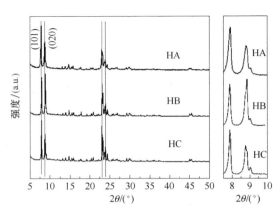

图8-1 类雪花状（HA）、椭圆柱状（HB）和
夹心糖状（HC）ZSM-5分子筛XRD谱图

制得结晶度较好的 ZSM-5 分子筛，其中类雪花状分子筛的（101）晶面比例明显多于其他两种分子筛的，而椭圆柱状分子筛则暴露更多的（020）晶面。

（2）定量相分析

X 射线定量相分析[5] 的任务是用 X 射线衍射技术，准确测定混合物中各相衍射强度，从而求出多相物质中各相含量。X 射线定量相分析的理论基础是物质参与衍射的体积或质量与其产生的衍射强度成正比[6]。因而，可通过衍射强度的大小求出混合物中某相参与衍射的体积分数或质量分数。实际测量时，应正确制样（各相颗粒大小相近且足够细，混合充分且均匀，不产生择优取向，不带任何杂质和无附加变化，等等）和准确测量衍射强度。

（3）结晶度计算

结晶度是显示材料综合性能的特有指标。目前在各种测定结晶度的方法中，X 射线衍射法是公认的具有明确意义并且应用最广泛的方法[7]。

矿物的结晶度即结晶的程度。一般以晶态总量占矿物总量的百分率表示，其计算公式为[8]：

$$X_c = \frac{g_c}{g_c + g_a} \times 100\% \tag{8-1}$$

式中　X_c——结晶度；

　　　g_c——晶态总量；

　　　g_a——非晶态总量。

根据如上的表述可以看出，测量结晶度是要知道晶相占整个物相的比例，这样，便可以用 X 射线衍射特征曲线的积分面积来实现这一目的，因为任何物相无论处于何种状态，都有其相应状态下的 X 射线衍射特征曲线，求出其中晶相的积分面积，再测出整个物相的全部积分面积，便可立即得出该矿物的结晶度。

Wang 等[9] 制备了 MCM-41 负载 Ni 基催化剂用于 CO_2 甲烷化研究，并对其制备的 Ni 基分子筛催化剂进行 XRD 表征，XRD 表征谱图结果如图 8-2 所示。MCM-41 分子筛小角（1°~10°）XRD 谱图如图 8-2（a）所示，结果表明 MCM-41 分子筛为规则六边形孔道结构，而负载 Ni 后，MCM-41 分子筛特征衍射峰强度减弱，表明 Ni 的负载破坏了 MCM-41 分子筛的有序结构。图 8-2（b）的广角 XRD 谱图结果表明 CeO_2 引入后，CeO_2 与 MCM-41 之间的相互作用导致 MCM-41 六边形孔道结构被破坏，使得 MCM-41 的特征衍射峰强度减弱，而随着 CeO_2 含量的增加，CeO_2 衍射峰强度逐渐增强。

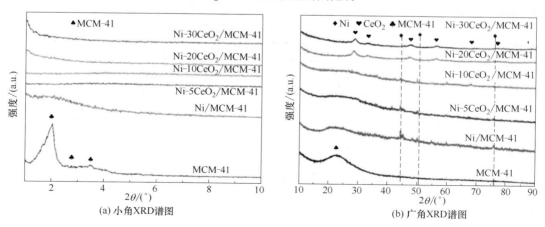

图 8-2　MCM-41 分子筛催化剂的 XRD 表征谱图

（4）晶粒度大小计算

以 X 射线衍射法对粉末样品进行探测发现：若晶粒度大于 10^{-3} cm，底片的谱线由许多分立的斑点所构成；当晶粒度小于 10^{-3} cm 时，谱线虽然变得明锐起来，但还不是完全连续的；只有当晶粒度达 10^{-4} cm 时，才能产生完全连续且明锐的衍射图谱；而当晶粒度小于 10^{-5} cm 以后，由于晶体结构完整性的下降、无序度的增加，衍射峰变宽，衍射角也发生 $2\theta \sim (2\theta + \delta)$ 的转变，而且晶粒度越小，宽化越明显，直至转变为漫散射峰。Scherrer 于 1918 年从理论上推导了晶粒大小与衍射峰宽化之间的关系，其表达式如下[10]：

$$D = \frac{K\lambda}{\beta \cos\theta} \tag{8-2}$$

式中　K——Scherrer 常数，若 β 为衍射峰的半峰宽，则 $K = 0.89$；若 β 为衍射峰的积分高宽，则 $K = 1$；

　　　D——晶粒垂直于晶面方向的平均厚度，nm；

　　　β——实测样品衍射峰半峰宽（必须进行双线校正和仪器因子校正），在计算的过程中，需转化为弧度，rad；

　　　θ——布拉格衍射角，$(°)$；

　　　λ——X 射线波长，nm。

根据衍射峰的峰形数据，可以计算出晶粒度和晶格常数。在衍射峰的宽化仅由晶粒的细小而产生时，根据衍射峰的宽化量，应用式（8-2）便可以估算晶粒在该衍射方向上的厚度[11]。利用该方程计算平均厚度时需要注意：a. β 为半峰宽，即衍射强度为极大值一半处的宽度，单位为 rad；b. 测定范围 3～200nm。

Arfaoui 等[12] 采用 Cu-K_α 射线（$\lambda = 1.5406$Å）测定纳米气凝胶催化剂中气凝胶颗粒的大小，得到 XRD 谱图（图 8-3）。可以依据图中强的锐钛矿相（101）特征衍射峰，得到衍射峰半峰宽，利用式（8-2）可计算出气凝胶的平均晶粒度，计算结果如表 8-1 所示。从表 8-1 结果可知，结构良好的 TiO_2 锐钛矿相的晶粒度受沉积的活性物质的性质影响很小，范围约为 8～13nm。

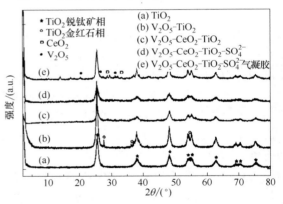

图 8-3　纳米气凝胶催化剂 XRD 谱图

表 8-1　纳米气凝胶催化剂 XRD 晶相和 TiO_2 晶粒度

样品	半峰宽/$(°)$	TiO_2 晶粒度/nm
TiO_2	0.8920	8.66
V_2O_5-TiO_2	0.6259	12.41
V_2O_5-CeO_2-TiO_2	0.7615	10.20
V_2O_5-CeO_2-TiO_2-SO_4^{2-}	0.9900	7.80
V_2O_5-CeO_2-TiO_2-SO_4^{2-} 气凝胶	0.5850	13.22

8.1.2　BET 比表面测定技术

8.1.2.1　等温吸附曲线

等温吸附曲线是比表面及孔径分析的实验基础，不同材料的等温吸附曲线可分为如图

8-4 六种[13]。Ⅰ型等温吸附曲线常见于存在微孔的材料（活性炭、硅胶、沸石分子筛和类沸石材料等）。Ⅱ型等温吸附曲线常见于大孔或非孔材料，存在不受限制的单层-多层吸附[14]。Ⅲ型等温吸附曲线不常见，一般存在于相互作用力弱的吸附剂与吸附质系统中。Ⅳ型等温吸附曲线常见于中孔材料（介孔分子筛）。Ⅳ型等温吸附曲线的典型特征是其滞后回线，这与中孔内发生的毛细凝结有关。在低压时，吸附多为单层吸附，而单层吸附是可逆的，因此低压时无滞后回线；而中高压时，脱附蒸气压不同于吸附饱和压，导致吸附曲线与脱附曲线不重合，形成滞后回线。Ⅴ型等温吸附曲线的特征是向相对压力轴凸起。与Ⅲ型等温吸附曲线不同，在更高相对压力下存在一个拐点。Ⅴ型等温吸附曲线来源于微孔和介孔固体上的弱气-固相互作用，微孔材料的水蒸气吸附常见此类线型。Ⅵ型等温吸附曲线以其吸附过程的台阶状特性而著称。这些台阶来源于均匀非孔表面的依次多层吸附。液氮温度下的氮吸附不能获得这种等温线的完整形式，而液氩下的氩吸附则可以实现[15]。

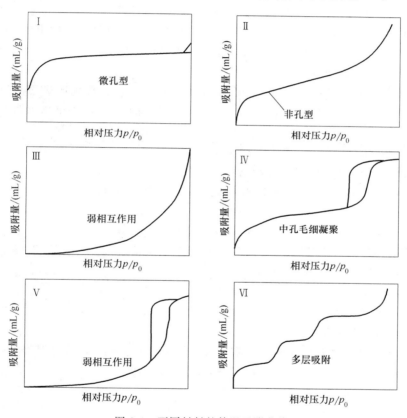

图 8-4　不同材料的等温吸附曲线

8.1.2.2　比表面的理论计算公式

（1）多点 BET 比表面计算法

在测试比表面时，应用最广的是 BET 法（Brunauer-Emmett-Teller Method），在 p/p_0 于 $0.05 \sim 0.35$ 范围中，选取 3～5 个压力点，测出每个压力点的吸附量 V，用 BET 方程 ［式（8-3）］作图并求出比表面[13]。

$$\frac{p}{V(p_0 - p)} = \frac{C-1}{CV_m} \times \frac{p}{p_0} + \frac{1}{CV_m} \qquad (8-3)$$

式中　V——平衡压力为 p 时，吸附气体的总体积；

V_m——催化剂表面覆盖满第一层时所需气体的体积;

p——被吸附气体在吸附温度下平衡时的压力;

p_0——饱和蒸气压;

C——与被吸附有关的常数。

BET 方程为一直线方程,截距与斜率之和的倒数是单层饱和吸附量 V_m,比表面 $S_g=4.36V_m$。

近些年来,微孔材料的研究表明,时常发现按常规 BET 测试其比表面偏小,并且线性范围趋于低压方向,于是人们提出一种观点,在考虑到微孔存在的情况下,BET 方程的压力适用范围应有所调整。应用 BET 方程计算中孔材料、含少量微孔材料及纯微孔材料的比表面,结果表明,应用 BET 方程计算微孔材料的比表面时,相对压力取值为 0.01~0.10,BET 线性关系较为合理[16]。常规计算下,一般微孔材料相对压力取 0.005~0.1,介孔-微孔复合材料相对压力取 0.01~0.2,只有介孔材料相对压力取 0.05~0.3 才是合适的。事实上对于微孔材料,其吸附更接近于单层吸附的特征,由单层吸附理论推出的 Langmuir 比表面值更符合它们,采用三参数 BET 方程也是一种有效的方法。

(2)单点 BET 比表面计算法

当吸附质的 C 值足够大时,BET 直线的截距近似为 0,在常规比表面测试时,可采用简化的方法,即 BET 单点法。在 p/p_0 于 0.2~0.3 范围中,选取 1 个压力点,测出其吸附量 V,这一点的 $\frac{p/p_0}{V(1-p/p_0)}$ 与坐标原点相连,近似认为该连线斜率的倒数即为 V_m,进而计算出比表面[17]。单点法是一种近似方法,其误差取决于常数 C 和 p/p_0,通常 p/p_0 取 0.3 的点,若 C 为 100 时,相对误差为 2%。不同 C 值对应的单点法的误差如表 8-2 所示($p/p_0=0.3$)。

表 8-2　不同 C 值对应的单点法的误差[18]

常数 C	单点法误差/%	常数 C	单点法误差/%
1	70	100	2
10	19	1000	0.2
50	4		

(3)Langmuir 比表面计算法

在无中孔和大孔的微孔样品中,吸附质仅进行单分子层吸附,其等温吸附曲线属于Ⅰ型(Langmuir 型),这时 V 与 V_m 之间由 Langmuir 方程表达[13]:

$$\theta=\frac{V}{V_m}=\frac{Kp}{1+Kp} \tag{8-4}$$

式中　θ——表面覆盖率;

V——吸附量,mL;

V_m——单层吸附量,mL;

p——吸附质蒸气吸附平衡时的压力,kPa;

K——吸附系数或吸附平衡常数。

Langmuir 方程是 BET 方程的特例,Langmuir 比表面计算法适用于微孔材料。

8.1.2.3　介孔(含部分大孔)分析的 BJH 法

(1)介孔和大孔的表征范围

目前所有氮吸附仪氮气分压的控制范围几乎都很宽:最小值接近 0,最大值接近 1。介孔的下限，即 2nm 对应于氮分压为 0.16 左右，当分压为 0.996 时，孔的直径可达 500nm，因此，BJH 法进行的孔径分析范围包含了介孔和部分大孔，一般认为氮吸附法测孔的上限是 500nm。孔特性的表征包括总孔体积、孔径分布、平均孔径[19]。

（2）总孔体积

① 吸附总孔体积。把最高氮气相对压力下的吸附量看成是全部被吸附并填充于孔中，由此计算出总孔体积。它没有规定孔的下限尺寸，但必须有一个孔径上限的界定，例如，直径 300nm 以下（$p/p_0 = 0.993$）所有孔的体积。

② BJH 吸（脱）附累积总孔体积。用 BJH 法，从等温吸附或等温脱附过程，把逐级求出的不同孔径的孔体积累计起来得到的总孔体积。它有明确的孔径上下界限，下限一般是 2nm，上限 200～400nm。比较各种数据时应注意孔径范围的差别[19]。

（3）孔径分布

① 微分分布[20]。孔径分布指不同孔径的孔体积的定量分布，一般习惯用直方图来表示，但是对于孔分布来说，孔径范围太大，从零点几纳米到几百纳米，而且更关注小尺寸孔的分布，用直方图无法实现，因此采用的是微分分布的表征方法，即 $dV/dr\text{-}D$ 或 $dV/\lg d\text{-}D$ 曲线图，这个图上的点代表的是孔体积随孔径的变化率。

② 积分分布[20]。又称累积分布，即把不同尺寸孔的体积由小到大逐级累计起来，从积分分布图上可以得到任何孔区的体积及其占总体积的比例，并可做出任何分度的孔体积直方分布图。

（4）平均孔径

平均孔径有三种不同的表示方法[21]，它们都有特定的含义。

① 吸附平均孔径。由吸附总孔体积与 BET 比表面计算得到的平均孔径，包含了所有孔的内表面，只有孔径上限的界定。

② BJH 吸附平均孔径。由 BJH 吸附累积总孔体积与 BJH 吸附累积总孔内表面积计算得到的平均孔径，有孔径的上下限。

③ BJH 脱附平均孔径。由 BJH 脱附累积总孔体积与 BJH 脱附累积总孔内表面积计算得到的平均孔径，有孔径的上下限。

8.1.2.4　DH 法

DH 法是用于计算中孔孔径分布的更为简便的方法，其孔体积的计算公式如下：

$$V_{\Delta t_n} = \Delta t_n \sum A_p - 2\pi t_n \Delta t_n \sum L_p \tag{8-5}$$

假设圆柱形孔隙几何形状，可以通过以下方法估算每个解吸步骤的累积孔隙面积和长度：

$$A_p = \frac{2V_p}{r_p} \tag{8-6}$$

$$L_p = \frac{A_p}{2\pi r_p} \tag{8-7}$$

式中，$\sum A_p$ 为前几个解吸步骤中冷凝液清空的所有孔隙面积；$\sum L_p$ 为前几个解吸步骤中冷凝液清空的所有孔隙长度；r_p 为孔半径；V_p 为孔体积。

在有比较完善的 BJH 法测试结果后，DH 法的必要性就显示出来了。

在微孔情况下，孔壁间的相互作用势能重叠，微孔中对吸附质的吸附量比介孔大，因此在相对压力 <0.01 时就会发生微孔中吸附质的填充，孔径在 0.5～1nm 的孔甚至在相对压

力 $10^{-7} \sim 10^{-5}$ 时即可产生吸附质的填充，所以微孔的测定与分析比介孔要复杂得多。显然，把 BJH 孔径分析方法延伸到微孔区域是错误的，具有以下两个原因：其一，开尔文公式在孔径 <2nm 时是不适用的；其二，毛细凝聚现象描述的孔中吸附质为液态，而在微孔中由于密集孔壁的交互作用，填充于微孔中的吸附质处于非液体状态，因此孔径分布的规律必须有新的理论及计算方法，宏观热力学的方法已远远不够[22，23]。微孔的表征依其物理模型不同而不同，主要方法有以下几种。

① T-图法。采用标准等温线，用于微孔体积分析。

② MP 法。利用 T-图进行微孔孔径分布分析。

③ HK 和 SF 法。用于微孔分析，如碳（狭缝，采用氮气分析）、沸石（圆柱孔，采用氩气分析）。

④ NLDFT 法。用于介孔和微孔分析。

Zhang 等[24] 采用水热合成法制备了一系列 Ni/MCM-41 分子筛催化剂用于甲烷化研究，以提高 Ni 基分子筛催化剂的抗烧结性。图 8-5（a）和图 8-5（b）分别为分子筛催化剂的 N_2 吸附-脱附等温线和孔隙大小分布曲线。从图 8-5（a）中作者发现 10％Ni/MCM-41 展现出Ⅳ型等温线，而随着 Ni 含量的继续增加，Ⅳ型等温线逐渐转变为Ⅲ型等温线，说明随着 Ni 的增加，原始 Ni/MCM-41 催化剂的介孔结构逐渐被破坏。从图 8-5（b）中作者发现 10％Ni/MCM-41 催化剂展现出两种不同孔隙大小结构，分别约为 4.8nm 和 6.8nm，然而其他分子筛催化剂只具有一种介孔结构，说明 10％Ni 的增加只是摧毁了部分介孔结构。不同分子筛催化剂结构特性如表 8-3 所示。

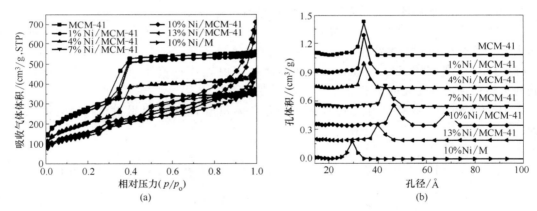

图 8-5　分子筛催化剂 N_2 吸附-脱附等温线（a）和孔隙大小分布曲线（b）

表 8-3　不同分子筛催化剂结构特性

样品	比表面/(m²/g)	孔体积/(cm³/g)	孔径/nm
MCM-41	1024	0.96	2.82
1％Ni/MCM-41	976	0.93	2.99
4％Ni/MCM-41	751	0.79	3.35
7％Ni/MCM-41	652	0.76	4.63
10％Ni/MCM-41	579	1.14	5.97
13％Ni/MCM-41	560	0.59	3.82

8.1.3　傅里叶变换红外吸收光谱（FT-IR）

傅里叶变换光谱法利用干涉图和光谱图之间的对应关系，通过测量干涉图和对干涉图进行傅里叶积分变换的方法来测定和研究光谱图。利用红外分光光度计测量物质对红外光的吸收及所产生的红外吸收光谱对物质的组成和结构进行分析测定的方法，称为红外吸收光谱法（Infrared Absorption Spectrometry，IR）或红外分光光度法[25]。

红外吸收光谱法具有快速、灵敏度高、测试所需样品量少、分析试样的状态不受限制等优点，成为现代结构化学、分析化学最常用和不可缺少的测试方法。因此，红外吸收光谱法不仅能进行定性和定量分析，而且是鉴定化合物和测定分子结构最有用的方法之一。在红外光谱中，习惯上以 μm 为波长（λ）单位，cm^{-1} 为波数（σ）单位，波数被定义为波长的倒数，即 1cm 中所包含波的个数[10]：

$$\sigma = \frac{1}{\lambda} \tag{8-8}$$

红外吸收光谱可划分为远、中、近红外吸收光谱。其中，中红外区（4000～400cm^{-1}）主要是振动吸收区，是有机化合物红外吸收的最重要范围。

傅里叶变换红外光谱仪[26]（Fourier Transform Infrared Spectrometer，FTIR）简称为傅里叶红外光谱仪。它不同于色散型红外分光的原理，是基于对干涉后的红外光进行傅里叶变换的原理而开发的红外光谱仪，主要由红外光源、光阑、干涉仪（分束器、动镜、定镜）、样品室、检测器以及各种红外反射镜、激光器、控制电路板和电源组成。它可以对样品进行定性和定量分析，广泛应用于医药化工、地矿、石油、煤炭、环保、海关、宝石鉴定、刑侦鉴定等领域。

红外光谱对样品的适用性相当广泛，固态、液态或气态样品都能应用，无机、有机、高分子化合物都可检测。此外，红外光谱还具有测试迅速、操作方便、重复性好、灵敏度高、试样用量少、仪器结构简单等特点，因此，它已成为现代结构化学和分析化学最常用和不可缺少的工具。红外光谱在高聚物的构型、构象、力学性质的研究以及物理、天文、气象、遥感、生物、医学等领域也有广泛的应用[27-29]。

（1）定性分析

红外光谱是物质定性的重要方法之一。它的解析能够提供许多关于官能团的信息，可以帮助确定部分乃至全部分子类型及结构。其定性分析有特征性高、分析时间短、需要的试样量少、不破坏试样、测定方便等优点[30]。

传统利用红外光谱法鉴定物质通常采用比较法，即与标准物质对照和查阅标准谱图的方法，但是该方法对于样品的要求较高，并且依赖于谱图库的大小。如果在谱图库中无法检索到一致的谱图，则可以用人工解谱的方法进行分析，这就需要人们有大量的红外知识及经验积累。大多数化合物的红外谱图是复杂的，即便是有经验的专家，也不能保证从一张孤立的红外谱图上得到全部分子结构信息，如果需要确定分子结构信息，就要借助其他的分析测试手段，如核磁共振波谱、质谱、紫外光谱等。尽管如此，红外谱图仍是提供官能团信息最方便快捷的方法[31,32]。

近年来，利用计算机方法解析红外光谱，在国内外已有了比较广泛的研究，新的成果不断涌现，不仅提高了解谱的速度，而且成功率也很高。随着计算机技术的不断进步和解谱思路的不断完善，计算机辅助红外解谱被应用于农业、药业、化学分析等[33,34]多个领域，必将对教学、科研的工作效率产生更加积极的影响。

Youn 等[35]对 V/TiO_2 催化剂 SO_2 中毒机理进行了探究，使用 FT-IR 分析技术对催化剂表面物质进行分析，图 8-6（a）为质量分数 5% V/TiO_2（DT-51）催化剂在 SO_2（0.005%）＋O_2（3%）氧化后不同时间 FT-IR 谱图。根据 FT-IR 谱图分析可知，NH_3 吸附在催化剂表面酸性位点上，1422cm^{-1} 归属于吸附在 B 酸位点的 NH$_4^+$ 物种，1602cm^{-1} 和 1230cm^{-1} 归属于吸附在 L 酸位点的 NH$_3$ 物种，1360cm^{-1} 归属于气态 SO$_2$ 物种，1426cm^{-1}、1264cm^{-1} 和 1185cm^{-1} 归属于催化剂表面吸附形成的 NH$_4$HSO$_4$ 物种。图 8-6 (b) 为质量分数 5% V/TiO$_2$（micro）催化剂在 SO$_2$（0.005%）+O$_2$（3%）氧化后不同时间 FT-IR 谱图。1604cm^{-1} 和 1232cm^{-1} 归属于吸附在 L 酸位点的 NH$_3$ 物种，1419cm^{-1} 归属于吸附在 B 酸位点的 NH$_4^+$ 物种，并且没有发现硫酸铵等物种的波谱峰。

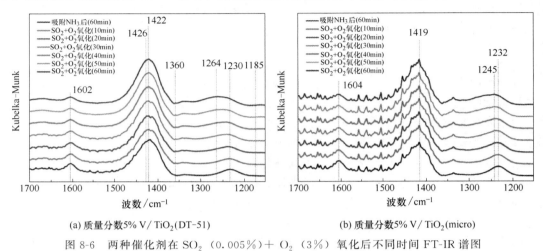

(a) 质量分数5% V/ TiO$_2$(DT-51)   (b) 质量分数5% V/ TiO$_2$(micro)

图 8-6　两种催化剂在 SO$_2$（0.005%）+ O$_2$（3%）氧化后不同时间 FT-IR 谱图

（2）定量分析

红外光谱定量分析法的依据是朗伯-比尔定律[36]。红外光谱定量分析法与其他定量分析方法相比，存在一些缺点，因此只在特殊的情况下使用。它要求所选择的定量分析峰应有足够的强度，即摩尔吸光系数大的峰，且不与其他峰相重叠。同时作为红外定量分析的样品也需要进行特别处理[37]。红外光谱的定量方法主要有直接计算法、工作曲线法、吸收度比值法和内标法等，常常用于异构体的分析。

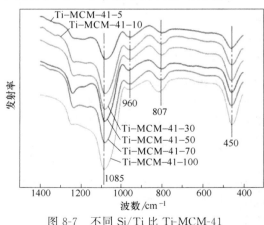

图 8-7　不同 Si/Ti 比 Ti-MCM-41
分子筛 FT-IR 谱图

Wang 等[38] 采用微波辅助制备了不同 Si/Ti 比的 Ti-MCM-41 分子筛，并对其进行 FT-IR 表征，图 8-7 为不同 Si/Ti 比 Ti-MCM-41 分子筛在 400～1400cm^{-1} 的 FT-IR 谱图。FT-IR 表征结果表明，位于 450cm^{-1} 谱带归属于 Si-O-Si 的弯曲振动，960cm^{-1} 谱带归属于四面体 SiO$_4$ 与 Ti 原子形成的 Si-O-Ti 键的伸缩振动。随着 Ti 含量的增加，Si-O-Ti 键位于 960cm^{-1} 的谱带强度明显增强，Si-O-Ti 谱带证明了随着 Si/Ti 比减少，并入 Si 框架中的 Ti 原子数量逐渐增加。

8.1.4　拉曼光谱（Raman）

拉曼光谱仪以激光作为光源，光的单色性和强度大大提高，拉曼散射信号强度大大提高，拉曼光谱技术因此得以迅速发展[39]。每一种物质都有其特征的拉曼光谱，利用拉曼光谱可以鉴别和分析样品的化学成分和分子结构。通过分析物质在不同条件下的一系列拉曼光谱，来分析物质相变过程，也可进行未知物质的无损鉴定。拉曼光谱技术可广泛应用于化学、物理、医药、生命科学等领域[40-42]。

拉曼位移频率和红外吸收频率都等于分子振动频率，但拉曼散射的分子振动，是分子振动时有极化率改变的振动，而红外吸收的分子振动则是分子振动时有偶极矩变化的振动。一般来说，若拉曼散射是非活性的，则红外吸收是活性的；反之，若拉曼散射是活性的，则红外吸收是非活性的。当然有些分子常常同时具有拉曼和红外活性，只是两种谱图中各峰之间的强度不同，也有些分子既无红外活性也无拉曼活性，因其振动时既未改变偶极矩也未改变极化率，所以在拉曼光谱图和红外光谱图中均没有该分子的峰位[43]。

具有对称中心的分子都具有一个互斥规则：与对称中心有对称关系的振动，拉曼可见，红外不可见；与对称中心无对称关系的振动，红外可见，拉曼不可见。

Wang 等[44] 研究了 V_2O_5-WO_3/TiO_2 系列改性催化剂的催化活性及水热稳定性，图 8-8 为不同 V_2O_5 含量催化剂的 Raman 图谱。从图中可以看出，所有催化剂在 $396cm^{-1}$、$517cm^{-1}$ 以及 $639cm^{-1}$ 出现明显的振动峰，归属于催化剂中锐钛矿型 TiO_2 的特征振动峰。此外，在 V1WT 样品中，$983cm^{-1}$ 出现了较弱的振动峰，归属为催化剂表面处于单层分散状态的 VO_x 与 WO_x 中 $V=\!O$ 以及 $W=\!O$ 振动共同作用的结果。研究表明，在 V_2O_5/TiO_2 二元催化剂中，表面 $V=\!O$ 的拉曼振动峰在 $950cm^{-1}$ 左右，而在 WO_3/TiO_2 体系中表面 $W=\!O$ 的振动峰在 $970cm^{-1}$，在 V_2O_5-WO_3-TiO_2 体系中表面 $V=\!O$ 和 $W=\!O$ 共同作用使振动峰迁移至更高的波数，说明表面 VO_x 与 WO_x 相互作用的存在。另一方面，随着 V_2O_5 含量的增加，所有振动峰的强度逐渐减弱，这主要是高负载量的 V_2O_5 基催化剂颜色变为深黄色，致使拉曼的信号强度减弱。同时，在较高 V_2O_5 负载量下，图谱中检测到表面 $1030cm^{-1}$、$900cm^{-1}$、$980cm^{-1}$ 以及 $995cm^{-1}$ 分别对应于单层分散的 $V=\!O$ 振动、缩聚态 VO_x 的振动，以及结晶态 V_2O_5 的振动，这可能是由于空气氛围下的 Raman 光谱中 H_2O 对表面物种振动造成的干扰。

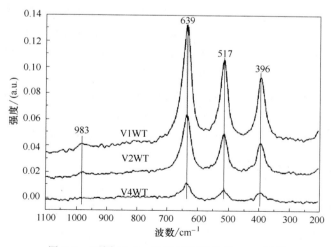

图 8-8　不同 V_2O_5 含量催化剂的 Raman 图谱

Mostafa 等[45] 对采用水热法合成的纳米 ZSM-5 分子筛进行 Raman 表征，探究合成的

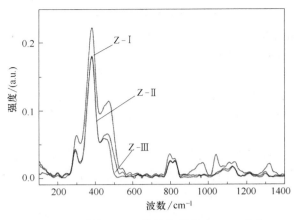

图 8-9　不同 ZSM-5 分子筛样品 Raman 光谱

ZSM-5 分子筛样品的局部结构，合成的三种 ZSM-5 分子筛 Raman 光谱如图 8-9 所示。Raman 光谱中，位于 $300 \sim 650 cm^{-1}$ 范围内的光谱峰表示分子筛结构中的 Si—O 环状结构。在制备的 ZSM-5 分子筛中，在 $385 cm^{-1}$ 处均出现明显的谱带，归属于分子筛中的五元环结构，$430 cm^{-1}$ 和 $470 cm^{-1}$ 光谱峰分别归属于六元环和四元环结构，与传统法制备的 ZSM-5 分子筛结构一致。$800 cm^{-1}$ 和 $810 cm^{-1}$ 分别归属于 Si—OH 和 Si—O 结构，对于 Z-Ⅰ 样品，位于 $970 cm^{-1}$ 光谱峰可能是由于大量 Si—O—Si 结构断裂形成的 Si—O 结构，$1040 cm^{-1}$ 和 $1215 cm^{-1}$ 光谱峰分别归属于非对称 Si—O 的伸缩振动和晶型四面体 Si 结构物质。

8.2　形貌表征

近几十年来，随着材料科学，尤其是纳米科学和技术的飞速发展，以固体材料表面形貌、显微组织结构表征为目的的表面分析技术非常活跃，在材料科学和其他相关学科中的应用非常普遍[46]。固体材料表面状态的分析研究包括：表面形貌和显微组织结构、表面成分、表面原子排列结构、表面原子动态和受激态、表面电子结构等[47]。表面分析技术是指利用电子、光子、离子、原子、强电场、热能等外部能量与固体材料表面的相互作用，收集、测量和分析从固体表面散射或发射的电子、光子、离子、原子、分子的能量、光谱、质谱、空间分布或衍射图像，得到材料表面成分、表面结构、表面电子态及表面物理化学过程等信息的各种实验技术的总称。

广义来讲，目前所谓的表面分析技术，实际上包含了表面和表层分析技术，而更为实用的表面分析技术应该是包含材料表层分析的技术。本节所介绍的表面分析技术所涉及的表面厚度通常为微米级，它主要针对固体材料表面几纳米至几微米深度范围内的表面形貌、纤维组织结构和表面化学成分的分析。常用的仪器包括透射电子显微镜、扫描电子显微镜、扫描探针显微镜、能量色散 X 射线谱仪、X 射线衍射仪等，这类仪器都是非常普遍、使用率非常高、测试费用相对较低的表面分析仪器，能够被广大研究人员普遍接触和使用。因此，了解和掌握这类仪器的基本原理和功能应用将会很好地促进广大读者的学习和科研工作。

本节主要介绍常用的表面分析技术和方法，包括扫描电子显微镜和透射电子显微镜。

8.2.1　扫描电子显微镜（SEM）

扫描电子显微镜（SEM）于 20 世纪 60 年代问世，是用来观察样品表面微区形貌和结构的一种大型精密电子光学仪器。其工作原理是，利用一束极细的聚焦电子束扫描样品表面，激发出某些与样品表面结构有关的物理信号（如二次电子、背散射电子）来调制一个同步扫描的显像管在相应位置的亮度而成像。目前世界上主要的扫描电子显微镜制造商有：FEI（荷兰）、JEOL（日本）、SHIMADZU（日本）、ZEISS（LEO）（德国）、CAMSCAN（英国）、TESCAN（捷克）、KYKY（中国）、MIRERO（韩国）、DELONG

（美国）等公司。

扫描电子显微镜[48] 主要用于观察固体试样的表面形貌，具有很高的分辨力和连续可调的放大倍数，图像具有很强的立体感。扫描电子显微镜能够与电子能谱仪、波谱仪、电子背散射衍射仪相结合，构成电子微探针，用于物质化学成分和物相分析。因此，扫描电子显微镜在冶金、地质、矿物、半导体、医学、生物学、材料学等领域得到了非常广泛的应用[49, 50]。

SiC 由于具有高导热性，可以更快转移局部热通量，可以使因过热导致催化剂失活最小化。Yuan 等[51] 通过将 SiC 掺杂到 ZSM-5 分子筛，以提高催化剂的热稳定性，在碱性水热条件下，研究了不同生长时间对 ZSM-5 分子筛结构的影响，并采用 SEM 技术对其形貌进行表征，如图 8-10 所示。SEM 结果表明，经过 1d 的生长，ZSM-5 颗粒表现出一种普通的类皮状形态，如图 8-10（a）所示。SiC 的表面被完全覆盖，而且看不到任何裸露的 SiC。随着时间增加至 3d，分子筛的厚度有所增加。另外，随着生长时间的变化，分子筛颗粒尺寸也发生相应的变化，1d 后分子筛的平均粒径是 $1.1\mu m$，3d 后约为 $1.7\mu m$，而 6d 后，分子筛的尺寸大小有所下降，约为 $1\mu m$，可能是 3d 后分子筛最外层发生再结晶所致。

(a) t =1d   (b) t =3d   (c) t =6d

图 8-10　不同生长时间制备的催化材料的 SEM

为探究所制备的 Ni 基分子筛催化剂的结构变化，Ye 等[52] 采用 SEM 表征技术对其进行形貌表征分析，结果如图 8-11 所示。在 Ni/H-[Al]MCM-41、Ni/Na-[Si]MCM-41 和 Ni/H-[Si]MCM-41 催化剂表面均未检测到 NiO 晶粒，可能是由于 NiO 颗粒位于 MCM-41 载体孔道内部。Ni/Na-[Si]MCM-41 和 Ni/H-[Si]MCM-41 催化剂与 MCM-41 颗粒相比，展现出相似的形貌尺寸。但是，在制备过程中，引入 Al 后制备的 Ni/H-[Al]MCM-41 催化剂颗粒尺寸更加均匀，可能是由于 Al 的引入，抑制了 MCM-41 的生长，使得制备的催化剂颗粒尺寸均匀。

(a) Ni/H-[Al]MCM-41   (b) Ni/H-[Si]MCM-41   (c) Ni/Na-[Si]MCM-41

图 8-11　不同的 Ni/MCM-41 催化剂的 SEM 图

8.2.2　透射电子显微镜（TEM）

透射电子显微镜[53]（TEM）是以波长极短的电子束作为照明源，用电磁透镜聚焦成像的一种高分辨、高放大倍数的电子光学仪器。透射电子显微技术[1]自 20 世纪 30 年代诞生以来，经过数十年的发展，现已成为材料、化学化工、物理、生物等领域科学研究中对物质微观结构进行观察、测试的十分重要的手段[54,55]。电子显微学是一门探索电子与固态物质结构相互作用的科学，电子显微镜把人眼的分辨能力从大约 0.2mm 拓展至亚原子量级（<0.1nm），大大增强了人们观察世界的能力。尤其是近 20 多年来，随着科学技术发展进入纳米科技时代，纳米材料研究的快速发展又赋予电子显微技术以极大的生命力。可以说，没有透射电子显微镜，就无法开展纳米材料的研究；没有透射电子显微镜，开展现代科学技术研究是不可想象的。目前，它的发展已与其他学科的发展息息相关，密切联系在一起。

TEM 作为显微镜中非常重要的种类，是展示显微世界的一项极为重要的仪器。它采用的是电子束光源，取代了传统的光学显微镜，由于其是以透过样品的方式进行检验，因此，检测精度得到了极大提高，如光学显微镜的检测限>200nm，扫描电子显微镜的检测限为 1nm 左右，而透射电子显微镜的检测限为 0.1nm 左右[1]。由此可见，TEM 具有超强的显微功能。毫无疑问，今天的 TEM 绝非一台简单的显微镜，而是集多种功能于一身的综合性大型分析仪器。

Thirupathi 等[56]制备了一系列 M/TNT（M＝Mn、Ce）催化剂，为了研究 M/TNT催化剂的形貌以及管状结构，对所制备的 M/TNT 进行了 TEM 表征，其表征结果如图 8-12所示。根据 HR-TEM 分析可知，在所有样品中，负载 Mn 或 Ce 后，催化剂均呈现出管状和多壁结构，最初的 TNT 晶格间距为 0.35nm，与锐钛矿型 TiO$_2$（101）晶面晶格间距接近，Mn/TNT 的层间间距约为 0.67nm，而 Ce/TNT 的晶格间距约为 0.32nm。

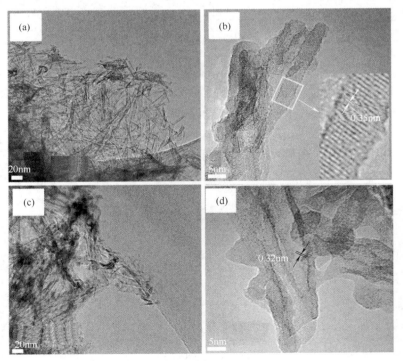

图 8-12　不同催化材料 HR-TEM 图

(a) TiO$_2$（TNT）；(b) Mn/TNT；(c) (d) Ce/TNT

Salam 等[57] 合成了不同 Zr 含量的 Zr/MCM-41 分子筛催化剂，并对其进行形貌表征，TEM 表征结果如图 8-13 所示。结果表明，分子筛催化剂显示出均匀的六边形结构，说明 Zr 引入后，仍然保留了 MCM-41 高度有序的孔道结构，并且在孔道内外没有发生团聚现象，与 XRD 表征结果一致，且可以进一步说明 ZrO 存在于 MCM-41 孔隙内。

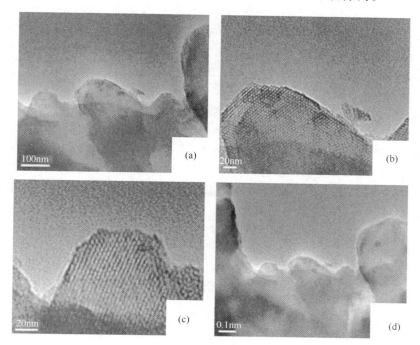

图 8-13 不同催化剂 HR-TEM 图

（a）MCM-41；（b）质量分数 2.5% Zr/MCM-41；（c）质量分数 5% Zr/MCM-41；（d）质量分数 7.5% Zr/MCM-41

8.3 ◎ 表面和界面化学组成表征

8.3.1 X 射线光电子能谱（XPS）

X 射线光电子能谱（XPS）是重要的表面分析技术之一。它不仅能探测表面的化学组成，而且可以确定各元素的化学态，因此，在化学、材料科学及表面科学中得到广泛的应用。样品受到 X 射线辐照后，发射出光电子，被探测器收集后经过计算机处理，得到该样品的 XPS 能谱图[39,48]。

XPS 是用 X 射线光子激发原子的内层电子发生电离，产生光电子，这些内层能级的结合能对特定的元素具有特定的值，因此通过测定电子的结合能和谱峰强度，可鉴定除 H 和 He（因为它们没有内层能级）之外的全部元素以及进行元素的定量分析[58]。XPS 是一种非破坏性的表面分析手段，灵敏度在 0.1% 左右，是一种微量分析技术，对痕量分析效果较差。

XPS 是最有用的固体表面分析技术之一[59]，可用于金属、半导体、无机物、有机物、配合物等物质的表面分析。电子能谱是根据光电子的动能大小，以动能分布为横坐标，相对强度为纵坐标所得到的谱峰。光电子的动能与初级激发 X 射线、原子种类和原子所处的化学环境有一定联系，可以作为分析的依据。

（1）定性分析

利用化学位移值可以分析元素的化合价和存在形式，即 XPS 定性分析。分析时首先对样品进行全扫描（在整个光电子能量的范围），以确定样品中存在的元素，然后再对所选择的谱峰进行窄区扫描，以确定化学状态[43]。

定性分析时，必须注意识别伴峰和杂质峰、污染峰（如样品被 CO_2、水分和尘埃等污染，谱图中会出现 C、O、Si 等的特征峰）。同时，除化学位移外，由于固体的热效应、表面荷电效应与表面效应等物理因素也可能引起电子结合能改变，从而导致光电子谱峰发生位移，该位移称为物理位移[60]。在应用 X 射线光电子能谱进行化学分析时，应尽量避免和消除物理位移。

Maqbool 等[61]对制备的催化剂样品表面化学物质及化学态进行了表征，其 XPS 表征结果如图 8-14、图 8-15 和图 8-16 所示。图中显示了制备的 S300、S400 和 S500 催化剂样品的 Ce 峰拟合。根据 XPS 峰值变化，可以得出结论：所制备的催化剂由平衡的 Ce^{3+} 和 Ce^{4+} 组成。但是，当在 300℃ 下进行硫酸化时，与制备后的样品相比，Ce^{4+} 物种的数量增加了。Ce^{4+} 物种的增加可能是由于在其表面形成了硫酸化的 Ce（Ⅳ）物种，证明在不同的预处理温度下形成的硫酸铈物质在性质上是不同的。

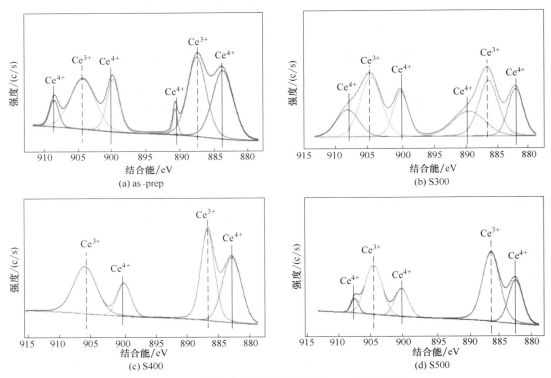

图 8-14　不同温度下制备的催化剂 Ce 3d XPS 图谱

（2）定量分析

根据具有某种能量的光电子的数量，便可知道某种元素在表面的含量，即 XPS 定量分析[62]。X 射线光电子能谱用于定量分析有理论模型法、灵敏度因子法、标样法等各种方法。已有多种定量分析的方法，但由于实际问题的复杂性（如样品表面受到污染，能谱仪结构、操作条件的不同，等等），目前理论模型法的实际应用及准确性还受到极大的限制。

脱硝催化剂的活性在很大程度上取决于催化剂表面元素的化学状态和浓度，这可以通过

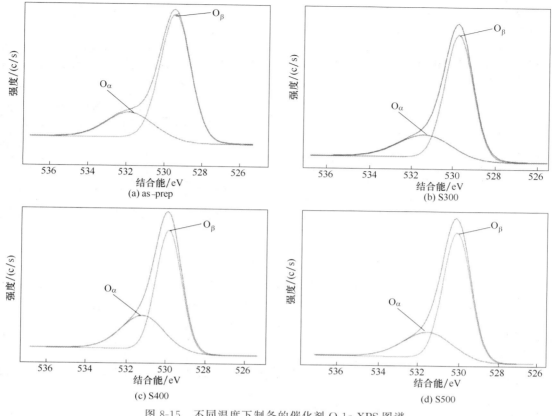

图 8-15 不同温度下制备的催化剂 O 1s XPS 图谱

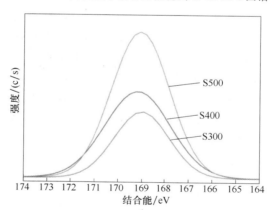

图 8-16 不同温度的硫化催化剂 S 2p XPS 图谱

XPS 分析确定。Sun 等[63] 通过 XPS 研究了不同催化剂表面元素的化学状态和浓度。图 8-17（a）显示了 Mn/TiO$_2$ 和 MnNb/TiO$_2$-0.12 的 Mn 2p$_{3/2}$ XPS 光谱。在不同的能级中，Mn 2p$_{3/2}$ XPS 的反褶积可以产生三个峰值。已经确定的是，这些峰值可以分别归因于 Mn^{2+}（结合能＝640.6eV）、Mn^{3+}（结合能＝641.6eV）和 Mn^{4+}（结合能＝642.8eV）。在定量分析之后，可以获得两个催化剂样品上 Mn^{4+} 的浓度，见表 8-4。由表 8-4 可以看出，在 Mn/TiO$_2$ 催化剂上添加 Nb 可以促进化学吸附氧的形成，使 O$_\beta$ 浓度从 25.50at％（对于 Mn/TiO$_2$）增加到 34.73at％。因此，可以推测 MnNb/TiO$_2$-0.12 催化剂上富集了化学吸附氧。

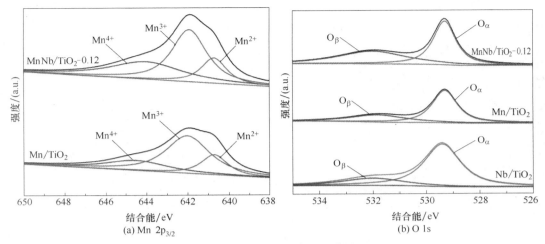

图 8-17　不同催化剂 XPS 谱图

表 8-4　不同催化剂表面元素浓度

催化剂	Mn/(at%)	Ti/(at%)	O/(at%)	(Mn⁴⁺/Mn)/%	(Oβ/O)/%	Mn⁴⁺/(at%)	Oβ/(at%)
Mn/TiO₂	5.77	18.61	75.62	19.76	33.72	1.14	25.50
Nb/TiO₂	—	21.10	74.14	—	22.24	—	16.49
MnNb/TiO₂-0.12	5.51	18.78	74.92	36.12	46.36	1.99	34.73

8.3.2　紫外可见吸收光谱（UV-vis）

物质的紫外吸收光谱基本上是其分子中生色团及助色团的特征，而不是整个分子的特征。如果物质组成的变化不影响生色团和助色团，就不会显著地影响其紫外吸收光谱，如甲苯和乙苯具有相同的紫外吸收光谱。另外，外界因素如溶剂的改变也会影响紫外吸收光谱，在极性溶剂中某些化合物吸收光谱的精细结构会消失，成为一个宽带。所以，只根据紫外吸收光谱是不能完全确定物质的分子结构，还必须与红外吸收光谱、核磁共振波谱、质谱以及其他化学和物理方法共同配合才能得出可靠的结论[19, 23]。

紫外可见吸收光谱法是利用某些物质的分子吸收 10～800nm 光谱区的辐射来进行分析测定的方法[64]，这种分子吸收光谱产生于价电子和分子轨道上的电子在电子能级间的跃迁，广泛用于有机和无机物质的定性和定量测定。该方法具有灵敏度高、准确度好、选择性优、操作简便、分析速度好等特点。

闫春迪等[65]研究了不同 Cu 交换分子筛脱除柴油机尾气中 NOₓ 的性能，并对其制备的催化剂采用 UV-vis 分析，分析结果如图 8-18 所示。实验结果表明，Cu 物种在 Cu-BEA 与 Cu-ZSM-5 样品的吸收谱相似，均在 205nm 附近有较

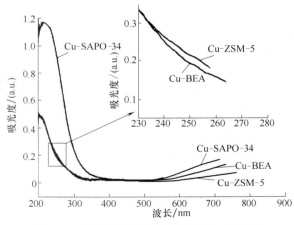

图 8-18　不同分子筛催化剂 UV-vis 光谱图

强的吸收峰，该吸收峰归于在硅铝分子筛中与晶格氧配位的 Cu^{2+} 发生电荷转移（$O \rightarrow Cu$）产生的吸收峰。离子交换法制备的 Cu-SAPO-34 样品吸收峰位于 225nm，可归属于单分散的 Cu^{2+}。两类 Cu^{2+} 因配位环境不同，在紫外区产生吸收光谱的位置略有差异。三类 Cu 交换分子筛在可见光区 800nm 左右都出现了 Cu^{2+} 的 d-d 跃迁。Cu-ZSM-5 在 250nm 有一个很小的峰，可能属于铜氧化物的吸收峰。由 UV-Vis 表征结果可知，即使改性方法相同，在不同类型的分子筛中过渡金属的存在形态和配位环境也会有明显的不同。

在有机合成中，将醇选择性氧化为对应的羰基化合物对其至关重要，因此 Cánepa 等[66] 合成了一系列 M-MCM-41（M＝V、Fe 和 Co）材料［标记为 M-M（60）］用于选择氧化苯甲醇，并对合成的催化材料进行 UV-vis 表征，探究催化材料的分子结构，其 UV-vis 表征结果如图 8-19 所示。在 200～300nm 和 300～400nm 之间的吸收峰，分别归属于四面体 Co^{2+} 和 Co^{3+} 与 O 之间的电荷转移，在 400nm 以上的微小吸收峰可能与 CoO 中的 Co^{2+} 有关，在 600～800nm 之间的吸收峰归属于 Co_3O_4 纳米颗粒。最后，对于纯 Si-MCM-41 催化材料在 200～800nm 之间没有出现任何吸收峰。通过 UV-vis 表征技术有效地探究了材料分子结构。

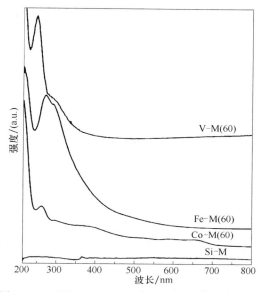

图 8-19　不同 M-MCM-41 催化材料 UV-vis 光谱图

8.4 ⊙ 活性组分状态表征

8.4.1 概述

多相催化过程是一个极其复杂的物理过程和表面化学过程[67]，这个过程的主要参与者是催化剂和反应分子，所以要阐述某种催化过程，首先要对催化剂的性质、结构及其与反应分子相互作用的机理进行深入研究。分子在催化剂表面发生催化反应要经历很多步骤，其中最主要的是吸附和表面反应这两个步骤，因此要阐明一种催化过程中催化剂的作用本质及反应分子与其作用的机理，必须对催化剂的吸附性能（吸附中心的结构、能量状态分布等）进行深入研究。这些性质最好是在反应过程中对其进行研究，这样才能捕获真正决定催化剂过程的信息。程序升温分析技术（TPAT）则是其中较为简易可行的动态分析技术之一。当然除程序升温分析技术之外，还有原位红外光谱法（包括拉曼光谱法）、瞬变应答法及其他原位技术均可以在反应或接近反应条件下有效地研究催化过程。

程序升温分析技术[68]　在研究催化剂表面分子在升温时的脱附行为和各种反应行为的过程中，可以获得以下重要信息：表面吸附中心的类型、密度和能量分布；反应分子和吸附中心的键合能和键合态；催化剂活性中心的类型、密度和能量分布；反应分子的动力学行为和反应机理；活性组分和载体、活性组分和活性组分、活性组分和助剂、助剂和载体之间相互作用；各种催化效应，如协同效应、溢流效应、合金化效应、助剂效应、载体效应等；催化剂失活和再生。

程序升温分析技术具体常见的技术主要有：程序升温还原（TPR）、程序升温脱附（TPD）、程序升温氧化（TPO）、程序升温表面反应（TPSR）。将预先吸附了某种气体分子的催化剂在程序升温下，通过稳定流速的气体（通常为惰性气体），使吸附在催化剂表面上的分子在一定温度下脱附出来。随着温度升高而脱附速率增大，经过一个最大值后逐步脱附完毕。气流中脱附出来的吸附气体可以用各种适当的检测器（如热导池）检测出其浓度随温度变化的关系，即为程序升温脱附（TPD）技术。

程序升温还原（TPR）[69] 是在 TPD 技术的基础上发展起来的。在程序升温条件下，一种反应气体或反应气体与惰性气体混合物通过已经吸附了某种反应气体的催化剂，连续测量流出气体中两种反应气体以及反应产物的浓度便可以测量表面反应速率。若在程序升温条件下，连续通入还原性气体使活性组分发生还原反应，从流出气体中测量还原气体的浓度来测量其还原速率，则称之为 TPR 技术。

与 TPR 技术类似，程序升温氧化（TPO）技术是在通入氧的情况下，按一定升温程序升温，检测催化剂或吸附剂表面吸附物或表面物氧化情况的方法。常常应用于化学、生物等领域[70,71]。

程序升温表面反应（TPSR）[68] 是指程序升温过程中表面反应与脱附同时发生。TPSR 可通过不同的做法得以实现：一是首先将经过处理的催化剂在反应条件下进行吸附和反应，然后从室温程序升温至所要求的温度，使在催化剂上吸附的各种表面物边反应边脱附；二是用作脱附的载气本身就是反应物，在程序升温过程中，载气（或载气中某组分）与催化剂表面上形成的某种吸附物边反应边吸附。

8.4.2　程序升温还原（TPR）

TPR 技术[72] 可以提供负载金属催化剂在还原过程中金属氧化物之间或金属氧化物与载体之间相互作用的信息。在升温过程中如果试样发生还原，气相中的氢气浓度随温度变化而发生浓度变化，把这种变化过程记录下来就得到氢气浓度随温度变化的 TPR 图。它是在 TPD 技术上发展起来的一种催化研究方法，主要用来研究金属催化剂的性能。20 世纪 80 年代以后开始应用于氧化物催化剂的研究。TPR 由于其高敏感性（不依赖催化剂的特殊性质，只要处于可还原状态即可）而在生产科研中得到普遍应用。

宋焕玲等[73] 制备了 $10\%\,Ni/La_2O_3$ 催化剂，对其催化 CO_2 甲烷化反应的性能进行研究。作者使用 H_2-TPR 技术对不同催化剂进行表征，探究金属氧化物之间或金属氧化物与载体之间的相互作用。$10\%\,Ni/La_2O_3$ 表现出优异的 CO_2 甲烷化性能，可能与催化剂结构及表面化学性质有关。因此，采用 H_2-TPR 考察了 $10\%\,Ni/La_2O_3$ 和 $10\%\,Ni/\gamma\text{-}Al_2O_3$ 催化剂的还原性能，结果见图 8-20。由图可见，$10\%\,Ni/La_2O_3$ 催化剂在 350℃ 出现一个还原峰，并于 380℃ 伴随一肩峰。由于未

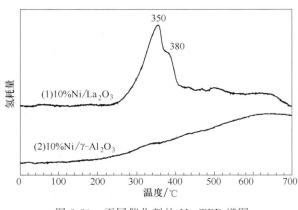

图 8-20　不同催化剂的 H_2-TPR 谱图

负载的 NiO 大约在 280℃ 开始还原，因此 NiO 与载体 La_2O_3 发生了较强的相互作用，由此

产生的表面活性位可能与 10%Ni/La$_2$O$_3$ 催化剂的高催化活性有关。而 10%Ni/γ-Al$_2$O$_3$ 催化剂起始还原温度虽与 10%Ni/La$_2$O$_3$ 相近，但直至 600℃ 仍未还原完全，表明低 Ni 含量的 10%Ni/γ-Al$_2$O$_3$ 催化剂中 Ni 与载体的相互作用更强，使得 NiO 难以还原，因而甲烷化活性很低。

8.4.3 程序升温脱附（TPD）

程序升温脱附（TPD）[74] 技术，也叫热脱附技术，是近年发展起来的一种研究催化剂表面性质及表面反应特性的有效手段。表面科学研究的一个重要内容，是要了解吸附物与表面之间成键的本质。吸附在固体表面上的分子脱附的难易，主要取决于这种键的强度，热脱附技术还可从能量角度研究吸附剂表面和吸附质之间的相互作用。

催化剂经预处理将表面吸附气体除去后，用一定的吸附质进行吸附，再脱去非化学吸附的部分，然后等速升温。当化学吸附物被提供的热能活化，足以克服逸出所需要越过的能量（脱附活化能）时，就产生脱附。由于吸附质和吸附剂的不同，吸附质与表面不同中心的结合能不同，所以脱附的结果反映了在脱附发生时的温度和表面覆盖度下脱附的动力学行为。

对于了解催化剂表面上的吸附物及其性质，TPD 是一种很有用的技术。研究、分析 TPD 图谱至少可以获得以下几个方面的信息：吸附类型（活性中心）的个数、吸附类型的强度（中心的能量）、每个吸附类型中质点的数目（活性中心的密度）、脱附反应的级数、表面能量分析等[75]。

通过分析 TPD 图谱，可以发现，根据观察曲线上峰的数目、峰的位置和峰面积大小就可得到吸附物的数量以及其近似浓度大小。通过不同的初始覆盖度或不同的升温速度可以求出各个物种的脱附活化能，因而就可以评价物种与表面键合的强弱。根据解吸动力学的研究以及结合其他手段（如红外吸收光谱、核磁共振波谱、质谱等），可以对反应级数、物种的形态进行解释。

高晓庆等[76] 研究了 Mn 助剂对 Ni/γ-Al$_2$O$_3$ 催化剂 CO$_2$ 甲烷化催化性能的影响，并对催化剂进行 CO$_2$-TPD 表征，其表征结果如图 8-21 所示。结果表明，Ni/γ-Al$_2$O$_3$ 和 Ni-Mn/γ-Al$_2$O$_3$ 催化剂均在 120℃、180℃ 和 290℃ 出现 3 个 CO$_2$ 脱附峰，分别归属为催化剂表面弱吸附、中强吸附及强吸附 CO$_2$ 的脱除。两催化剂的 CO$_2$ 脱附峰峰形相似，出峰位置相近，这说明 Mn 的添加并未改变催化剂的吸附中心类型或产生新的吸附中心。进一步比较这两种催化剂的 CO$_2$ 脱附峰面积可知，Ni-Mn/γ-Al$_2$O$_3$ 催化剂 CO$_2$ 脱附峰面积明显

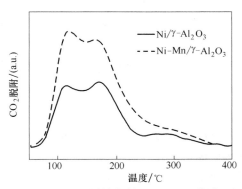

图 8-21 不同催化剂 CO$_2$-TPD 谱图

增大，表明该催化剂表面 CO$_2$ 吸附中心的数目增多。这是由活性组分分散度提高、活性比表面增加引起的。

8.4.4 程序升温氧化（TPO）

程序升温氧化（TPO）技术在原理以及装置、操作等方面与 TPR 极其相似。TPO 与 TPR 和 TPD 不同的是[19]：TPR 通入的载气中含有一定量 H$_2$（或其他还原性气体），检测的是 H$_2$ 的消耗量，主要研究金属氧化物之间以及金属与载体之间的相互作用；TPD 通入

的是特定的吸附-脱附气体，主要研究活性中心的数目和强弱；而 TPO 通入的是 O_2，检测的是尾气中 O_2 与 CO_2 的含量，主要研究积炭、积炭的难易和积炭发生的部位。

TPO 技术除了在研究催化剂积炭领域的应用外，还可以对催化剂吸氢性能、晶格硫的状态、氧化性能以及钝化、再生过程进行研究，从而进一步了解助剂、载体、杂质、制备方法、使用条件等对催化剂的影响[21]。

Zhang 等[77] 使用 $C_3H_6+O_2$ 测试来探究 ZSM-5 和 Pt/ZSM-5 分子筛催化剂的氧化性，其 TPO 结果如图 8-22 所示。负载 Pt/ZSM-5 分子筛催化剂的 C_3H_6-TPO 测试结果表明，几乎没有检测到 C_3H_6，这可能是由于在低温下催化剂将其吸附，并在高温下完全燃烧。与此同时，ZSM-5 分子筛催化剂的 C_3H_6-TPO 曲线表明，在 175℃ 左右检测到一定含量的 C_3H_6。负载 Pt/ZSM-5 分子筛催化剂 C_3H_6 的起燃温度约为 85℃，在 140～250℃，4.5×10^{-5}（CO_2）下部阴影积分面积与上部阴影积分面积相等。与 ZSM-5 分子筛催化剂相比，负载 Pt/ZSM-5 催化剂 C_3H_6 起燃温度至少低于 100℃。

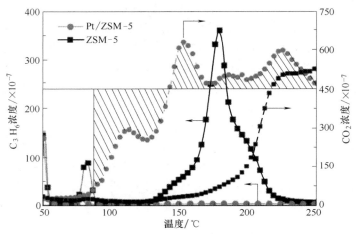

图 8-22 ZSM-5 和 Pt/ZSM-5 分子筛催化剂 C_3H_6-TPO 曲线

8.4.5 程序升温表面反应（TPSR）

程序升温表面反应（TPSR）技术[21] 是指一种在程序升温过程中同时研究表面反应与脱附过程的技术。TPSR 是把 TPD 和表面反应结合起来。TPD 技术只能局限于对某一组分或双组分吸附物种进行脱附考察，因而不能得到真正处于反应条件下有关催化剂表面上吸附物种的重要信息，而这正是人们感兴趣的。TPSR 正是弥补了 TPD 的不足，为深入研究和揭示催化作用的本质提供了一种新的手段。

TPSR 是处在反应条件下进行脱附，因此是在反应条件下研究吸附态、确定吸附态类型、表征活性中心的性质、考察反应机理等，这就是 TPSR 技术愈来愈得到广泛应用的原因。目前使用 TPSR 这一技术大致有两种说法。一是首先将催化剂进行预处理，然后将催化剂处于反应条件进行吸附和表面反应，保持一定的接触时间，再除去气相中或催化剂表面物理吸附的物种。以惰性气体为载气，从室温开始程序升温到所要求的温度，使催化剂表面上各物种边反应边脱附出来，并用色谱或质谱跟踪检测尾气中的反应物。二是作为脱附的载气本身就是反应物，在程序升温过程中，载气在催化剂表面上反应形成某吸附物种，一面反应，一面脱附。从操作来看，不论哪一种方式，都离不开吸附物种的反应与产物的脱附。因此，TPSR 的化学过程与 TPD 有许多类似之处，两者在本质上有着密切联系。用于 TPSR 数据处理的基本方程也与 TPD 一致。

Yang 等[78] 通过 TPSR 技术研究了 CH_4-SCR 中的反应中间体。实验结果表明，负载 2%In/H-SSZ-13 催化剂 TPSR 中检测到 HCHO 的存在，表明在 In 物种中 CH_4 向 HCHO 的氧化活化，该 HCHO 进一步缓慢氧化（通过 O_2、NO、NO_2 或其他氧化剂）成 H_2O 和 CO_2。在 0.5%Cr-2%In/H-SSZ-13 催化剂催化的情况下，HCHO 的形成受到极大压制，可能是由于 Cr 物种的存在促进了 HCHO 的进一步氧化，并且是 NO/NO_2 向 N_2 的转化速率较负载 2%In/H-SSZ-13 催化剂 CH_4 转化为 CO_2 速率更快。根据 TPSR 的结果，认为 NO 的活化发生在 Cr 物种上，而 CH_4 的活化发生在 In 物种上。负载 0.5%Cr-2%In/H-SSZ-13 催化剂由于 Cr 和 In 之间的协同作用，CH_4-SCR 活性显著提高。

参 考 文 献

[1] 孙东平. 现代仪器分析实验技术（下册）[M]. 北京：科学出版社，2015.

[2] 潘峰. X 射线衍射技术 [M]. 北京：化学工业出版社，2016.

[3] 姜贵君，姜贵平，李建华. X 射线衍射分析及其在微纤丝角测定中的应用 [J]. 安徽农业科学，2010，38（2）：592.

[4] LI J，LIU S，ZHANG H，et al. Synthesis and characterization of an unusual snowflake-shaped ZSM-5 zeolite with high catalytic performance in the methanol to olefin reaction [J]. Chinese Journal of Catalysis，2016，37（2）：308.

[5] 沈春玉，储刚. 一种改进的 X 射线衍射定量相分析方法 [J]. 理化检验（物理分册），2002（10）：434.

[6] CHU G，CONG Y F，YOU H J. Multi-peak match intensity ration method of quantitative X-ray diffraction phase analysis [J]. Acta Metallurgica Sinica，2003，16（6）：489.

[7] 陈福泉，张本山，黄强，等. X 射线衍射测定淀粉颗粒结晶度的研究进展 [J]. 食品工业科技，2010（1）：432.

[8] 张海军，贾全利，董林. 粉末多晶 X 射线衍射技术原理及应用 [M]. 郑州：郑州大学出版社，2010.

[9] WANG X，ZHU L，LIU Y，et al. CO_2 methanation on the catalyst of Ni/MCM-41 promoted with CeO_2 [J]. Science of the Total Environment，2018，625（2）：686.

[10] 祁景玉. 现代分析测试技术 [M]. 上海：同济大学出版社，2006.

[11] 王晓春，张希艳，卢利平. 材料现代分析与测试技术 [M]. 北京：国防工业出版社，2010.

[12] ARFAOUI J，GHORBEL A，PETITTO C，et al. Novel V_2O_5-CeO_2-TiO_2-SO_4^{2-} nanostructured aerogel catalyst for the low temperature selective catalytic reduction of NO by NH_3 in excess O_2 [J]. Applied Catalysis B：Environmental，2018，224（2）：264.

[13] 陈艳红. 分子筛材料的合成及应用 [M]. 北京：石油工业出版社，2018.

[14] IUPAC. Reporting physisorption data for gas/solid systems with special reference to the determination of surface area and porosity [J]. Pure and Applied Chemistry，1982，54（11）：2201.

[15] 刘辉，吴少华，姜秀民，等. 快速热解褐煤焦的低温氮吸附等温线形态分析 [J]. 煤炭学报，2005，30（4）：507.

[16] 梁薇. 微孔材料 BET 比表面积计算中相对压力应用范围的研究 [J]. 工业催化，2006，14（11）：66.

[17] 陈小娟，张伟庆，余小岚，等. 适用于本科教学的 BET 比表面测定实验 [J]. 大学化学，2017，32（7）：60.

[18] 房俊卓，李媛媛，徐崇福. 物理吸附分析仪单点 BET 方法误差分析 [J]. 中国测试，2006，32（5）：42.

[19] 王幸宜. 催化剂表征 [M]. 上海：华东理工大学出版社，2008.

[20] 钟家湘. 纳米粉体材料表面特性的表征 [C] //全国纳米材料与结构、检测与表征研讨会，2010.

[21] 辛勤，罗孟飞. 现代催化研究方法 [M]. 北京：科学出版社，2009.

[22] 王利，刘云辉. 多孔活性碳纤维的微孔分析 [C] //第十一届全国青年分析测试学术报告会，2012.

[23] 赵红阳，李凯. 活性炭微孔分析方法的对比 [C] //中国化学会防化学术讨论会，2001.

[24] ZHANG J, XIN Z, MENG X, et al. Synthesis, characterization and properties of anti-sintering nick-el incorporated MCM-41 methanation catalysts [J]. Fuel, 2013, 109: 693.

[25] 刘约权. 现代仪器分析 [M]. 北京：高等教育出版社，2001.

[26] SHAO J, LU W, LU X, et al. Modulated photoluminescence spectroscopy with a step-scan Fourier transform infrared spectrometer [J]. Review of Scientific Instruments, 2006, 77 (6): 1213.

[27] CHEREPANOV D A, GOSTEV F E, SHELAEV I V, et al. Visible and near infrared absorption spectrum of the excited singlet state of chlorophyll a [J]. High Energy Chemistry, 2020, 54 (2): 145.

[28] JIANG R Y, YE J, Deng L H, et al. Absorption spectrum of neutral krypton in the near infrared region [J]. Chinese Journal of Chemical Physics, 2019, 32 (5): 536.

[29] 罗桑，李想，田佳昊，等. 基于红外光谱分析的改性沥青 SBS 含量快速测定技术 [J]. 长安大学学报（自然科学版），2019，39（3）：10.

[30] 左演声，陈文哲，梁伟. 材料现代分析方法 [M]. 北京：北京工业大学出版社，2000.

[31] 邓芹英，刘岚，邓慧敏. 波谱分析教程 [M]. 2 版. 北京：科学出版社，2007.

[32] 李占双，景晓燕，王君. 近代分析测试技术 [M]. 北京：北京理工大学出版社，2009.

[33] 杨兴仓，司民真，刘仁明，等. 野三七的红外光谱分析 [J]. 光散射学报，2011，23（2）：162.

[34] 任静，刘刚，欧全宏，等. 淀粉的红外光谱及其二维相关红外光谱的分析鉴定 [J]. 中国农学通报，2015，31（17）：58.

[35] YOUN S, SONG I, LEE H, et al. Effect of pore structure of TiO_2 on the SO_2 poisoning over V_2O_5/TiO_2 catalysts for selective catalytic reduction of NO_x with NH_3 [J]. Catalysis Today, 2018, 303 (5): 19.

[36] 孟哲. 现代分析测试技术及实验 [M]. 北京：化学工业出版社，2019.

[37] LIU X P, HU C Q, TIAN K R, et al. Review of research on sample selection theoretics of near infrared spectroscopy quantitative analysis [J]. Chinese Journal of Pharmaceutical Analysis, 2010, 30 (7): 1340.

[38] WANG S, YUN S, MA X. Microwave synthesis, characterization and transesterification activities of Ti-MCM-41 [J]. Microporous & Mesoporous Materials, 2012, 156: 22.

[39] 吴刚. 材料结构表征及应用 [M]. 北京：化学工业出版社，2004.

[40] 许以明. 拉曼光谱及其在结构生物学中的应用 [M]. 北京：化学工业出版社，2005.

[41] 田国辉，陈亚杰，冯清茂. 拉曼光谱的发展及应用 [J]. 化学工程师，2008，22（1）：34.

[42] BERGSTROM R, KNOESEL E. Raman Spectroscopy of Carbon Nanotubes [C] //Aps March Meeting, 2007.

[43] 范康年. 谱学导论 [M]. 2 版. 北京：高等教育出版社，2011.

[44] WANG X, SHI A, DUAN Y, et al. Catalytic performance and hydrothermal durability of CeO_2-V_2O_5-ZrO_2/WO_3-TiO_2 based NH_3-SCR catalysts [J]. Catalysis Science & Technology, 2012, 2 (7): 1386.

[45] MOSTAFA M M M, RAO K N, HARUN H S, et al. Synthesis and characterization of partially crystalline nanosized ZSM-5 zeolites [J]. Ceramics International, 2013, 39 (1): 683.

[46] 赵磊. 表面分析技术在半导体材料中的应用 [J]. 电子技术与软件工程，2019，12（16）：256.

[47] 韩喜江. 固体材料常用表征技术 [M]. 哈尔滨：哈尔滨工业大学出版社，2011.

[48] 杜一平. 现代仪器分析方法 [M]. 2 版. 上海：华东理工大学出版社，2015.

[49] BOUDJEMAA R，STEENKESTE K，CANETTE A，et al. Direct observation of the cell-wall remodeling in adhering Staphylococcus aureus 27217：An AFM study supported by SEM and TEM [J]. The Cell Surface，2019，5 (2)：100018.

[50] VAN MEERBEEK B，DHEM A，GORET-NICAISE M，et al. Comparative SEM and TEM examination of the ultrastructure of the resin-dentin interdiffusion zone [J]. Journal of Dental Research，1993，72 (2)：495.

[51] YUAN Q，ZHANG Z，YU N，et al. Cu-ZSM-5 zeolite supported on SiC monolith with enhanced catalytic activity for NH_3-SCR [J]. Catalysis Communications，2018，108 (2)：23.

[52] YE M，TAO Y，JIN F，et al. Enhancing hydrogen production from the pyrolysis-gasification of biomass by size-confined Ni catalysts on acidic MCM-41 supports [J]. Catalysis Today，2018，307 (2)：154.

[53] WILLIAMS D B，CARTER C B. The transmission electron microscope [M]. Boston：Springer，1996.

[54] SCHATTSCHNEIDER P，RUBINO S，HEBERT C，et al. Detection of magnetic circular dichroism using a transmission electron microscope [J]. Nature，2006，441 (7092)：486.

[55] BORISEVICH A Y，LUPINI A R，PENNYCOOK S J. Depth sectioning with the aberration-corrected scanning transmission electron microscope [J]. Proceedings of the National Academy of Sciences，2006，103 (9)：3044.

[56] THIRUPATHI B，PAPPAS D K，SMIRNIOTIS P G. Metal oxide-confined interweaved titania nanotubes M/TNT (M＝Mn，Cu，Ce，Fe，V，Cr，and Co) for the selective catalytic reduction of NO_x in the presence of excess oxygen [J]. Journal of Catalysis，2018，365 (2)：320.

[57] ABDEL SALAM M S，BETIHA M A，SHABAN S A，et al. Synthesis and characterization of MCM-41-supported nano zirconia catalysts [J]. Egyptian Journal of Petroleum，2015，24 (1)：49.

[58] 郭沁林. X 射线光电子能谱 [J]. 物理，2007，36 (5)：405.

[59] GRECZYNSKI G，HULTMAN L. X-ray photoelectron spectroscopy：Towards reliable binding energy referencing [J]. Progress in Materials Science，2020，107 (5)：100591.

[60] VENEZIA A M. X-ray photoelectron spectroscopy (XPS) for catalysts characterization [J]. Catalysis Today，2003，77 (4)：359.

[61] MAQBOOL M S，PULLUR A K，HA H P. Novel sulfation effect on low-temperature activity enhancement of CeO_2-added Sb-V_2O_5/TiO_2 catalyst for NH_3-SCR [J]. Applied Catalysis B：Environmental，2014，152-153 (25)：28.

[62] BUECHNER C，GERICKE S M，TROTOCHAUD L，et al. Quantitative characterization of a desalination membrane model system by X-ray photoelectron spectroscopy [J]. Langmuir，2019，35 (35)：11315.

[63] SUN P，HUANG S X，GUO R T，et al. The enhanced SCR performance and SO_2 resistance of Mn/TiO_2 catalyst by the modification with Nb：A mechanistic study [J]. Applied Surface Science，2018，447：479.

[64] IZABELA W，EWA K，KONRAD T，et al. UV-vis-induced degradation of phenol over magnetic photocatalysts modified with Pt，Pd，Cu and Au nanoparticles [J]. Nanomaterials，2018，8 (1)：28.

[65] 闫春迪，程昊，陈海军，等. 不同 Cu 交换分子筛脱除柴油机尾气中的 NO_x [J]. 环境工程学报，2015，9 (6)：2967.

[66] CÁNEPA A L，ELÍAS V R，VASCHETTI V M，et al. Selective oxidation of benzyl alcohol through eco-friendly processes using mesoporous V-MCM-41，Fe-MCM-41 and Co-MCM-41 materials [J].

Applied Catalysis A: General，2017，545（2）：72.

[67] 李绍芬. 反应工程 [M]. 3 版. 北京：化学工业出版社，2013.

[68] CVETANOVIĆ R J，AMENOMIYA Y. Application of a temperature-programmed desorption technique to catalyst studies [M]. New York City：Academic Press，1967.

[69] SURHONE L M，TIMPLEDON M T，MARSEKEN S F. Temperature-programmed reduction [M]. Montana：Betascript Publishing，2010.

[70] KNAUER M，SCHUSTER M E，SU D，et al. Soot structure and reactivity analysis by raman microspectroscopy，temperature-programmed oxidation，and high-resolution transmission electron microscopy [J]. Journal of Physical Chemistry A，2009，113（50）：13871.

[71] OCHOA A，VALLE B，RESASCO D E，et al. Temperature programmed oxidation coupled with in situ techniques reveal the nature and location of coke deposited on a Ni/La_2O_3-α-Al_2O_3 catalyst in the steam reforming of bio-oil [J]. ChemCatChem，2018，10（10）：2311.

[72] 辛勤. 催化研究中的原位技术 [M]. 北京：北京大学出版社，1993.

[73] 宋焕玲，杨建，赵军，等. CO_2 在高分散 Ni/La_2O_3 催化剂上的甲烷化 [J]. 催化学报，2010，31（1）：21.

[74] ISHII T，KYOTANI T. Temperature programmed desorption [J]. Materials Science & Engineering of Carbon，2016，15（5）：287.

[75] BASHIR S M，IDRISS H. The reaction of propylene to propylene-oxide on CeO_2：An FTIR spectroscopy and temperature programmed desorption study [J]. Journal of Chemical Physics，2020，152（4）：044712.

[76] 高晓庆，王永钊，李凤梅，等. Mn 助剂对 Ni/γ-Al_2O_3 催化剂 CO_2 甲烷化性能的影响 [C] //全国催化学术会议，2010.

[77] ZHANG Z，CHEN M，JIANG Z，et al. Low-temperature selective catalytic reduction of NO with propylene in excess oxygen over the Pt/ZSM-5 catalyst [J]. Journal of Hazardous Materials，2011，193：330.

[78] YANG J，CHANG Y，DAI W，et al. Bimetallic Cr-In/H-SSZ-13 for selective catalytic reduction of nitric oxide by methane [J]. Chinese Journal of Catalysis，2018，39（5）：1004.